Calor

Calor

Cómo nos afecta la crisis climática

Miguel Ángel Criado

DEBATE

Papel certificado por el Forest Stewardship Council®

MIXTO
Papel | Apoyando la silvicultura responsable
FSC® C117695

Penguin Random House Grupo Editorial

Primera edición: junio de 2024

Printed in Spain – Impreso en España

ISBN: 978-84-19642-88-2
Depósito legal: B-7.055-2024

Compuesto en M. I. Maquetación, S. L.
Impreso en Black Print CPI Ibérica
Sant Andreu de la Barca (Barcelona)

C 6 4 2 8 8 2

A mi hijo y a mi madre, que ya no puede leerme

Índice

Introducción

Un tiempo y un paisaje que no volverán

Nací y viví hasta los diez años en Dalías, un pequeño pueblo de la parte almeriense de la Alpujarra. De allí son mis primeros recuerdos de lo que podríamos apellidar memoria ambiental. Eran los años setenta, nadie hablaba entonces del cambio climático, el calentamiento global, el deshielo del Ártico o el drama de los osos polares. A 411 metros de altura sobre el nivel del mar y a los pies del Pecho Cuchillo, una imponente montaña de casi 2.000 metros, penúltimo eslabón de la sierra de Gádor por el oeste, en Dalías nevaba con relativa frecuencia. No sé qué edad tendría, seis o siete años, cuando viví la primera nevada que recuerdo. Entre la niebla provocada por el paso del tiempo, estoy casi seguro de que era una de las últimas jornadas de clase antes de las vacaciones de Navidad porque sé que ese día había fiesta en la escuela. Tras repasar periódicos de la época, grupos de Facebook con fotos antiguas del pueblo y preguntar a los mayores, la idea que permanece es que, en los años siguientes, los primeros de la década de los ochenta, lo habitual era que nevara al menos una vez al año, quizá dos. Hoy, casi medio siglo más tarde, la nieve, cuando cae, se queda en la cumbre de la montaña y muy raramente baja hasta Dalías, casi siempre enmarcada en alguna ola de frío o temporal, como la de enero de 2005, cuando llegó a cubrir incluso la arena de las playas de Almería. Los datos confirman esos recuerdos infantiles. El aumento de las temperaturas, agravado por el traslado de las menguantes precipitaciones a la primavera y el otoño, está haciendo que nieve menos en España. Incluso en las cumbres, desde los Pirineos hasta el Teide, pasando por Sierra Nevada, las nevadas van (y seguirán yendo) a menos. En la cordillera pirenaica el grosor de la capa nevada se ha reducido a la mitad desde 1980 y las estimaciones apuntan a que el manto nival se reducirá en más de un 50% para 2050. En Sierra Nevada, a la que orográficamente pertenece la sierra de Gádor, hace ya tiempo que no hay nieves perpetuas.

Otros de mis recuerdos no son tan entrañables. De hecho, vistos con ojos de hoy, parecen cosa de bárbaros, cuando en realidad solo los protagonizaban unos chiquillos cuya única educación ambiental procedía de pegarnos al televisor cuando echaban *El hombre y la Tierra*. Pero poco podía hacer Félix Rodríguez de la Fuente, el naturalista que protagonizaba aquellos documentales, contra una cultura rural en la que nuestros adultos solo concebían la naturaleza como algo a lo que temer o de lo que aprovecharse. Mi padre, bueno, entonces eran los Reyes, nos trajeron una escopeta de perdigones a mis hermanos y a mí. Era una carabina de aire comprimido Gamo. Desconozco si aún siguen existiendo. Hoy sería impensable regalar un arma así a unos niños de siete u ocho años. Entonces era una muestra de su amor. Salíamos a cazar pajarillos con unos primos que tenían una edad parecida a la nuestra. Hasta aquí la parte menos dura de la historia de aquellos pequeños depredadores infantiles. Los lectores con una mayor sensibilidad pueden saltarse lo que viene: de entre las muchas formas de cazar o capturar pájaros que había y que practicábamos, son dos las que me vienen más claramente a la cabeza. Una consistía más en pescar que en cazar. Con dos rectángulos de red de pesca terminados en unos palos unidos por unas cuerdas, íbamos a las charcas de los cerros cercanos. Llevábamos también un reclamo y un saltón; el primero tenía por misión atraer a otros pájaros con su canto, generalmente era un jilguero o colorín, como los llamamos por aquí. El cometido del otro era alzar el vuelo para atraer a las bandadas que sobrevolaban la charca. Pero no estaba entrenado en el salto. En realidad, no le quedaba otra, atado como estaba a un palito y este a un cordel del que tirábamos para obligarlo a revolotear. Había una versión de pesca más retorcida y cruel que consistía en cubrir tallos y pequeñas ramas con liria, un pegamento natural que se obtiene de plantas como la *Carlina gummifera*, cuyo nombre común varía según las zonas, pero los más habituales son el de ajonjera, cardo ajonjero o cardo de liria. Cuando los pobres pájaros descendían a beber se quedaban pegados. No era raro que se partieran una pata o un ala en el intento de escapar. También salíamos de caza nocturna y esta modalidad es la más siniestra que me viene a la memoria. Supongo que lo hacíamos los fines de semana. Íbamos a los huertos o bajo las parras de las uvas provistos de bolsas con azufre y mecheros. Al espolvorearlo sobre la llama, los vapores sulfurosos ascendían y en pocos segundos los pájaros caían por decenas, intoxicados. No recuerdo qué hacíamos al final con ellos, aunque entonces uno de los platos de la zona eran los pajaritos fritos (por fortuna, ya desaparecido de la cultura gastronómica de mi tierra). Las víctimas más abundantes de estas razias eran, sobre todo, jilgueros, valorados por su canto, verderones comunes, también ejemplares de serín verdecillo, por aquí conocido como chamarizo y, cómo no, gorriones, muchos gorriones.

Ahora, aunque está prohibida la caza de estos pajarillos salvo excepciones muy reguladas, es casi imposible ver un jilguero en libertad y escasean los verderones y los chamarizos. En cuanto a los gorriones, sus bandadas han menguado en gran medida. En lo que va de siglo han desaparecido más de 95 millones de aves paseriformes, lo que popularmente llamamos pájaros, de los cielos españoles, según un informe de la Sociedad Española de Ornitología BirdLife. Tan solo los gorriones han perdido 30 millones de efectivos. Ni todos los niños desalmados de todos los pueblos de España ni todos los cazadores del país podrían haber causado semejante mortandad. Hay otro gran cazador: el cambio climático, letal unido a causas como las modificaciones en el uso del suelo agrícola o el abuso de los biocidas que acaban con los insectos de los que se alimentan. La crisis climática está llevando al extremo el rango de temperaturas que soportan las aves, adelantando cada vez más la primavera o reduciendo las precipitaciones que verdean sus paisajes.

La lista de atrocidades, también llamadas travesuras, que puede cometer un niño de campo (creo que los de ciudad siempre estuvieron más limitados) puede ser muy larga. Pero, para no hundir la imagen de mi yo de ocho años, recordaré solo otros dos ejemplos de la crueldad infantil hacia los animales. Cuando era crío, las golondrinas volvían cada primavera a Dalías, como a todos los pueblos de España. También lo hacían los vencejos. No sabría decir cuál de las dos aves es más bella, aunque los segundos volaban mucho más alto. Después supe que nunca se posan si no es en su nido. Si lo hicieran, no podrían volver a levantar el vuelo. Y lo curioso es que lo comprobamos muchas veces. Como los demás niños del pueblo, tenía un tirachinas en el bolsillo trasero del pantalón. Realmente eran dos. Uno era para arrojar pequeñas piedras, huesos de aceitunas o de dos frutos locales, la azafaifa o azufaifa y la almecina, aún menos conocida fuera de los límites históricos del reino de Granada, parecida a las cagarrutas de las cabras, pero, al menos en mi memoria, riquísima. El otro tirachinas no tiraba chinas. Hecho también con un palo en forma de Y, se unían sus salientes con tiras de un material elástico. Creo recordar que los hacíamos con gomas de las bicicletas, pero no estoy seguro. Los usábamos para catapultar lañas o grapas de grandes dimensiones (servían para hacer las cajas en las que se exportaba la uva de barco) que alguno había sustraído del almacén de su padre. El objetivo de estas catapultas eran los nidos que golondrinas y vencejos construían en los voladizos de las casas señoriales que había en el pueblo. Desconozco si fui yo u otro niño, pero hay un recuerdo que me ha acompañado en este medio siglo. En una ocasión cayó desde el nido un joven vencejo. Aún siento cómo temblaba entre mis manos ese animal tan frágil. Lo que no consigo recordar es qué pasó con él. Tras los gorriones, las siguientes aves que más han menguado en los cielos de este país son las golondrinas y los vencejos, de los que hay quince millones menos que en el año 2000. De nuevo, el declive es multicausal, aunque todas las razones son antropogénicas, es decir, provocadas por los humanos. De nuevo, el cambio climático está entre las primeras causas en complicar cada primavera el regreso de las golondrinas.

En las noches de verano, nuestra principal víctima eran los murciélagos. Entonces, como hoy, me parecían unos animales fascinantes, con esa mezcla de atracción, repulsión y miedo que provocan. En cierto sentido, son la versión nocturna de las golondrinas. Como ellas, regresan por primavera, aunque en su caso vienen de hibernar toda la estación fría. También como ellas, son de los mejores insecticidas que hay. Como en la vieja película *Lady Halcón*, en la que Isabeau (Michelle Pfeiffer) y Navarre (Rutger Hauer), condenados a no verse más que unos instantes del ocaso por culpa de una maldición, golondrinas y murciélagos solo coinciden al anochecer y al amanecer. Era increíble verlos compartir el mismo cielo a la caza de mosquitos, con sus requiebros, giros y bruscos cambios de dirección que habrían hecho dimitir al mejor controlador aéreo. Con la noche cerrada, después de cenar, salíamos a la calle con largas cañaveras a las que les colocábamos un trapo negro, a modo de bandera pirata. Aquellos pequeños piratas agitaban sus banderas, provocando el desconcierto entre los murciélagos. El movimiento de las cañas y las telas parecía cortocircuitar su sistema de ecolocalización y no tardaban mucho en enmarañarse con la tela, cuando no recibir un cañazo, y caer al suelo. Como les sucede a los vencejos, los murciélagos no saben volar desde el suelo, así que se convertían en una presa fácil. En Dalías probablemente hubiera más especies, pero las que capturábamos eran muy pequeñas, cabían en nuestras manos, ya de por sí diminutas. Así que debía tratarse de ejemplares de murciélago común (*Pipistrellus pipistrellus*). No recuerdo qué hacíamos con ellos una vez que los cogíamos, siempre por el lomo, para evitar sus colmillos, mientras soltaban unos ¿aullidos? muy agudos. Me temo que nada bueno. Hoy en día me cuesta encontrarlos en el mismo cielo que ocupaban por centenares hace casi cincuenta años. Algunas estimaciones sostienen que 38 de las 47 especies de Europa y América del Norte van camino de la extinción y, entre las causas, vuelve a aparecer el incremento de las temperaturas. Pero también el desacople cada vez mayor entre el fin de su hibernación y el llamado primer vuelo de los insectos, cuando emergen por millones.

Antes de que alguien llame al Seprona para que detenga a mi yo del pasado, dejemos aquí mis recuerdos como depredador infantil. La intención al recuperar estas vivencias era mostrar la enorme distancia que hay entre aquel niño y el hombre de hoy, entre la Dalías de entonces y la actual, entre la España que se despertaba del letargo y la que se aventura en el futuro. Soy ecologista y animalista y no creo que el vertiginoso devenir de los acontecimientos se deba a mis acciones infantiles. Frente a los que durante siglos han sostenido y mantenido una especie de providencialismo por el cual Dios puso al resto de la Creación al servicio de los humanos, soy de los que cree justo lo contrario. Si algo hizo Dios, que lo dudo, fue en todo caso encargarnos de su cuidado. En los momentos de mayor rabia y pesimismo por lo que les estamos haciendo, pienso que los animales, las plantas, el agua de los ríos y mares, la naturaleza toda, estarían mejor sin nosotros. Pero también soy padre de un niño que tiene la misma edad que yo tenía cuando derribaba vencejos con un tirachinas y quiero un mundo para él, con sus murciélagos, gorriones y jilgueros. Es lo que creo, una posición que pueden reforzar los datos y de esos tengo muchos: la acumulación de estudios y libros que he leído para escribir artículos sobre naturaleza (o por disfrute, o por curiosidad...), los sabios con los que he compartido tiempo y la Ciencia, en mayúsculas, nos llevan años advirtiendo de que estamos cambiando el clima y, con él, la vida sobre la Tierra. Por eso la necesidad de escribir este libro.

Cuando empezó a fraguarse la idea que lo alimenta, pensé que sería relativamente fácil escribir un volumen sobre cambio climático, sobre la actual crisis climática. Al fin y al cabo, llevo más de una década haciendo eso mismo en varios periódicos. Sería como redactar un artículo, pero algo más largo. Contaría, como ya he hecho anteriormente, que los osos polares hace años que viven por encima de sus posibilidades, que los glaciares del planeta se baten en retirada porque no pueden con un enemigo tan colosal, que hay islas en Oceanía que ya han desaparecido por la subida del nivel del mar, que en Estados Unidos los pájaros ponen sus huevos un mes antes que hace un siglo, o que los humanos hemos alterado ya las capas de la atmósfera. Pero no sabía apenas nada de cómo está cambiando España debido a la crisis climática, qué va a pasar con los animales y plantas ibéricas, cómo será ir a Sevilla o Córdoba en agosto dentro de una década, qué ocurrirá con nuestros ancianos en sus islas de calor urbano, o si el vino de La Rioja ya no se hará con la misma uva. Ese desconocimiento es el que anima esta obra. Mi objetivo es descubrir qué le está haciendo el cambio climático a este país y cómo los que viven en esta tierra, sean plantas, bestias o humanos, se están adaptando a la nueva realidad.

Por eso comenzaré desde el presente, con el calor de los últimos veranos, que han hecho de estos años los más tórridos en milenios. Cada vez son más los que, si fuera necesario poner una fecha, una marca, al inicio del Antropoceno, la era del impacto global de las acciones humanas, no la remontarían al inicio del Neolítico, hace unos 10.000 años, con sus revoluciones agrícola y urbana. Tampoco la pondrían en la primera globalización que supusieron los descubrimientos de los siglos XV y XVI. Ni señalarían al poder desatado la centuria pasada por los teóricos de la energía atómica, una fuerza capaz de destruir mundos. Para cada vez más científicos, es ahora, son estos años que estamos viviendo los que están inaugurando una nueva etapa de la vida en la Tierra. Hasta tal punto es determinante el impacto de las emisiones de efecto invernadero, en particular las de dióxido de carbono que llevamos 250 años generando, que se acumulan las señales de que el sistema climático se está resquebrajando. Más adelante veremos cómo en España siempre ha hecho tanto calor que los legionarios romanos podían adentrarse por la península ibérica enseñando sus fornidas piernas sin pasar frío. O, todo lo contrario, cómo el enfriamiento de la denominada Pequeña Edad de Hielo profundizó la crisis demográfica, económica y social de la España de los siglos XVII y XVIII. Pero, desde hace varias décadas, cuatro de los cinco componentes del sistema climático, a saber, la atmósfera, la criosfera (las masas de agua helada), los ríos, lagos y mares que conforman la hidrosfera y, por último, la vida en la Tierra (la biosfera), se han visto profundamente alterados por la acción humana. Incluso hemos modificado el quinto elemento, la litosfera, la propia superficie terrestre, hasta dejarla llena de cicatrices en forma de ciudades, carreteras, desmontes... Este cóctel letal es lo que está alimentando el nuevo estadio climático.

Si me acompañan en la lectura, también les mostraré las aristas cortantes del impacto climático, el precio que ya estamos pagando y cómo irá subiendo la factura. En nuestras latitudes, ese pago puede ser en forma de sequía. Es cierto que el aumento de las temperaturas no tiene por qué ir acompañado de menos precipitaciones. De hecho, en otras zonas, como la franja sur de Siberia o las enormes extensiones de taiga de Rusia o Canadá, con el calor, cada vez llueve más y están en el camino de experimentar una verdadera revolución agrícola. Pero en España no tenemos ni tendremos esa suerte y el estrés hídrico irá a peor. Una consecuencia directa de esto será —en realidad ya lo está siendo— el aumento de los incendios. En el año 2021 fue en el que más hectáreas se quemaron en lo que va de siglo y muchos aseguran que estamos entrando en la era de los fuegos de sexta generación: además de más prematuros, son más intensos y duraderos. Por no hablar del temor creciente entre las autoridades sanitarias a que, con el aumento de las temperaturas y, en especial, la mayor duración del verano a costa de recortar primavera y otoño, encuentren acomodo patógenos que antes no podían con el rango térmico de nuestras latitudes. En 2018, por ejemplo, se notificaron en España 77 casos del virus del Nilo occidental. Un reciente trabajo ha relacionado la llegada de esta enfermedad con los cambios en el clima, que favorecen la propagación del virus y las condiciones de expansión de sus vectores, los mosquitos.

Como quería mostrar con mis recuerdos de la infancia, los espacios naturales de España y todos los integrantes de los ecosistemas ibéricos se están viendo afectados en mayor o menor medida. Hay especies a las que parece que les irá bien en la nueva realidad climática, como el lince, que pronto podrá aclimatarse a vivir tan al norte como en Galicia, o la montañesa gigante, una mariposa que solo se da en la cordillera Cantábrica y en el macizo Galaico. Es una de las pocas mariposas que, según los estudios, saldrán ganando. Casi todas las demás pierden. En general, el calentamiento global está trastocando por completo el mapa de los insectos en España, ya que el adelanto de la primavera ha comenzado a provocar un desajuste entre la floración (que cada vez se adelanta más) y el primer vuelo (cuando los huevos eclosionan o se abren las pupas, ya no hay flores).

Si el cambio climático está modificando la naturaleza de este país, es previsible que haga lo propio con el flanco de las sociedades humanas que más cerca están de lo natural, las que se dedican a la agricultura. Con un paseo por los viñedos de sur a norte, veremos que algunas denominaciones de origen del sur, como la de Jerez, están teniendo cada vez más problemas para sacar adelante sus vinos. En contraste, las bodegas de montaña viven tiempos de esplendor. También se esperan cambios en los olivares. Árboles agradecidos y sufridos, los olivos están cada vez más fuera de su rango térmico. O los cereales, que serán de regadío o desaparecerán. Es tan poca el agua que cae que solo regando podrán salir adelante muchas cosechas y eso tiene un coste quizá demasiado alto. A estas alturas, parece hasta redundante decir que el campo español no se ha visto en otra como esta.

Hace unos años, el catedrático de Geografía Física de la Universidad de Barcelona Javier Martín Vide me explicaba la base del llamado efecto isla de calor. «La topografía de la ciudad, su trazado, la densidad edificatoria... dan forma a esta isla de calor, pero para su intensidad, el contraste entre la temperatura del centro de la ciudad y la periferia, el factor más decisivo es el número de habitantes. A mayor volumen de población, mayor es la intensidad de la isla térmica urbana», decía entonces. Las ciudades, con todo el hormigón de sus altos edificios, con los miles de kilómetros de asfalto y esas raquíticas zonas verdes, son amplificadoras del calentamiento global, un problema que también abordaremos más adelante. El incremento es tal que también mata, en especial, a los más vulnerables. Hay varios trabajos que relacionan mortalidad por calor, urbanidad y estrato social. Es lo que demostró la mortandad producida en Francia con la ola de calor de 2003. La mayoría de los miles de fallecidos eran mayores de sesenta y cinco años y de rentas bajas.

En junio de 2023 unas imágenes de familias británicas en la playa me sobresaltaron. No, no fue porque se estuvieran achicharrando al sol de Gandía, para pasar su piel pálida a un tono rosa barbacoa. Era porque las instantáneas provenían de Brighton, una ciudad costera del sur del país. La estampa no es nueva. En los últimos años, el número de ingleses que no abandonan la isla en favor de destinos turísticos como Benidorm, Marbella o el sur de Tenerife no ha dejado de crecer. Puede que el Brexit tenga su parte de responsabilidad, pero surge la duda: ¿qué ocurrirá con el turismo en este contexto de crisis climática? No es una pregunta cualquiera, más del 12% del producto interior bruto de este país procede de la actividad turística y son millones los españoles que viven de que los ingleses y otros europeos sigan viniendo a gastar su dinero y ponerse colorados en nuestras playas. Hay muchos estudios y proyecciones que apuntan a un cambio en los destinos, en favor de los más norteños, o en las fechas, ampliando la temporada alta a los meses de primavera y otoño. Quién sabe, igual las ciudades que vivieron su *belle époque* en el primer tercio del siglo pasado, como A Coruña, Santander o San Sebastián, sean las nuevas capitales del turismo en poco tiempo. Como este, otros sectores clave de la economía española se van a ver afectados y tendrán que amoldarse a la nueva realidad.

Sin embargo, hay quienes se resisten a adaptarse. De hecho, en un anhelo inútil, exigen que vuelva su pasado. Toda gran transición, y esta promete ser gorda, arroja un buen puñado de perdedores, que se lo digan a los herreros cuando empezaron a llegar los primeros coches. Al mismo tiempo, otros buscan sacar provecho de esto. Aunque en España son minoría, a medida que se acumulan estudios científicos sobre el cambio climático, su origen humano y sus impactos, también crece el número de negacionistas. Es un fenómeno complejo, multifactorial y polifacético. Aún no se han recopilado muchos datos propios de la península, pero ahí está el negacionismo de Vox, que da respuesta a varios de los potenciales perdedores del clima. En el reverso de la moneda, el año 2023 asistió a una especie de rebelión climática que, en sus extremos, coqueteó con el terrorismo de tinte ecologista. Continúen leyendo para saber cómo el eje climático también amenaza con añadir un nuevo *cleavage* o fisura política al eje ideológico y al territorial que ya dividen a este país.

Es hora de plantar cara al cambio climático. Desde todos los rincones de este país están surgiendo ideas y proyectos para reducir su impacto y, ante su inevitabilidad, adaptarse al nuevo clima. En este libro les explicaré cómo. Hablaré de acciones y procesos en marcha para reducir el mal en su origen: las emisiones de CO_2. Por fortuna, algunos de los grandes emisores, como el motor de combustión de los coches y los propios combustibles fósiles, tienen los días contados. El problema es que para la mayoría de los expertos climáticos, hagamos lo que hagamos, la transición a un nuevo estadio climático no es que sea inevitable, es que lleva años produciéndose. Mi objetivo último es interpelar a los lectores, sí, a ustedes, con una cuestión que incomoda a algunos, mientras que hace que otros miren hacia el lado contrario como si la cosa no fuera con ellos. Mi pregunta es: ¿qué están haciendo ante el cambio climático? El clima y sus paisajes del pasado no van a volver.

Ni la nieve por Navidad, ni las golondrinas y los murciélagos por primavera, y los incendios y la sequía habrán cambiado el entorno quizá para siempre. Pero no es lo mismo un calentamiento global de 1,5 o 2 °C, que tendría sus impactos pero sería soportable. Esos son los límites que han puesto los científicos. Ya hay muchas ideas, planes y proyectos de adaptación y mitigación climática que funcionarían en este rango térmico. Aunque el primero parece inalcanzable, el segundo se podría conseguir si reducimos ya las emisiones. Y por emisiones no me refiero a las de Estados Unidos o China, sino a las de España. Tampoco a las emitidas por las centrales térmicas o las petroleras españolas. Ni siquiera a las del coche del vecino. Me refiero a las suyas, a las de cada uno. Recuerdo que, cuando era niño, el único vidrio que se reciclaba era el que llevábamos a la tienda del barrio porque nos daban unas pesetas por las botellas. Y recuerdo cómo el plástico, el papel, las pilas, los televisores viejos acababan ardiendo junto a la basura orgánica en el vertedero que había a la entrada del pueblo. Ahora nos parece inconcebible. Casi todos los televisores acaban en un punto limpio. El 70 % del vidrio que usamos es reciclado y un 40 % el papel. Con el plástico nos hemos puesto en serio en estos últimos años. ¿Por qué no hacer lo mismo con las emisiones? La alternativa, los otros escenarios climáticos que han modelado los que saben de esto, es un mundo con unas temperaturas medias mundiales de 3° o 4° más que las actuales. Y no, tantos grados no son una alternativa.

1

Cuando España fue el norte de África

En junio de 2017, España fue el norte de África. Aunque geográficamente se le acerca bastante, en aquel mes lo fue climáticamente, pues nunca había hecho tanto calor durante tantos días, en tantos sitios y tan pronto como hasta entonces. Aquello era como vivir en las proximidades del Sáhara. Los científicos catalogaron el episodio como una megaola de calor. Para ganarse entrar en esa categoría oficiosa, la ola de calor debe tener una duración de (mínimo) una semana, frente a los tres días que marcan los climatólogos para las olas oficiales. No tuvo problemas en eso: el aire tórrido se prolongó durante diez días en la península ibérica, donde empezó, y hasta dos semanas en toda Europa. También deben ser muy grandes sobre el mapa: aquel calor sevillano se extendió de Tarifa a Estocolmo y de Londres a Moscú. En el sur de España, decenas de estaciones meteorológicas superaron los 45°, y eso que el estío como tal ni había empezado. El resto de la canícula las temperaturas se mantuvieron anormalmente elevadas. Así se iniciaron una serie de veranos, a cada cual peor, hasta llegar al de 2023, que batió todos los registros y España fue, en términos meteorológicos y durante la mayor parte de la estación, una región más de Marruecos. Si hubiera que poner una fecha al nuevo estadio climático en el que estamos entrando, debería ser en estos años.

Olas de calor las hay casi todos los veranos, muchas veces más de una. Pero megaolas solo se han contabilizado una docena desde 1950. El drama emerge cuando se las pone sobre el calendario. Casi todas se han producido en lo que llevamos de siglo. La de 2003, quizá la más mortífera, se llevó la vida de 6.500 personas, la mayoría ancianos residentes en ciudades. Eso, en España. En la vecina Francia, la mortandad se dobló. La de 2015 fue la más duradera, con 26 días. La mencionada de 2017, la más tempranera y en un año que soportó otras tres olas de calor. La de 2018, la más extensa geográficamente, con 36 provincias españolas afectadas. En 2019 no hubo, pero sí se registraron algunas máximas históricas, como los 40,7° a los que subió el termómetro de la estación meteorológica del parque del Retiro, en Madrid, el 28 de junio. Nunca antes, que se sepa, había hecho tanto calor en un mes de junio en el centro de la capital. Y en la segunda ola de calor del año, ya en julio, el observatorio de San Sebastián grabó una temperatura de 39°, la más elevada en la ciudad vasca desde que se tienen datos. Lo interesante aquí es que ambas estaciones están entre las más antiguas de España. La del parque madrileño mide la temperatura de forma continuada desde 1895 y la donostiarra del monte Igueldo desde 1928. Así que el adjetivo de «históricas» se lo tienen bien merecido. El episodio de 2020 duró nueve días, pero quizá se quede en el límite de lo considerado como megaola, ya que solo afectó a 23 provincias. Aun así, también generó marcas históricas, como los 42,2° que tuvieron que soportar los viajeros en el aeropuerto de San Sebastián el 30 de julio. En 2021 tampoco hubo megaolas, pero el calor a mediados de agosto fue de nuevo histórico, y produjo la máxima jamás registrada en España. El premio caliente se lo lleva la localidad cordobesa de La Rambla, con 47,6°.

Lo peor aún estaba por llegar. El año 2022 empezó a forzar la «normalización» de términos como hito, marca, registro histórico, récord... Fue testigo de la mayor desviación de la media desde que hay registros fiables (1975), con una anomalía térmica de 2,2° durante toda la estación en el conjunto del país. Es decir, sin fallar ni un solo día, los termómetros se mantuvieron siempre por encima de la media de las cinco décadas anteriores. Según un informe de la Agencia Estatal de Meteorología (Aemet), entre junio, julio y agosto, la media térmica diaria, con sus días y con sus noches, fue de 24°. Nunca antes el mercurio había permanecido tan alto durante tres meses en toda España. Por si eso no fuera suficiente, se vivieron tres episodios de ola de calor, todos especiales: el primero, a mediados de junio, fue de los más tempraneros de la historia. La megaola llegó en julio y duró dieciocho días (la segunda más prolongada en los últimos 60 años). Fue la más extensa, afectando a 43 provincias, máximo histórico, y la más intensa desde que hay registros (1961). Sumando todos los días, España estuvo bajo ola de calor 42 jornadas, es decir, la mitad del verano.

Es probable que, llegados hasta aquí, algún lector se haya agotado, incluso agobiado, con tanto dato. Pero es que el evento climático del que estamos siendo testigos es una espiral en la que cada verano se revela como más cálido y extremo que el anterior. Así que en 2023 las cosas empeoraron. Tan solo superado en temperatura media por los de 2022 y 2003, dinamitó las cifras de todos los de la historia reciente de este país en prácticamente cualquier variable climática. Por ejemplo, tuvo todas las variaciones posibles de olas de calor. Vale, no hubo ninguna megaola, pero sí media docena de miniolas (que no llegan a durar los tres días que exige la Aemet para subir de categoría), cuatro olas y una quinta que, por llegar en abril, fuera de temporada, no entró en la lista y una sexta en octubre, tampoco catalogada como tal por el mismo motivo. Tan solo durante los meses del verano meteorológico, junio, julio y agosto, se sumaron veinticuatro días bajo ola de calor. En la de finales de abril, en Córdoba llegaron a los 38,8°, una marca inédita en ese mes en España. De los otros episodios, dos se produjeron en julio. Pero sus marcas, que las hubo, fueron sobrepasadas por las obtenidas por los otros dos eventos, ya en agosto. En la memoria de los valencianos aún debe permanecer el 10 de agosto de 2023. Ese día, la estación meteorológica del aeropuerto de Valencia, en Manises, rozó los 47°. Exactamente, a las 13.50 horas, el termómetro estaba en 46,8°. Hubo otras 24 marcas en otras tantas ciudades, como la máxima jamás sufrida en Soria, la ¡Soria fría! a la que escribiera Antonio Machado en su *Campos de Castilla* se calentó a 38,9°. La última ola del verano (que no del año) transcurrió entre el 18 y el 25 de agosto, y afectó a treinta y cinco provincias. En general, el año 2023 fue el más cálido desde que hay registros, tras 2022 y 2020, lo que confirma la tendencia al calentamiento.

Hace eones, un amigo no relacionado ni con el periodismo ni con la climatología me decía que en España solo había dos estaciones, verano e invierno. Era una afirmación sin ningún rigor científico, pero igual el paso del tiempo le da la razón.

Cada vez antes, cada vez más duraderas, cada vez más intensas

Es una de las primeras lecciones que hay que aprender del calentamiento que hay detrás de la crisis climática en curso: las olas de calor son cada vez más numerosas, cada vez más largas, cada vez más intensas y cada vez más ubicadas fuera de su «estación natural». La de abril del año pasado fue la de aparición más temprana desde que hay registros, tanto que no entra en el listado oficial porque para hacerlo debería haber sucedido en el verano meteorológico. En julio de 2022 se produjo el evento más intenso en los 60 años desde que hay estadísticas fiables. Y la primera ola de agosto de 2023 fue la segunda más extensa, afectando prácticamente a todo el país. Aquella del verano de 2017, con la que se abría esta parte de la historia, cumple a la perfección los tres requisitos necesarios para llamarse megaola. Antonio Sánchez, profesor del departamento de física de la Tierra y astrofísica de la facultad de Ciencias Físicas de la Universidad Complutense de Madrid, coautor de una investigación sobre aquel evento, declaró a *El País* que, «como consecuencia del calentamiento, hubo un desplazamiento generalizado de las isotermas, de tal manera que en la península se registraron valores típicos del norte de África y en la islas británicas, los valores fueron típicos de la península». Volveremos a eso de las isotermas más adelante cuando toque hablar de cómo el anticiclón de las Azores se está moviendo de sitio.

Otra lección que debemos aprender es que el verano en España cada vez dura más. Ah, qué bien, dirán algunos. Sí, podría parecer genial si no fuera por todo lo que ello supone. Siempre han sido meses asociados, ya desde la infancia, a la playa, a las vacaciones, los viajes, a los amigos y amores efímeros, a las noches agradables de tertulia o de fiesta... Y su final siempre se veía como un canto a la melancolía y la nostalgia. Pero la tierra, las plantas, los animales, la agricultura, la escuela, las empresas y hasta la política de España y cualquier otro país están moldeados por la estacionalidad del tiempo. Es necesario que al verano le siga el otoño, y a este, el invierno, que muere con la primavera y vuelta a empezar. Incluso en las latitudes donde solo hay dos estaciones, la vida se ha adaptado a ellas. Ese ciclo casi eterno es el que se está viendo perturbado en cualquier parte de España y del mundo, porque, desde los años ochenta del siglo pasado, el verano le ha robado hasta 40 días a sus vecinos el otoño y (en especial) la primavera. Un informe de la Aemet al acabar la temporada veraniega de 2022 destacaba cómo el verano climatológico se había adelantado muchísimo: mayo había sido el más cálido desde que hay datos. Solo hizo falta un año para ver el récord rebasado. La media de temperaturas máximas de ese mes fue 4° mayor que la de los del medio siglo precedente. El trimestre compuesto por junio, julio y agosto registró las más elevadas desde, al menos, 1961. Pero es que, además, el calor se quedó hasta bien entrado octubre, alargando la temporada estival un mes más. Cuando ya hasta los últimos se habían tomado las vacaciones, cuando los niños llevaban dos semanas de colegio, las estaciones meteorológicas de la agencia estatal en Melilla, con 36,8°, y la del aeropuerto de Granada, con 35,3°, entregaron su temperatura más alta de un mes de octubre desde que hay registros fiables. Además, diez estaciones de la red principal de la agencia también midieron la mayor mínima de un octubre desde que existen registros. No fue a comienzos de mes, por si alguien quisiera echarle la culpa al veranillo de San Miguel. Tanto la noche del 27 como la del 28 fueron tropicales, con mínimas por encima de los 20°, en toda la cornisa cantábrica. Incluso, en San Sebastián o Irún, la noche del 26 al 27 no bajó de los 25°. Más que tropical fue ecuatorial. Algo parecido ocurrió en Santander. En su aeropuerto los termómetros no bajaron de los 25,5°. Dentro de la ciudad, eso sí, se quedaron en los 24,8°. Igual, si se pone entre signos de exclamación, se verá lo dramático del hecho: ¡noches tropicales en octubre en el norte de España! Además del récord histórico de ese mes (el más cálido desde 1961, solo seguido por el mes de noviembre), fue la noche más cálida de la historia en la capital cántabra desde que se inició la serie en los años sesenta. En conjunto, aquel octubre fue el más cálido desde 1961, año desde el que hay datos. El año 2022 acabó marcando nuevos máximos, con el mes de diciembre con los termómetros más elevados de la historia reciente. Parece un galimatías, pero quédense con lo básico: las temperaturas aumentan constantemente, rompiendo año tras año récords históricos.

Cada vez es más frecuente que, casi a finales del curso, algunas localidades de Andalucía o Extremadura empiecen a suspender las clases. Vuelve entonces la polémica por la falta de aires acondicionados o zonas de sombra en los colegios y las declaraciones de intenciones de los consejeros de Educación. Pero lo que sucedió en 2023 no había pasado nunca. El 11 de octubre, ya en pleno otoño, más de 172.000 niños canarios se quedaron en casa. El Gobierno de las islas decidió cerrar las escuelas ante las elevadas temperaturas que se esperaban. Esta medida excepcional ya había sido tomada otros años, pero siempre al final del curso, en junio, nunca en el comienzo. La intervención, que se prolongó hasta el viernes para así enganchar con el fin de semana, provocó un tremendo desbarajuste entre las familias, pero no llegó a catástrofe: el lunes siguiente las cosas empezaron a mejorar y los termómetros volvieron a la normalidad. Habían sido más de dos semanas de calor anómalo. Aquella ola empezó en la península el 29 de septiembre, pero ese año el veranillo de San Miguel fue extraordinario: cada jornada se alcanzaban marcas históricas de máximas diurnas o mínimas nocturnas que se dinamitaban en la jornada siguiente. En la primera mitad del mes se produjeron 172 eventos de registros históricos, como los 37,6° de Córdoba, los 30,1° de Madrid o la semana de noches por encima de los 30° que sufrieron los canarios. Fueron tantos los hitos que oscurecieron los 33 registros máximos de junio, los 96 que hubo en agosto y los 172 de septiembre.

Seis meses de verano y unos días de invierno

Con el tiempo pasa algo en el cerebro que nos confunde. Los meteorólogos se refieren a ello como el sesgo de la memoria climatológica. Enseguida olvidamos el que hizo el verano pasado, en enero del anterior o la Semana Santa del previo. O confundimos y solapamos eventos extremos, moviendo de año aquella ola de calor especialmente calurosa o las lluvias que nos dieron tantos problemas en el pasado. Para protegernos del engaño de la memoria, están los datos. España está sembrada de estaciones meteorológicas. Además de las de la red estatal de la Aemet, comunidades y ayuntamientos tienen las suyas propias. Muchas instituciones y empresas y miles de aficionados también disponen de herramientas para medir y registrar la temperatura, la humedad, las precipitaciones... Recuerdo cómo en séptimo de EGB, lo que después equivaldría a primero de ESO, nuestro profesor de Ciencias en el colegio Ramón y Cajal nos enviaba cada día a la estación meteorológica que teníamos en el patio. Fue mi primer trabajo de campo, mi primera investigación y mi primera aproximación a la ciencia del tiempo. Por turnos, íbamos cada día con una hoja y bolígrafo y apuntábamos todo, desde la presión atmosférica (que entonces se medía en milibares, medida ahora obsoleta y sustituida por los hectopascales) hasta la velocidad del viento, que en la parte de Almería donde crecí, cuando soplaba, enloquecía tanto como en Tarifa. Aquellos datos escritos a mano hace 40 años serían una joya para saber cómo ha ido cambiando la meteorología. Pero supongo que se habrán perdido. Por fortuna, la Aemet, en el pasado a mano, después de forma automatizada y ahora completamente digitalizada y conectada, registra el tiempo que hace en España. Disponen de alrededor de 900 estaciones distribuidas por todo el país que envían datos de forma automática y en tiempo real. Pero es que también existe una red de estaciones gestionada por personal externo, colaboradores de la agencia, cuyos datos se toman de forma manual y son remitidos a la Aemet mensualmente.

La ingente cantidad de cifras que acumulan llevan a una clara conclusión: el verano se está alargando. Consecuentemente, el resto de las estaciones se acortan. Además, tienden a ser más secas y suaves, en especial el invierno. Dejando a un lado los tres meses veraniegos, los años 2020, 2021, 2022 y 2023 fueron los más cálidos de la historia reciente. Los abriles y mayos de las últimas décadas han sido, de media, los más cálidos desde que se contabilizan. La tendencia también se observa con el último trimestre del año. En Navidad, cuando se supone que viene Papá Noel de Laponia, rara vez nieva en este país. La situación se enrarece por momentos. Los diciembres de 2020, 2021 y 2022, con medias diarias de toda España cercanas a los 10°, han sido los más cálidos en los últimos 60 años. En teoría, hay dos veranos. Uno es el astronómico, el que va con la estación y que empieza el 21 de junio y acaba el 23 de septiembre. El otro es el meteorológico, que abarca junio, julio y agosto. Pero después está el verano real, el del calor, el de las ganas de ir a la playa, el de encender los aparatos de aire acondicionado, ese que hace que muchos anhelen el frío. Este es más cultural, más social que oficial. Pero también es el más físico y pegado a la realidad de las temperaturas realmente registradas. Este es el que no ha dejado de crecer en las últimas décadas.

El meteorólogo y funcionario de la Aemet César Rodríguez publicó en 2018 en su blog, *Mapas y gráficos climatológicos*, un profundo análisis de la evolución de las temperaturas entre el 1 de mayo y el 31 de octubre. El abanico elegido le permitió saber cuánto ha venido durando el verano desde 1971, fecha hasta la que se remonta su trabajo, apoyado en los datos de 44 estaciones de la Aemet. Para determinar en qué momento empezó realmente el periodo estival cada año, comparó las temperaturas máximas registradas fuera de la temporada estrictamente veraniega con la media de las ocurridas entre el 18 y el 24 de junio, es decir, el inicio oficial del verano. Para el final de la estación, hizo lo mismo, pero cotejando las de la última semana de septiembre y el mes de octubre con las ocurridas entre el 18 y el 24 de septiembre, el final oficial de la estación. Su objetivo era datar el inicio real del verano cuando se produjeran siete días seguidos con el termómetro igual o por encima de los días de inicio oficial de la temporada. Para el fin del verano, la idea es la misma: acaba cuando se producen siete días haciendo el mismo calor o frío que entre el 18 y el 24 de septiembre. Puede parecer algo lioso, que lo es, pero resulta una fórmula ingeniosa para detectar la duración real del verano.

Rodríguez aplicó este sistema a las temperaturas registradas por 44 estaciones de la Aemet, casi todas en capitales de provincia. Aquí solo vamos a pasearnos por el mapa de España con algunas de ellas; el listado completo se puede consultar en su blog. En A Coruña, el verano real de 1972 comenzó el día de Santiago Apóstol, el 25 de julio, según la metodología utilizada. A lo largo de 50 años, ha habido algunos en los que el calor ha llegado cuando tocaba. De hecho, en casi una decena lo ha hecho por San Juan, un mes antes. También los ha habido en que el verano no se ha instalado en las playas coruñesas ¡hasta agosto! Lo llamativo aquí es que todos esos veranos tardíos se produjeron al principio, en las décadas de los setenta y los ochenta. La tendencia general, acelerada desde los noventa, es que el verano coruñés arranque cada vez antes. En los últimos diez años, ya suele hacer mucho calor cuando se asan las sardinas y se queman las hogueras de San Juan en las playas del Orzán y Riazor. Rodríguez acaba con estos datos: «De las líneas de tendencia se desprende que el inicio del verano se adelanta 5,75 días cada 10 años, mientras que el final se retrasa 6,02 días cada 10 años, lo que supone un alargamiento del verano de 11,77 días cada 10 años». Es decir, el verano coruñés se ha alargado más de un mes en medio siglo.

En este paseo por los veranos de España, los de Bilbao han seguido una tendencia similar. Hace 50 años la ciudad vasca tenía unos veranos muy cortos que comenzaban muy entrado julio. A comienzos del periodo estudiado, no duraban ni dos meses, 57 días, concretamente. Pero la crisis climática ha aumentado la duración del estío en la localidad a un ritmo de 6,5 días cada década. Así que, en la actualidad, viven tres meses de verano. Más al este y dos grados de latitud más al sur, en Barcelona, las condiciones son diferentes. Veamos qué ha pasado con la Ciudad Condal. La capital catalana está bañada por el mar Mediterráneo, así que su punto de partida es bien diferente al de Bilbao o A Coruña. El verano aquí era ya más largo en 1971, pero ha ido creciendo aún más, adelantando su inicio 5,5 días cada década y retrasando su final otros 3,4 días cada diez años. Ahora, la canícula dura casi un mes más que hace cincuenta años. En Madrid, ciudad de clima continental (es decir, mucho frío en invierno y mucho calor en verano, con estaciones intermedias desapacibles tirando a lluviosas), tuvieron el estío más corto en 1971, cuando apenas duró 30 días, entre el 8 de agosto y el 8 de septiembre. En 2017, el año en el que España fue África, los madrileños soportaron un verano de más de cuatro meses, con un total de 131 días. Desde entonces, y salvo 2018, los siguientes veranos han sido aún más largos. Y queda el sur. Vayamos a Sevilla, la de los 40° a la sombra. Según el trabajo de Rodríguez, el verano sevillano ha crecido a un ritmo de 11,12 días por década. Lo diferente aquí es que, aunque acaba casi como hace 50 años, empieza cada vez antes, robándole días a la primavera, que acaba más de un mes antes en la capital andaluza.

Cinco años más tarde, el también meteorólogo de la Aemet, Benito Fuentes López, se adentró en un trabajo similar al de su colega César Rodríguez. Pero esta vez acumuló los datos de todas las estaciones climatológicas del país para ver cuánto se había alargado el verano en España. Y lo hizo con registros que se remontan a 1940, es decir, 82 veranos, un puñado de cifras capaces de confirmar la fortaleza de una tendencia. El caso es que llegó a la misma conclusión que su colega: el verano es cada vez más largo. Hay zonas de España, en particular en el este y nordeste de España, en Aragón, La Rioja, el País Vasco, Cataluña y norte de la Comunitat Valenciana, donde ha aumentado hasta un mes y medio. Lo ha hecho menos en las regiones en que ya era largo: el sur y el sudoeste. En cuanto a en dónde crece más, salvo en Canarias, donde la temporada veraniega le ha robado tantos días a la primavera como al otoño, en el resto del país, es la estación primaveral la que más ha empequeñecido, aunque, como se verá más adelante, crece a costa del invierno.

Este crecimiento expansivo del verano está provocando un enorme desbarajuste a una naturaleza acostumbrada a la regularidad en las estaciones durante siglos, cuando no milenios. Aunque lo veremos con detalle posteriormente, basten por ahora unos ejemplos. Desde 1980, el Proyecto Fenológico Paneuropeo registra los fenómenos biológicos periódicos relacionados con el circular del tiempo (como el regresar de las golondrinas, la cosecha del cereal, la floración de almendros y cerezos o la caída otoñal de las hojas). Han comprobado que las siete especies de hoja caduca más habituales en los bosques húmedos, como los de la cornisa cantábrica, llevan 30 años adelantando el brote de sus hojas. En conjunto, nacen una semana antes que hace 40 años. Otro fenómeno estrechamente relacionado con el clima es la migración de millones y millones de aves. Unas vienen del norte huyendo del frío del invierno boreal, otras llegan desde el sur escapando del calor del verano africano, y muchas otras usan España como parada o estación de paso. Dejando a un lado casos extremos como el de muchas cigüeñas, que han dejado de migrar por la suavidad de los inviernos españoles, pero también por la disponibilidad de comida en forma de basura, la llegada de las aves migratorias en primavera se ha adelantado hasta en una semana desde los años setenta del siglo pasado. Otro evento fenológico vital para todos los ecosistemas y que está sufriendo la difuminación de los límites entre estaciones es el llamado vuelo de los insectos, el despertar a la actividad de todo tipo de artrópodos, desde abejas hasta moscas, pasando por escarabajos y mariposas. Pues resulta que han adelantado su vuelo una media de 5,8 días desde 1960. Árboles, insectos y pájaros son elementos estructurales de muchos ecosistemas y paisajes: unos brotan, otros se alimentan de sus hojas y frutos o los polinizan, y las otras se comen a unos y otros. Cuando uno llega antes de tiempo o se retrasa, afecta a la estructura y el sistema se tambalea.

Si la preocupación por la naturaleza no está entre nuestras prioridades, la vida humana quizá nos parezca lo suficientemente importante, aunque sea por simple egoísmo. Y es que el calor mata. La ola de julio y agosto de 2003, la mayor si se descuentan las vividas en el último lustro, fue especialmente mortífera. Solo el 14 de agosto, fallecieron en España 609 personas por culpa de las altas temperaturas. Aquel verano, con dos olas y una megaola, se llevó por delante la vida de 6.500 personas solo en territorio español. La cifra se multiplica por diez cuando se escala a toda Europa. ¿Alguien se imagina un atentado que mate a 609 personas, o una catástrofe natural que haga desaparecer a 6.500, o que en un mes de guerra mueran 65.000 civiles y no clamáramos al cielo? Un trabajo de investigadores del Centro Nacional de Epidemiología, integrado en el Instituto de Salud Carlos III, publicado al año siguiente, mostró que la práctica totalidad de los fallecidos eran mayores. Ahí están las razones por las que miramos hacia arriba clamando: se supo un año más tarde y la mayoría eran viejos. Lo primero ya se ha arreglado, ahora existen nuevos sistemas de monitorización de las muertes y se conoce en poco tiempo, casi en el día, el impacto del calor en las cifras de decesos. Sobre lo segundo, entraré en detalle más adelante, cuando toque hablar de cómo afecta la crisis climática a la salud humana y cómo se ceba especialmente con la de los más mayores. Ojo, no solo la edad eleva el riesgo de morir cuando suben las temperaturas, habrá que añadir otros factores que agravan el impacto del calor y aumentan la probabilidad de fallecer, como el nivel de ingresos o vivir en un entorno urbano. Hasta ahora, las cifras de aquel verano nunca habían sido superadas. Sin embargo, en 2022, las defunciones atribuibles al calor entre junio y septiembre rondan entre 11.300 y 12.054 personas, según distintos estudios. Como en 2003, la inmensa mayoría de las muertes son de personas mayores, generalmente con alguna condición previa que los debilita ante unas temperaturas elevadas de forma sostenida en el tiempo. Para entender la relevancia de este número, hay que ponerlo al lado de las muertes a escala global. Un trabajo publicado en 2020, pero con datos hasta 2018, muestra cómo han ido aumentando las muertes por calor en todo el planeta. Si al comenzar el siglo murieron unas 150.000 personas mayores de sesenta y cinco años, en 2018 ya fueron casi 300.000. En noviembre de 2022, durante la Conferencia de las Naciones Unidas sobre el Cambio Climático, la COP27, se dieron a conocer varias proyecciones con la vista puesta en 2100. Con datos de la revista médica *The Lancet*, se teme que, para entonces, el número de fallecimientos entre los mayores de sesenta y cinco años subirá un 1.540 % y solo en la India morirán un millón adicional de personas al año. Sí, es un país superpoblado, pero hablamos de un millón de personas.

Olas de frío, haberlas haylas

Los negacionistas del cambio climático podrían alegar que en los últimos años hemos vivido también olas de frío muy intensas e históricas. Cierto. Es otra de las lecciones que debemos aprender de la crisis climática (y ya van tres): dentro de la tendencia global al calentamiento, se está produciendo un trastoque, con episodios de temperaturas extremas, tanto de calor como de frío. Baste recordar la borrasca Filomena de enero de 2021 y la decena de días siberianos que la siguieron. De la misma forma que todo el mundo recuerda dónde estaba cuando el 11 de septiembre de 2001 los terroristas de Al Qaeda echaron abajo las Torres Gemelas, o el día en que España ganó la Copa del Mundo de Fútbol (el 11 de julio de 2010, con el gol de Iniesta), los madrileños y muchos otros habitantes de las dos Castillas, Aragón e interior de la Comunitat Valenciana nunca olvidarán dónde estaban el viernes 8 de enero por la tarde.

Sandra Vicente y David Gómez estaban esperando su primera hija. Aquel invierno vivían en el sur de Madrid. El parto estaba previsto para el 14 de enero, pero lo tenían todo preparado ya desde hacía una semana: la bolsa con la ropa de su futura pequeña en el maletero de su Volkswagen Eos, al que le habían colocado la silla de bebé, y llenado el tanque de carburante. En estas llegó Filomena. Era la sexta borrasca del otoño-invierno de 2020-2021. Nació en el este de Estados Unidos el día de Año Nuevo y viajó por el Atlántico, donde el complejo juego de vientos de la circulación atmosférica la llevó a las Azores la víspera de Reyes, entrando como un maldito regalo primero a Canarias y después a la península. El espesor de la nieve tuvo medias de 30 a 50 centímetros, con máximos en el centro del país y el este interior que en puntos localizados superó el metro. «El sábado 9 el Eos estaba completamente enterrado en nieve», recuerda David. Aunque faltaba casi una semana para el parto, fue previsor. Acudió a la empresa donde trabajaba, de compraventa de automóviles, para preparar un todoterreno, un Nissan Murano. Lo tenía ya vendido, pero lo sacó y lo dejó a la salida del polígono industrial por lo que pudiera pasar y así evitar excesivas maniobras. Como a él, los todoterrenos salvaron a muchos madrileños aquellos días.

Sucedió lo que más temían. En la madrugada del domingo 10 empezaron las contracciones, con casi cinco días de adelanto. «Sobre las cuatro o cinco de la mañana llamé al 12 de Octubre, el hospital más cercano a casa, a apenas tres o cuatro kilómetros. Nos dijeron que no nos iba a resultar fácil llegar hasta ellos», rememora David. Entre las opciones que se plantearon estaba la de ir andando. Pero la descartaron por el frío y el temor a un resbalón. Aquel fin de semana, la mayoría de los ingresos hospitalarios fueron precisamente por caídas debidas al hielo. El metro también lo descartaron, ya que parte del recorrido que harían estaba al descubierto y temían que hubieran suspendido el paso de los trenes. Desde el centro hospitalario les desaconsejaron también ir en coche porque la entrada al hospital estaba bloqueada, con toda la avenida de Andalucía, que lleva hasta el recinto, cubierta de nieve y decenas de vehículos atravesados. Llamaron a todos los que pensaron que podrían ayudarlos. En la policía municipal del distrito de Villaverde-Usera les dijeron que no tenían vehículos preparados para llegar hasta su casa, «pero que, si queríamos, nos mandaban una pareja de agentes a pie para estar con nosotros, un detalle por su parte», apostilla el padre. Desde el parque de bomberos les reconocieron que estaban saturados, con todos los vehículos atendiendo emergencias. Su seguro privado tampoco tenía automóviles para llegar hasta ellos. Ni siquiera el colectivo de ciudadanos con todoterreno, un maravilloso caso de solidaridad vecinal, pudieron ayudarlos; también estaban sobrepasados.

«Decidimos mirar las cámaras de la Dirección General de Tráfico a través de su web para ver el estado de las carreteras. M-30 y M-40 colapsadas. En la M-45 había pasado una máquina quitanieves y, aunque no se permitía la circulación por placas de hielo, era una buena opción para llegar hasta el hospital de Torrejón de Ardoz», recuerda David. Eso suponía recorrer 38,5 kilómetros rodeando Madrid. El problema consistía en llegar desde su casa hasta la autovía de circunvalación. Su mujer, Sandra, se preocupó, y mucho, mientras circulaban por las calles de Madrid. «Íbamos a ciegas,

David se guiaba por los coches aparcados para ubicar la calle, nos encontramos con algún que otro muñeco de nieve en mitad de la calzada. Pero al salir a la carretera las cosas estaban mejor», recuerda. Una vez en la M-45, circulaban despacito presenciando un espectáculo de vehículos abandonados en mitad de la autovía, teniendo que esquivarlos en muchos casos. El frío era tan intenso esos días que hasta se coló en el hospital, donde el sistema de calefacción se había congelado. A pesar de todo, la vida se abre paso: su hija Vera nació el 11 de enero.

La historia de Vera, Sandra y David muestra cómo una gran ciudad, aun prevenidas sus autoridades, puede verse sobrepasada por un evento extremo como Filomena. La red de transportes colapsó: ni metro, ni trenes, ni aviones. Los servicios asistenciales, desde policía hasta sanitarios, se vieron desbordados. Y durante toda la semana siguiente a la gran nevada no hubo clases. Solo en la capital, el coste fue, según declaró el propio alcalde, José Luis Martínez-Almeida, de al menos 1.398 millones de euros. Por su parte, la Confederación Empresarial de Madrid cifró en 2.200 millones de euros las pérdidas de las empresas regionales.

Aunque las consecuencias de Filomena en Madrid, por su tamaño y su condición de capital, fueron las más destacadas, no solo se sintieron allí. También se vivieron grandes nevadas en zonas más habituadas, como en el Pirineo de Lleida, Huesca y en el Teide. En la cumbre canaria, la nevada acumuló hasta 69 centímetros. Allí están a más de 2.000 metros de altura, pero la estación del parque del Retiro de Madrid, la más antigua de España, recogió más de medio metro. En Lleida llegaron hasta los 31 centímetros. Donde no nevó, llovió a cántaros. Varias estaciones de Málaga acumularon más de 200 litros de agua. Y en Canarias, Cádiz, Alicante o Baleares superaron los 100 litros en apenas 24 horas. Sin embargo, lo peor vino después, cuando dejaron de caer copos. La combinación entre la nieve acumulada y un anticiclón que se quedó inmóvil sobre la península provocó una ola de frío que duró una semana. Hubo varias mínimas históricas, como los -13,4° registrados en Toledo capital o los -21° de Teruel. Una de las más bajas se contabilizó el 12 de enero en la localidad turolense de Torremocha del Jiloca, con -26,5°. Hacía días que ya no nevaba.

El triángulo de hielo o la Siberia turolense

Torremocha del Jiloca está dentro del llamado «triángulo de hielo». Entre Teruel, la localidad turolense de Calamocha y Molina de Aragón, en Guadalajara, se halla este recorte geográfico, que no tiene nada de misterioso o mágico, pero que se comporta como si un trozo de la Siberia rusa se hubiera plantado en el interior de España, a apenas 120 kilómetros de Sagunto y el Mediterráneo. Allí, que están entrenados para eventos de frío extremo, también sufrieron el embiste de Filomena. En Bello, dentro del triángulo, alcanzaron los -25,4° y una semana después de la gran nevada aún marcaban una mínima de -13,3°. Como escribía la periodista Cruz Aguilar en el *Diario de Teruel*, «ver temperaturas de -20° en un termómetro impresiona, pero los turolenses han sentido que el frío va mucho más allá de una cifra, al notar la sensación de entrar a un congelador cuando han salido a la calle».

En Bello apenas viven dos centenares de personas, casi todos mayores. Las tuberías, calentadores y conducciones de la calefacción reventaron, en particular los de las casas vacías, las de quienes viven lejos del frío y solo regresan en verano. En una crónica de RTVE, su redactora contaba que de la limpieza de las calles principales se habían encargado «los más jóvenes, apenas veinte que rondan ya los 50 años». Aunque algunos coches con motor diésel presentaron problemas al cristalizar y congelarse el gasoil, la mayoría de los conductores del triángulo de hielo saben cómo evitarlo. Este combustible empieza a congelarse a partir de los -10°. Pero en países como España debe llevar aditivos anticongelantes que impidan que lo haga (al menos hasta rondar los -30°). Sin embargo, no es preciso que se congele para que el coche no arranque. Antes de llegar a ese punto, como sucede con el agua u otros líquidos, empieza a cristalizar y el filtro del combustible no puede con su paso. Con los motores de gasolina eso no sucede, ya que se congela a una temperatura jamás registrada, los -107°. Así que lo que hacen los habitantes de la zona es añadirle un litro de gasolina cada vez que llenan el depósito de su vehículo diésel. Pero el mayor problema lo tuvieron dentro de casa. El entonces alcalde, Jaime Barrado, comentó que «mantener una calefacción cuesta entre 600 y 1.000 euros mensuales». Con la mayoría de la población ya jubilada o cerca de hacerlo, eso no hay pensión que lo resista. Estos eventos de frío extremo no hacen sino alentar el abandono de la España vaciada.

Vicente Aupí es periodista científico, como yo, y escritor. Pero de frío sabe más que uno y más que muchos. Este valenciano de sesenta y tres años es el responsable del observatorio de Torremocha de Jiloca, donde registraron la segunda mayor mínima del episodio de Filomena, tras los -27° de la vecina Villarquemado. Desde esta estación lleva 38 años, repito, 38 años, enviando datos del tiempo a la Aemet, de la que es colaborador oficial. Aupí es el autor de *El triángulo del hielo. Estudio climático del polo del frío español*. El libro contiene muchos datos, tablas y registros de las temperaturas de esta parte de España, de las nevadas y el hielo, así como del calor, que allí también pega, y mucho, cuando llega el verano. Pero el libro narra además historias de las gentes del lugar más frío de este país. Algunas las he leído en el texto, pero muchas otras me las contó en una larga conversación telefónica. «Es cierto que algunas tuberías y calefacciones reventaron cuando Filomena, pero pasó en las casas de los que viven fuera». Una incomodidad de la vida moderna. «En los años cincuenta no había calefacción ni agua corriente, así que no reventaban», añade. Reconoce que sobrellevar estos episodios es duro, «pero la gente sabe vivir aquí y este clima es saludable», completa rotundo.

Fue dentro del triángulo de hielo cuando, el 17 de diciembre de 1963, se produjo la temperatura más baja jamás registrada en la historia de España. Es cierto que hay registros aún inferiores, pero son estaciones de alta montaña de los Pirineos o la cordillera Cantábrica. Aquel día los termómetros se desplomaron hasta los -30°, según quedó marcado en el observatorio de Calamocha-Fuentes Claras. Pero en las localidades cercanas, como Molina de Aragón,

Monreal del Campo o Luco de Jiloca, estuvieron más cerca de aquella cifra que de los -25°. «Aquello no ocurrió durante una ola de frío», rememora Aupí. También recuerda cómo José Antonio Martín Corral, que entonces era el responsable de la estación de Molina de Aragón, uno de los vértices del triángulo de hielo, y donde se habían registrado -28°, tuvo que convencer a sus jefes del Servicio Meteorológico Nacional, el predecesor de la Aemet. Lo cuenta en el libro: «El 17 de diciembre, cuando remitió el habitual telegrama con el parte de la mañana, lo llamaron desde la capital para pedirle que enviara uno nuevo porque el que había mandado "estaba mal" y "tenía un error" en la temperatura mínima. Él les contestó que no había ningún error... Aun así, lo invitaron a suavizar el dato, subiendo la temperatura algún grado para que pareciese verosímil, pero él no les hizo caso y mantuvo las hojas de observación originales, que se conservan todavía». Aupí cuenta por teléfono que, extrañamente, no se produjo esa llamada por los -30° de la cercana estación de Calamocha-Fuentes Claras. «Pero sí les llegó unos días después un paquete con material de alta montaña, como unos esquíes», dice. Hoy, una placa conmemorativa recuerda la efeméride.

Hay otras zonas pobladas de España donde el frío también se suele convertir en protagonista, como en la cercana Cuenca y Albacete, al sur, en las tierras castellanas de Ávila o Segovia y, más al norte, Zamora, Palencia o León, o en el nordeste, en Lleida. Pero en ningún sitio como en el triángulo de hielo se han dado tantas mínimas históricas. Aupí señala algunos condicionantes que lo propician, como que se trata de un altiplano con un elevado número de noches despejadas. También es una comarca muy seca. Pero hay tres variables que tienen que darse para que empecemos a ver registros por debajo de los -20°: «Que haya viento en calma, el cielo despejado y el suelo nevado», destaca el periodista, escritor y meteorólogo. Esas circunstancias se dieron días después de que pasara Filomena y llegara desde el este un chorro de frío polar. Lo mismo sucedió el 17 de diciembre de 1963. No nevó ese día, pero sí los anteriores. Otra de las claves de Siberia española es la enorme amplitud térmica que se observa entre las máximas (ya bajas en los meses de invierno) y las mínimas. «De los tres meses de invierno meteorológico, diciembre, enero y febrero, el más frío es enero, que es cuando las noches son más largas», indica Aupí. Eso hace que no sea raro que del 1° que marca a las seis de la tarde de un día baje hasta los -20 a las seis de la mañana del día siguiente.

Aupado sobre la sabiduría y los hombros de Aupí, que a su vez reconoce todo el saber que le transmitieron los que le precedieron y ya no están, se puede afirmar que, como muestra Filomena, seguirá llegando el frío en lo más avanzado del invierno, probablemente con olas polares. Pero sobre esos mismos hombros se puede confirmar que ahora se presencian menos fenómenos de este tipo que en el pasado. «Entre finales del siglo XIX y principios del XX se produjeron más de 100 episodios con mínimas de -20° o aún menos», sostiene Aupí. Y entonces no había muchas estaciones ni una metodología realmente científica, así que se puede suponer que hubo otros muchos más eventos. El periodista científico recuerda enseguida una sucesión de inviernos gélidos con mínimas históricas en 1944, 1945, 1946 y 1947. En el invierno de los dos primeros años, con España en plena posguerra y con Europa aún enfrascada en la Segunda Guerra Mundial, no hubo una ola de frío, sino dos larguísimas separadas por apenas dos días. Empezó el 28 de diciembre de 1944 y acabó el 20 de enero del año siguiente. Hizo tanto frío que Madrid registró la mínima más baja desde 1893 (no hay datos anteriores), con -10,1°. Hubo una enorme nevada, que en Barcelona superó el medio metro, y llegó a tres metros, aislando Reinosa, en las montañas cántabras, durante semanas. Dentro del triángulo, durante la Nochevieja del 44, bajaron hasta los -16° en Monreal del Campo. En toda la zona las temperaturas coquetearon con los -20° todo el mes de enero, hasta que superaron la barrera, con los -25° en el observatorio de Calamocha el 17 de enero, el mismo día de la mínima histórica de Madrid. En el contexto de penurias de la posguerra, debieron de pasarlo mal los españoles de entonces. «Ahora estos eventos son más esporádicos y menos intensos que a mediados del siglo XX», dice Aupí. La curva de olas de frío y días aislados de frío extremo se mantuvo hasta los años ochenta del siglo pasado, para empezar a bajar con claridad a mediados de los noventa. Eso no impide que vuelva a repetirse algo como Filomena, pero no parece que nos tengamos que enfrentar a cuatro inviernos gélidos en una buena temporada.

El cambio climático no solo está alargando unas estaciones y acortando otras. No está solo generando cada vez más olas de calor y menos de frío. La alteración del equilibrio inestable que ha protagonizado el clima durante al menos los últimos doce milenios también está provocando otros fenómenos, como ciclogénesis explosivas, trenes de borrascas, huracanes en el Mediterráneo…, pero esa parte de la historia la reservamos para el momento que hemos llamado la venganza de la naturaleza. Ahora toca hacer un viaje en el tiempo y ver cómo ha sido el otro tiempo, el meteorológico, desde la última glaciación, desde los primeros agricultores, desde la época de los romanos, y cómo, en apenas 150 años, los humanos hemos logrado cambiar el clima, algo que solo estaba al alcance de volcanes, cataclismos o el mismo Sol.

2

Una brevísima historia del clima de 12.000 años

En España siempre ha hecho calor. Bueno, siempre no, pero al menos sí desde hace mucho tiempo. Exactamente, desde hace 11.600 años, siglo arriba o abajo. Por entonces acababa el último periodo glacial, la llamada glaciación Würm, también conocida como la Edad de Hielo (aunque con anterioridad hubo más edades de hielo). Es la época en la que Manny, el mamut, Diego, el tigre diente de sable bueno, y el pesado de Sid, el oso perezoso, viven sus aventuras en *La edad de hielo* (*Ice Age*, 2002). Las cosas no sucedieron como cuenta la primera película de la saga, solo faltaría pedirle precisión histórica a un filme de dibujos animados. Pero hay dos elementos que sí se rescatan de la realidad: unos 20.000 años atrás, el tiempo en el que se desarrolla la trama, el planeta estaba en el Último Máximo Glacial. Los hielos cubrían buena parte del hemisferio norte. En América bajaban desde el Ártico hasta las Grandes Llanuras. En Europa, el hielo perpetuo cubría casi todo el Atlántico norte, llegando a las islas británicas y el centro del continente. Además, tras acabar la capa helada, se extendían hacia el sur cientos de kilómetros de permafrost, o suelo congelado. En la península ibérica, se helaron todos los Pirineos y buena parte de Sierra Nevada, mientras que el resto era como la Siberia actual, con una reducida franja sureña como refugio climático. Debieron ser tiempos duros. Lo que sí es cierto de la película es que existían animales como Manny, Diego y Sid. Pero, en un proceso que dura mucho más que todos los títulos de la saga de la ardilla y su bellota, el hielo se fue retirando hacia el norte. Para cuando el deshielo había terminado, los mamuts y los tigres dientes de sable se habían extinguido. Sobrevivieron los perezosos, como el intenso de Sid, adaptados a un clima más suave y cálido. El mismo que supo aprovechar otra especie que, tiempo atrás, ya había arrinconado a los neandertales, la nuestra.

Con la retirada de los hielos a sus límites actuales, acaba también el Pleistoceno, una edad geológica de 2,6 millones de años que fue testigo de la emergencia y evolución del género *Homo*, del que la única especie que queda somos nosotros. Los humanos modernos llegaron a las porciones no congeladas de Europa hace entre 54.000 y 45.000 años desde África, probablemente haciendo una larga escala en Oriente Próximo, aunque el salto directo por el estrecho de Gibraltar pudo ser una ruta paralela. El frío avanzó con ellos y puso en serios problemas a los que vivían en Europa mucho antes de que hiciera su aparición el *Homo sapiens*. Miles de años antes del Último Máximo Glacial, los neandertales fueron desapareciendo de la mayor parte del continente. Los últimos de aquella estirpe sobrevivieron en la península ibérica y, quizá, en el sur de Italia, algo más de tiempo. Resulta tentador establecer la conexión entre el frío y la extinción de los neandertales. Pero no debió de ser solo culpa del hielo. Aunque no alcanzara las temperaturas de hace 20.000 años, la última edad de hielo había comenzado decenas de milenios antes, así que sabían lo que era vivir en un continente medio helado. Yo apuesto a que fue una combinación: el clima y nosotros.

Tras el Pleistoceno, el Holoceno. Y tras el Paleolítico, el Neolítico. Los dos primeros son periodos geológicos, del paso del tiempo en la Tierra. Los dos segundos son periodos de la existencia de los humanos. El Pleistoceno y el Paleolítico fueron más o menos en paralelo, empezando y acabando a la vez. El Holoceno y el Neolítico carecen de ese paralelismo cronológico. Aunque la mayor parte del deshielo se completó prácticamente hace entre doce y once milenios en todo el planeta, la revolución neolítica solo fue coetánea de aquel cambio climático en una pequeña región del mundo que ahora está sumida en muchos pozos, Oriente Próximo. Hace unos 11.600 años, al principio del Holoceno, se debía de vivir bien climáticamente hablando en la mayor parte del globo. Pero fue en Oriente Próximo y la meseta anatólica (en la actual Turquía) donde los humanos modernos comenzaron a asentarse, empezaron a pastorear rebaños de animales y cultivar plantas que hasta entonces eran simples hierbajos tras largos procesos de domesticación. En lo que hoy es una Siria devastada por la guerra, hace unos 10.000 años se inició el cultivo de cereales, primero cebada, después trigo. En un principio, variedades silvestres, posteriormente ya mejoradas mediante selección. En paralelo, en Anatolia y lo que hoy llamamos Irán, sus pobladores hicieron lo propio con las legumbres, con las lentejas y los garbanzos. ¿A qué niño le han gustado las lentejas? Y sin embargo fueron fundamentales en la infancia de nuestra civilización. Sobre la ganadería y la agricultura, sobre la necesaria sedentarización para desarrollar ambas, sobre la acumulación de sus excedentes, se desató la llamada revolución neolítica: después de cientos de miles de años deambulando como cazadores recolectores, surgieron el comercio, las ciudades, las clases sociales, el Estado... Aquellas innovaciones fueron llegando al oeste en oleadas sucesivas, probablemente costeando el sur de Europa, transportadas por hombres y mujeres del este que encontraron un tiempo, un clima propicio. Los neolíticos no habrían podido hacerlo unos milenios antes, cuando el hielo cubría buena parte del continente y la otra era como la Siberia actual.

¿Cómo era el clima 11.600 años atrás? ¿Cómo era el tiempo en Europa, en lo que hoy es España, hace tantos milenios? Si es complicado saberlo hoy, con toda la ciencia acumulada y las supercomputadoras haciendo lo más duro de los cálculos, no resulta nada fácil determinar el de entonces. La fascinante historia de cómo los científicos contemporáneos estudian cuánto llovía o el calor que hacía tres, cinco o nueve milenios atrás, está llena de aproximaciones, tendencias y estimaciones, y casi vacía de cifras exactas, de los grados que hizo aquel verano de hace 5.555 años. Los paleoclimatólogos, quienes estudian el clima del pasado, han tenido que sacar unos cuantos conejos de sus chisteras. Sin pruebas directas, sin termómetros, sin higrómetros, sin barómetros, han buscado, como chalados a ojos inexpertos, pistas climáticas en conchas marinas, estalactitas, ratios de plomo y aluminio, turberas, isótopos de carbono u oxígeno, anillos de los árboles, pulgas de agua... El abanico de pruebas indirectas para conocer el tiempo pasado es asombrosamente grande. En la jerga científica, casi toda ella con palabras en inglés, son los llamados *proxy* (*proxies* para el plural).

Uno de esos *proxies* son los árboles. Los anillos que se forman en el tronco mientras crecen también graban el tiempo del pasado, agrandándose en las primaveras y veranos buenos y empequeñeciendo en los malos. Durante los años secos, las hojas cierran sus estomas para reducir la evapotranspiración y perder humedad, pero lo hacen a costa de un menor crecimiento que se refleja en la estrechez del anillo. Gracias a unos milenarios alerces siberianos del macizo de Altái (en Asia central) y robles endémicos de los Alpes, se descubrió en 2016 que durante varias décadas de los siglos VI y VII de esta era hubo un enfriamiento muy acusado. Al evento lo llamaron Pequeña Edad de Hielo de la Antigüedad Tardía (LALIA, por sus siglas en inglés). Sobre sus causas, una investigación publicada entonces relaciona el episodio, que duró menos de un siglo, con una sucesión de erupciones volcánicas y un mínimo de actividad solar. Aquel enfriamiento europeo bajó las temperaturas hasta en 4°.

Lo más sugerente es que poco después de que se iniciara este enfriamiento se sucedieron una serie de eventos históricos por medio mundo: al poco de la primera erupción, estalló una de las mayores epidemias de peste, la plaga de Justiniano, en lo que quedaba del Imperio romano, el de Oriente. En Asia central, donde los pastos dependían y aún dependen de ligeras variaciones de temperatura, se produjeron grandes movimientos de poblaciones que desestabilizaron toda Eurasia. Al este, estos pueblos acabaron con la dinastía Wei y con ello, indirectamente, ayudaron a la unificación de China. En el sentido contrario, llegaron hasta Constantinopla, empujando a los pueblos que se encontraban en su camino cada vez más al oeste. Durante la LALIA también entró en declive el Imperio persa de los sasánidas. En la península arábiga, las temperaturas más suaves pudieron aumentar el régimen de lluvias y, con ellas, la disponibilidad de pastos para alimentar a los camellos sobre los que se expandieron los árabes hacia el oeste, acabando en la Hispania visigoda. Ulf Büntgen, investigador del Instituto Federal Suizo de Investigación, uno de los que descifraron la historia en los anillos de unos árboles, declaraba entonces que, con tantas variables, «debemos ser cautos con la causalidad ambiental y el efecto político, pero fascina ver cuánto se alinea el cambio climático con las grandes convulsiones que se sucedieron a lo largo de diferentes regiones». Grandes imperios y civilizaciones, como se verá, cayeron tras un evento climático. Unas veces, el tiempo fue un factor más que se unió a otros problemas. Otras, el clima fue la puntilla, y en más de una, la causa principal.

MOSQUITOS CONVERTIDOS EN TERMÓMETROS

Aún hay más *proxies*, muchos más. Unas pequeñas criaturas han servido para saber lo mal que les debió ir a los gigantescos dinosaurios al día siguiente del impacto de un asteroide. Los foraminíferos, tan pequeños como granos de arena, son unas conchas marinas. Como todas las conchas, su exoesqueleto está compuesto fundamentalmente de carbonato cálcico y en su formación tiene mucho que ver la alcalinidad (o acidez) del agua, es decir, su mayor o menor pH. Hace unos años, los científicos encontraron que los foraminíferos del registro fósil inmediatamente posterior al choque que acabó con los dinosaurios estaban casi descalcificados: el impacto del asteroide acidificó los mares del planeta durante miles de años. De la misma forma, foraminíferos actuales y fosilizados han ayudado a mostrar cómo una de las principales corrientes marinas, la del Golfo, se habría debilitado. Y, de nuevo, centenares de estas conchas recuperadas del fondo de los mares de Alborán y Balear han servido para saber lo calientes o frías que han estado sus respectivas aguas. La lista de *proxies* continúa con el polen, los ostrácodos (unos crustáceos microscópicos), el yeso precipitado en los lagos, restos orgánicos de bacterias... Cualquier elemento es útil si sirve como testigo del pasado. Pero ninguno como los quironómidos. Solo estos bichitos pueden decir qué temperatura hacía en julio de hace 8.945 años. Son auténticos termómetros de la prehistoria.

La laguna de Río Seco, en Sierra Nevada, se encuentra a más de 3.000 metros de altura. Ya estaba ahí durante el deshielo iniciado hace 20.000 años y, con algunas variaciones, se mantenía helada casi todo el año, con un lapso en estado líquido que empezaba en mayo y acababa en octubre. Ese es el tiempo que tienen los quironómidos para ser huevo, larva, pupa y emerger ya alados como mosquitos, aunque no lo son. Se parecen; de hecho, a la mayoría nos costaría diferenciarlos. Los entomólogos dirían que sus alas no tienen escamas o que sus hembras no cuentan con probóscide. Para los demás, destacan en que no pican. Pero a un grupo de paleoclimatólogos de la Universidad de Granada lo que les interesa de estos insectos es que llevan en la laguna desde hace algo menos de aquellos 20.000 años. Con la retirada de los hielos perpetuos, el lago se derrite cada mes de mayo y sigue así durante los meses del verano, que allí arriba son cortos. «Si encuentras a estos bichos, puedes saber la temperatura que hacía cuando murieron», dice el paleoclimatólogo de la Universidad de Granada, Antonio García-Alix.

Cada dos semanas y desde hace más de una década, García-Alix y otros miembros del departamento de estratigrafía de la universidad granadina suben los 3.029 metros a los que está la laguna, en las cercanías del Veleta, a tomar muestras. Llenan unos botecitos de agua y se la llevan al laboratorio. «Así sabemos la composición de la comunidad de quironómidos». También registran la temperatura con unos sensores que instalaron hace años. Que se sepa, hay unas 7.000 especies de estos insectos. En la laguna de Río Seco no están todas, pero lo relevante es que la comunidad de especies cambia en función de la temperatura. Un grado arriba o abajo favorece a un tipo de quironómidos, pero perjudica a otros. Eso se sabe a partir de trabajos realizados en los Alpes y en lagos nórdicos durante años. El calor que haga en verano modulará las especies que vivirán esta temporada. Eso es lo que aprovechan los científicos para relacionar los insectos del pasado con el clima en que vivieron.

En 2006, los investigadores agujerearon la laguna en su parte más profunda para extraer dos núcleos de sedimentos y buscar en el barro el rastro de los quironómidos prehistóricos. «Aunque han pasado miles de años, se conservan las cabezas y las mandíbulas», me explica al teléfono García-Alix. Con eso les basta para saber de qué especie concreta de quironómido se trata y les da la clave para valorar la temperatura que hacía cuando esos falsos mosquitos volaban, al menos en sus valores aproximados. Por ejemplo, iniciado ya el Holoceno, hace unos 10.000 años, se multiplicó la cantidad de cabezas que encontraron, frente a la escasez de ejemplares del largo proceso de deshielo, lo que reveló que el periodo glacial era cosa del pasado y habían llegado los buenos tiempos. También comprobaron que dos especies concretas, los *Psectrocladius sordidulus* y los *Corynoneura arctica*, emergían al inicio del periodo, aumentando paulatinamente su presencia en el registro. Ya en el Holoceno Medio (hace entre 7.000 y 4.000 años), representaban hasta el 90 % de las muestras. Son quironómidos a los que les sienta bien el calor, así que se ha estimado que, hace unos 9.000 años y al menos durante los dos milenios siguientes, la temperatura media del mes de julio (sí, lograron concretar hasta ese punto) oscilaba entre 10,5° y 10,8°. Aunque la cifra exacta puede variar, otros *proxies* en distintas localizaciones, como se verá, confirman el calentamiento de entonces.

Fue hace unos 7.500 años cuando se inició el Neolítico europeo, con la creciente sedentarización de los grupos humanos, cada vez menos dependientes de lo que cazaban y más de lo que pastoreaban y sembraban. Hay consenso entre los expertos en que el Holoceno empezó siendo una época cálida, algo que le vino muy bien a los protagonistas de la revolución neolítica, en su mayoría emigrantes que venían de Anatolia, en la actual Turquía. Desde entonces, nunca se habían superado esas temperaturas. Pero, en la última década, la media del aire sobre la laguna de Río Seco ha sido de 14,7°. Son cuatro grados más, ¡cuatro grados más! Hoy, los quironómidos de la especie *C. arctica* han desaparecido del registro sedimentario y casi todos los mosquitos que no pican en una de las formaciones de agua más elevadas de España son los *P. sordidellus*, los que mejor llevan el calor. «Ha habido otros cambios climáticos en el pasado, pero lo que diferencia a este es su carácter abrupto, la velocidad a la que se produce», advierte García-Alix. Esa idea, la de la velocidad del cambio, la repiten todos los científicos del clima con los que he hablado en la última década. En el pasado, los animales, las plantas y hasta los humanos tuvieron siglos, cuando no milenios para adaptarse. El cambio climático actual está sucediendo en años y a eso no hay quien se acostumbre.

Unos 1.000 kilómetros más al norte de la laguna de Río Seco está otra, la de Basa de la Mora, en los Pirineos centrales, y también allí hay quironómidos. Científicos de la Universidad de Barcelona y el Instituto Pirenaico de Ecología (IPE-CSIC) analizaron dos cilindros de barro extraídos del fondo en 2018, buscando la presencia de estos insectos. Fueron de los primeros en usar este *proxy* animal para reconstruir las temperaturas prehistóricas. Lo que descubrieron fue lo mismo que en Sierra Nevada: a comienzos del Holoceno hubo una explosión de vida en el agua. Entre las especies de quironómidos, encontraron dos cuyos nombres, aunque raros, ya nos suenan familiares: *C. arctica* y *P. sordidellus*. Según su presencia en el conglomerado de insectos, hubo un Óptimo Climático del Holoceno, iniciado hace unos 7.800 años. La temperatura media de julio subió hasta los 10°, la más alta de todo aquel tiempo. Son los mismos grados registrados en Sierra Nevada. No hay que quedarse con los grados exactos, ya que la calibración del modelo para relacionar quironómidos y temperatura se hizo con datos de los Alpes o los países nórdicos y podrían distorsionar la señal. Lo relevante es que se observa la misma tendencia. Esto confirmaría que, cuando llegó el Neolítico y sus primeros protagonistas humanos a la península, el tiempo era agradable en toda ella. En lo que va de siglo XXI, en Basa de la Mora, la temperatura media de julio y agosto está siendo de 15°, cinco más que en los siglos que más calor ha hecho desde que se retiraran los hielos hace 12.000 años.

Penélope González Sampériz es investigadora del IPE y lleva más de veinte años estudiando el clima del pasado en sitios como Basa de la Mora. En 2017 participó en una revisión de los sedimentos de siete lagos y lagunas de los Pirineos centrales, para tener una representación de toda la cordillera. Los cuerpos de agua se encuentran a distintas alturas, con el lago Marcelino en la cota más baja, a 648 metros, y el Redón, en la más alta, a 2.234 metros. En lugar de guiarse por los quironómidos, lo hicieron con polen. La lógica es similar: los árboles, arbustos y demás plantas espermatofitas (las que tienen semillas) que vivieron en un momento y lugar determinados dejan su rastro polínico en el fondo de los lagos cercanos. Si se conoce la temperatura que hace en ese momento dado, algo que se puede lograr con estudios en el presente, se puede establecer una correlación entre polen y clima. Así, vieron que, al comenzar el Holoceno, lo que abundaban eran las coníferas y la vegetación baja de tipo estepario. Desde entonces, se fueron expandiendo los bosques de hoja caduca, con robles, avellanos, abedules..., mientras que la cubierta esteparia y las plantas hidrofitas, las acuáticas, desaparecieron. Para mediados del periodo, en torno a hace 6.000 años, empezaron a surgir en el sedimento rastros de matorral mediterráneo y ya en el Holoceno Tardío, más próximo a la era actual, los lagos más bajos registraban la presencia de granos de cereales e incluso olivos: los humanos cultivaban cada vez más cerca de las partes bajas de la cordillera. «Desde entonces se inicia un proceso de aridificación que llega hasta el Periodo Húmedo Iberorromano —me dice González-Sampériz—. Más aridez no implica necesariamente más calor, es que hay una menor humedad disponible». Aunque hubo variaciones, hasta la llegada de los romanos a la península, la humedad y las temperaturas fueron a la baja en el conjunto de los Pirineos.

Claro que el tiempo que hace en las montañas más altas de España, ya sean las de Sierra Nevada o los Pirineos, puede que no tenga nada que ver con el del llano. González Sampériz participó en una investigación muy reciente, publicada en la primavera de 2023, en la que volvieron a usar el polen como *proxy*, pero esta vez con miles de muestras (propias o de estudios anteriores) de 117 sitios repartidos por toda la geografía ibérica, desde la cordillera pirenaica hasta Antas, en Almería, pasando por el Charco de Candieira, en el interior de Portugal, o el lago de Sanabria, en Zamora. La ventaja del polen, y más si no cae en lagos de alta montaña, que podrían estar helados durante el invierno, es que el viento lo puede arrastrar hasta el agua en primavera, pero también en cualquier otro momento del año. Los quironómidos pueden decirnos qué tiempo hacía en julio o en agosto, pero no estaban ahí cuando llegaba el frío. El polen sí.

La historia del clima del pasado que cuentan los minúsculos granos de polen es muy parecida a la revelada por los quironómidos. Una historia que, con las variaciones propias de usar otro *proxy*, cuentan también las estalactitas de las cuevas o los foraminíferos recuperados del mar de Alborán o el de Mallorca: la época del Holoceno empieza siendo muy húmeda y relativamente fría, con unos inviernos con 4° de media menos que en el presente, para ir suavizándose hasta llegar al llamado Óptimo Climático del Holoceno, hace unos ocho milenios, cuando las temperaturas invernales eran muy similares a las actuales. Tal situación se mantuvo, con episodios de enfriamiento y calentamiento comparativamente menores, hasta hace unos 5.000 años. Desde entonces, como se vio con los quironómidos de Sierra Nevada y los Pirineos, el clima se hace cada vez más árido y, en este caso, frío. La cosa no mejorará de forma significativa hasta los tiempos en que los romanos llegan a la península, hace unos 2.500 años.

Sequías que derriban imperios

Crecí leyendo los tebeos de *El Jabato* y el *Capitán Trueno*. Gracias, papá, donde quiera que estés, por traernos cada nuevo número apenas salía. De pequeño no podía detectar el leve tufo franquista que tenían y tampoco creo que eso fuera especialmente perjudicial para mi salud. En todo caso, el riesgo compensaba: tanto el campesino íbero esclavizado por Roma y convertido en gladiador rebelde con causa como el caballero medieval que navegó a mil sitios con su Sigrid siempre en el corazón permitieron viajar a un niño de siete, ocho o nueve años por todo el mundo desde su pequeño pueblo del sur. De ellos recibí mis primeras lecciones de geografía y de historia, a pesar de todos los anacronismos que tenían, que eran unos cuantos. En uno de ellos, el Jabato tiene un encuentro con los hititas, civilización que prosperó y se extinguió siglos antes de que existiera la íbera. Apenas recuerdo que se trataba de un pueblo anatólico (en la actual Turquía) convertido en imperio gracias al dominio del hierro en un tiempo en el que las espadas eran de bronce, una aleación de cobre y estaño mucho más blanda. Aunque después supe que ellos no fueron los primeros en dominar el duro metal, aquel recuerdo sirve para mostrar que ni los metales más resistentes ni las espadas más afiladas pueden con el tiempo.

Hace 3.220 años, la cosecha de grano del verano fue tan mala como las dos anteriores. Y una civilización tan guerrera como dependiente de los cereales, como la hitita, se vio incapaz de recaudar impuestos de los agricultores o alimentar a su ejército. La hambruna debió ser generalizada y el Estado acabó por descomponerse. Hatti, una civilización que llegó a rivalizar con el Egipto de Ramsés II, desapareció casi de repente. La historia del colapso la cuentan los maderos usados para hacer la tumba de un rey frigio, quizá del rey Midas y casi con seguridad de su padre. Los frigios llegaron a Anatolia cuando ya el Imperio hitita era una crónica de pasado. Pero la madera usada en el enterramiento era de enebros capaces de vivir 900 años, que fueron testigos del tiempo de Hatti y conservan sus anillos intactos. Alrededor del 1200 a. C., los anillos de los troncos de la tumba son especialmente estrechos, lo que indicaría una sucesión de varias temporadas de sequía. Fue en torno a ese año cuando Hattusa, la capital hitita, fue abandonada. Cuando la descubrieron, los arqueólogos no encontraron pruebas de un ataque súbito ni de ningún otro cataclismo, como plagas o revueltas. Fue un abandono programado. ¿Qué los llevó a abandonar su capital, que era también el hogar de sus dioses?

Sturt Manning es el director del laboratorio que se ocupa del estudio de los anillos de los árboles de la Universidad Cornell (Estados Unidos). Junto con un grupo de colegas expertos en dendroclimatología (la ciencia de leer el clima en los anillos de los árboles), analizó a fondo los maderos de la tumba del padre del rey Midas. Que sufriera una maldición por la que estaba condenado a convertir en oro todo lo que tocaba será un mito, pero Midas existió. Estudiando las marcas en la madera con detalle con la última tecnología, observaron dos cosas: «Como era de esperar, descubrimos que los episodios anuales de sequía eran relativamente comunes y esto es exactamente lo que los hititas habrían esperado y planeado enfrentar», me decía en una entrevista Manning. De hecho, todo el territorio de Hatti está salpicado de silos de grano custodiados por guarniciones, además de presas y embalses para superar las temporadas de pocas lluvias. Estaban preparados. «Pero muy ocasionalmente, como una vez cada dos siglos más o menos, hubo casos de varios años de condiciones secas graves. El único de tal extremo en varios siglos en torno al 1200 a. C. se produjo entre el 1198 y el 1996», añade. El científico estadounidense sostiene que los cambios a largo plazo, poco a poco, «no suelen precipitar el colapso y por lo general las personas (y las sociedades) pueden adaptarse de diversas formas». Sin embargo, continúa, «lo que puede socavar muchas sociedades humanas basadas y dependientes de la agricultura y la ganadería (es decir, la mayoría), del pasado al presente, son varios años consecutivos de crisis inesperadas e imprevistas». Manning cree que eso fue lo que sucedió con los hititas.

Para los responsables del estudio con la madera de la tumba frigia, lo que les pasó a los hititas o siglos después a los asirios, también asolados por una megasequía, ofrece lecciones ante el actual cambio climático. «Nuestras sociedades tienen resiliencia, y cubren las amenazas y desafíos más o menos esperados —dice Manning—. Pero el cambio climático actual nos está llevando en muchos casos a circunstancias más desafiantes. Un clima extremo que socave gravemente la agricultura y otros recursos (como las redes eléctricas) en una gran área durante más de dos cosechas nos desafiará tal y como desafió y quizá quebró a los hititas. Sí, tenemos transporte y comunicaciones de larga distancia y muchas otras ventajas tecnológicas, pero también mucha más gente, diversas amenazas a la seguridad y el hecho de que no todos los líderes políticos están necesariamente preparados o son capaces de adaptarse y hacer frente a la crisis».

La primera civilización ibérica, ¿víctima de los elementos?

En la otra punta del Mediterráneo, en buena parte de lo que hoy son Alicante, Murcia, Albacete, Granada y Almería, emergió hace unos 4.200 años la cultura de El Argar. Desapareció en la misma época que Hatti. Aunque no pueda compararse con la hitita, el Imperio asirio, el Egipto de las pirámides o la mesopotámica Acad, durante casi un milenio fue la civilización más avanzada a este lado del Mediterráneo. Apoyadas en la metalurgia y la agricultura, emergieron las primeras ciudades del occidente europeo. Asentamientos con calles y pasajes (toda una innovación), en los que ya existía la división del trabajo y un reparto desigual de los recursos entre unas incipientes clases sociales, con una casta superior sostenida por ciudadanos libres y, en especial, muchos esclavos o siervos. Se parecía a una sociedad moderna. Su distribución sobre el terreno siempre era la misma. Las ciudades, como las encontradas en La Bastida (Totana, Murcia) o en el yacimiento de El Argar (Antas, Almería), se levantaban en oteros y altozanos que dominaban amplias extensiones de llano donde se cultivaba la tierra, probablemente por parte de una casta esclava o en régimen de servidumbre.

Un trabajo publicado en 2020 aplicó avanzadas técnicas forenses para recuperar y estudiar el colágeno que aún conservaban los huesos de 75 argáricos desenterrados de sepulturas de Gatas (Turre, Almería) y La Bastida. Buscaban la presencia de isótopos raros de nitrógeno y carbono, los elementos químicos básicos en cualquier materia orgánica que haya tenido vida. Pero no todo el nitrógeno o el carbono es igual. Hay átomos de uno y de otro con diferente cantidad de neutrones en su núcleo, es decir, son isótopos del mismo elemento. El más conocido quizá sea el carbono-14, usado como marcador cronológico por los científicos. Es un isótopo del carbono como lo es el carbono-12, mucho más abundante, pero, al ser radiactivo, decae y lo hace a un ritmo constante. Por eso es el reloj preferido de los arqueólogos. Para estudiar a los argáricos, a los investigadores les interesaban especialmente el carbono-12 y el carbono-13, ambos estables. En el caso del nitrógeno, es el nitrógeno-14 el que más abunda en la naturaleza, con más del 99 % del total. Resulta que viendo las ratios de unos y de otros en los huesos se puede saber la dieta de aquellos ibéricos prehistóricos. Aunque las grasas no tienen carbono, sí forma parte de las proteínas. Así que los científicos estaban convencidos de que analizando el colágeno con un espectrómetro de masas podrían determinar el origen vegetal o animal de esas proteínas.

Los resultados del trabajo indican que los argáricos se alimentaban fundamentalmente de cereales, en especial de cebada, que suponía en torno al 75 % de la dieta. Combinando las variaciones isotópicas en el colágeno con el resto de la información que ya tenían de cada resto humano, como los objetos hallados en las tumbas o las patologías observadas en los huesos, los científicos pudieron extraer además otras conclusiones. Una de las más consistentes es que hombres y mujeres comían lo mismo, no había diferencias de género, algo que no se puede decir de otras sociedades, en particular de las primeras comunidades neolíticas del norte de Europa, donde recientes trabajos sugieren que, en caso de escasez, primero comían los hombres, después los niños varones y, si quedaba algo, mujeres y niñas. Otra conclusión es que había diferencias de clase. En el yacimiento de La Bastida hay identificados cuatro enterramientos, de hombres y mujeres, que debieron ser importantes por el ajuar que los acompañó en su viaje eterno. Existe otro reducido grupo de enterramientos con herramientas y algún arma, pero en la mayoría de ellos solo hay huesos, simples huesos. Esto sugiere una estratificación social que se prolongaba hasta después de la muerte, con una cúspide, una amplia clase urbana y otra aún mayor, quizá de esclavos, que era la que se encargaba de cultivar la tierra. Los de la cúspide tenían valores de carbono-13 y nitrógeno-15 muy elevados en comparación con el resto. «Debido al fraccionamiento isotópico a lo largo de la cadena alimenticia, valores elevados, en especial de nitrógeno-15, indican un mayor porcentaje de proteínas de origen animal», decía en una entrevista la investigadora del Centro de Arqueometría Curt Engelhorn de Mannheim (Alemania) y coautora del estudio, Corina Knipper. Todo indica que el acceso a la carne estaba reservado para la élite.

Pero el análisis de isótopos en los restos orgánicos desveló otro asunto, probablemente relacionado con el clima. La dieta fue empeorando y, a finales del periodo argárico, décadas antes del colapso de sus ciudades, la carne desaparece del menú, de modo que solo quedan los vegetales. «Y ya en los siglos XVII y XVI [a. C.] se hace común el estrés metabólico», me contó Cristina Rihuete, de la Universidad Autónoma de Barcelona y una de las científicas que más sabe de El Argar. De hecho, los isótopos alumbran otro misterio relacionado con lo que dice Rihuete: casi la mitad de las tumbas de los yacimientos de Gatas y La Bastida estaban ocupadas por niños, la mayoría de corta edad. De la lectura isotópica de sus restos, se deduce que muchos debieron pasar hambre, estrés metabólico, como lo llaman los científicos. Lo más llamativo y pertinente aquí es que ese estrés se concentra en las fases más tardías del yacimiento. Como si las cosas fueran empeorando. Esas fases más tardías coinciden con un proceso ya visto en el Mediterráneo oriental. La creciente aridez habría afectado a la producción agraria. El trigo necesita más agua que la cebada y, según los isótopos, el segundo cereal fue elevando su presencia en la dieta en detrimento del primero.

Además de la agricultura, la principal actividad económica de las gentes argáricas era la minería de metales, en particular la del cobre. Para purificarlo, fundirlo y trabajarlo, necesitaban el poder calorífico de la madera, ya que el carbón llegaría a los hornos mucho tiempo después. Según análisis de la presencia de carbono en lagunas y turberas de la región, la civilización argárica quemó, desde sus inicios, muchos árboles para alimentar sus fundiciones. Además, la necesidad de aclarar los bosques para ganar tierra de pastos para los animales acentuó la deforestación. Y cuantos menos árboles, menor humedad y mayor exposición del terreno a la erosión provocada por las menguantes lluvias. Sendos estudios de sedimentos obtenidos de las sierras de Baza y Gádor, la primera en Granada y la segunda en Almería, muestran las consecuencias desastrosas del cóctel. Señoreadas por los argáricos durante siglos, ambas sierras eran muy diferentes en el pasado, con un paisaje tan distinto al actual que cuesta creer que sean las mismas montañas.

En la de Baza aún quedan minúsculos parches de pinares, quejigos y encinas que entonces cubrían toda la línea forestal. Pero la de Gádor, si no se cuentan los pinos reforestados el siglo pasado, es una sierra sin árboles. No siempre fue así. Leer en uno de los trabajos de Jorge Carrión, catedrático de Botánica Evolutiva de la Universidad de Murcia, que en el Holoceno Medio había robles de hoja caduca y otros muchos árboles de hoja ancha, como abedules, avellanos, olmos y sauces en la sierra de Gádor casi me hace llorar, a mí, que he nacido, crecido y vivido a los pies de esas montañas tan desnudas hoy. «Antes de El Argar, la aridez se iba extendiendo por todo el Mediterráneo occidental. Eran cambios graduales. Cada verano la sequía estival era mayor que el anterior y menores las precipitaciones. Pero la acción antrópica desestructuró todo el sistema: El Argar colapsó porque antes hubo un colapso ecológico y antes una serie de acciones humanas sobre el ecosistema». Impactos humanos + cambio climático = desastre. Debería ser una de las conclusiones que sacar del tiempo que nos ha tocado vivir, pero es la lección que El Argar nos recuerda que no aprendimos en el pasado.

El óptimo climático que encumbró a Roma

Cada Semana Santa la emiten en televisión, y la escena en la que un derrotado Espartaco y sus libertos escuchan la oferta del general romano Marco Licinio Craso sigue emocionando décadas después. «Esclavos erais y esclavos volveréis a ser —dice el heraldo de Craso—. Solo os libraréis del terrible castigo de la crucifixión con una condición indispensable: que identifiquéis el cadáver o la persona, en caso de que aún viva, del esclavo llamado Espartaco». Antes de que Kirk Douglas, con ese armazón corporal de auténtico gladiador que tenía, llegue a decirlo, Tony Curtis (que da vida a su leal Antonino) se levanta a la par que él para gritar: «¡Yo soy Espartaco!». La emoción va en aumento a medida que otros se van levantando con el mismo grito y llega al clímax cuando, al final, todos los derrotados que dan por buena la tortura de la cruz tras los dos años de libertad en los que soñaron olvidar que eran esclavos de Roma vuelven a clamar «¡Yo soy Espartaco!».

Dirigida por Stanley Kubrick en 1960, *Espartaco* está basada en una novela homónima que parte, a su vez, de hechos reales. Entre los años 73 y 71 a. C., Roma, que todavía era una república, tuvo que enfrentarse a una rebelión de esclavos liderada por uno de origen tracio llamado Espartaco. Lo que también recuerdo de esta película, y de muchas otras de romanos ya clásicas, como *Ben-Hur, Cleopatra, Quo vadis?* o incluso *La vida de Brian*, es lo ligeros de ropa que iban. La primera y la última se desarrollan en su mayor parte en Palestina y la segunda en Egipto, pero, aun así, con sus togas, túnicas y sandalias, las *caligae*, los romanos dan la impresión de vivir en un eterno verano. Tuvieron que pasar 40 años para que, en 2000, otra de las grandes películas del género me recordara que en su imperio también podía hacer frío, aunque fuera en los confines del mismo. ¿Quién no recuerda ese momento de *Gladiator* en el que Russell Crowe empieza a quitarse la máscara en la arena del Coliseo mientras pronuncia uno de los parlamentos más famosos de la historia del cine: «Me llamo Máximo Décimo Meridio, comandante de los ejércitos del norte, general de las legiones Félix, leal servidor del verdadero emperador Marco Aurelio, padre de un hijo asesinado, marido de una mujer asesinada, y alcanzaré mi venganza en esta vida o en la otra»? Ver cómo le va cambiando la cara al emperador Cómodo (interpretado por Joaquin Phoenix) provoca la misma tremenda emoción que el «¡Yo soy Espartaco!». Las primeras escenas de *Gladiator*, ambientadas en una gélida Germania, y las posteriores ya en las cálidas Hispania y Roma o la ardiente África, resumen la variabilidad climática de los casi 1.000 años de civilización romana, desde los inicios de la República en el siglo V a. C. a la caída del imperio, también en el siglo V, pero después de Cristo.

Cuando Roma se convirtió en república, en el año 509 a. C., el frío iniciado milenios atrás estaba en máximos, con duros inviernos que llegaban a congelar el Tíber, el río más cercano a la capital. Pero la aridez que lo acompañaba iría dando paso a un clima más húmedo. No debían ser buenos tiempos para conquistar pueblos y territorios. Aun así, en dos siglos y medio los romanos se habían hecho con casi toda la península itálica derrotando, subyugando o cooptando a etruscos, samnitas, sabinos o a las poderosas colonias griegas del sur. Como si Júpiter y el resto del panteón les sonriera, para cuando en lo político la república era toda Italia, en lo climatológico se iniciaba un periodo de bonanza climática cuyo nombre lo dice todo, el Óptimo Climático Romano. Los dos últimos siglos republicanos y al menos los dos primeros del imperio, el termómetro acompañó a los romanos, a sus legiones y a su cultura en su propagación por tres continentes. En el momento de su máxima expansión, con el emperador de origen hispano Marco Ulpio Trajano, desde Hispania en el oeste hasta Mesopotamia en el este, y desde Britania en el norte hasta Egipto en el sur, la Pax Romana estuvo acompañada de la Pax Climática.

Pax Romana, Pax Climática

Tras alcanzar su máxima expansión, en el 117 de nuestra era, el Imperio romano vivió una de las épocas más apacibles, si no la que más, de toda su historia. Y ese siglo II d. C. iniciado por Trajano estuvo protagonizado por una serie de «emperadores hispano-béticos», en una expresión de la historiadora Alicia Canto. Aquella dinastía acabaría con Cómodo, el hijo de Marco Aurelio, el que en *Gladiator* muere a manos de Máximo Décimo Meridio en el coso romano. En realidad, a Cómodo lo asesinaron en el marco de una conjura para acabar con él y su forma de gobernar, tan alocada y enloquecida como se cuenta en la película. Con su muerte se inicia, ya en el siglo III d. C., una serie de levantamientos y guerras civiles, acompañados por un empeoramiento del clima, con un descenso paralelo de temperaturas y precipitaciones. Durante las siguientes décadas se producen malas cosechas en años sucesivos, seguidas de hambrunas. Son varios los investigadores que, de nuevo, han conectado la inestabilidad política con la climática.

Tres estalactitas recuperadas de otras tantas cuevas de la ladera sur de la cordillera Cantábrica, en Castilla y León, refuerzan esa imagen de que durante la Pax Romana hubo una Pax Climática. Hace unos años, investigadores del Instituto de Geociencias de la Universidad Complutense (UCM-CSIC) se llevaron a su laboratorio una estalactita de la cueva Kaite, cerca de Burgos, otra de la cueva Mayor, en la sierra de Atapuerca, también en Burgos, y una tercera de la cueva del Cobre, ya en Palencia. Las estalactitas son uno de los mejores testigos del tiempo. De los varios espeleotemas que se forman en las grutas, son los que cuelgan del techo. Crecen, dicho de forma muy resumida, con los minerales arrastrados por el agua que se filtra desde la superficie. Con cada gota que cae, queda atrás un poquito de calcita. Los que vivimos en zonas de agua dura sabemos bien cómo se forman estos depósitos calcáreos. Si te descuidas, el termo del agua caliente o la lavadora te duran dos años porque les crecen dentro cosas parecidas a un espeleotema. Eso se debe al carbonato cálcico, un peligro para los electrodomésticos, pero una ayuda valiosísima para que los científicos entiendan qué tiempo hacía siglos o milenios atrás. La clave está en uno de los elementos que forman el carbonato cálcico. Su fórmula es $CaCO_3$, es decir, cada molécula de carbonato cálcico está compuesta por un átomo de calcio, otro de carbono y tres de oxígeno. Lo que interesa a los paleoclimatólogos es el carbono. Sigamos con la clase de química. El carbono es uno de los elementos básicos de todo lo orgánico, empezando por los humanos. Hay una decena de isótopos (ya saben, variaciones del mismo elemento según el número de neutrones que tenga el átomo en el núcleo) radiactivos, que decaen hasta volverse estables. El más conocido de aquellos es el carbono-14, indispensable para fechar el pasado. Como su decaimiento sigue un ritmo constante, su presencia permite datar un hueso o cualquier fósil de origen orgánico. Solo hay dos isótopos estables del carbono, el 12 y el 13. El más abundante es el primero de ellos, que supone el 98,93% del total. Pero es el resto, bueno, la ratio entre carbono-12 y carbono-13 presente en cada acumulación de calcita del espeleotema, lo que da una idea de la temperatura que hacía en la superficie. Las tres estalactitas estudiadas por los investigadores cuentan lo mismo: tras un periodo de frío más intenso, los tres primeros siglos de esta era fueron los más cálidos del Holoceno, si se descuentan el periodo cálido del Holoceno Medio, el futuro Óptimo Climático Medieval, del que se hablará más adelante, y, claro está, las primeras décadas de este siglo.

Debe haber miles de libros, ya sean de historia o literatura, que cuenten, o intenten contar, la caída del Imperio romano. También hay películas y hasta cómics. En 1984, el historiador alemán Alexander Demandt contó 200 hipótesis diferentes que intentaban explicarla. Algunos de los elementos que encumbraron a Roma habían cambiado ya en los siglos IV y V d. C. El músculo demográfico de una Italia relativamente superpoblada de la época republicana había envejecido. Ese músculo era fundamental para la economía romana, basada en la agricultura. También lo era para el ejército. No es fácil calcular cuánta población había, y eso que se realizaron varios censos. El imperio pudo albergar hasta 75 millones de habitantes. En los mejores años, grandes provincias como Siria o Hispania rivalizaban en población con la península itálica. Pero, mientras estas mantuvieron su población, los territorios italianos la fueron perdiendo. El caso más extremo es el de la propia capital: la única ciudad de la Antigüedad que pudo superar el millón de almas en su apogeo había perdido la mitad de sus vecinos antes del 476 d. C., año en el que Odoacro, un general de origen germánico, depuso al último emperador del Imperio romano de Occidente, Rómulo Augusto. Tras 100 años, la capital apenas llegaba a lo que hoy consideraríamos un pueblo grande, con sus poco más de 30.000 habitantes. El personaje de Odoacro es una metáfora perfecta de uno de los factores claves en la desintegración del imperio. Era un bárbaro, del pueblo germánico de los hérulos, empujados hacia el sur décadas atrás por otros germánicos de más al norte. Esto sería una constante en la historia de Roma: la presión sobre sus fronteras de determinados pueblos fue, casi siempre, el fruto de la expansión de otros que, a su vez, empujaron hacia el interior del territorio a los que estaban en medio. Al principio, los bárbaros se fueron romanizando. Al final, los romanos se *barbarizaron*.

Unos 98 años antes de que Odoacro depusiera a Rómulo Augusto tuvo lugar una de las mayores y decisivas batallas de la Antigüedad. La de Adrianópolis (en la actual Edirne, Turquía) tendría un impacto para el imperio similar al que ejerció el desembarco de Normandía en la caída de Alemania en la Segunda Guerra Mundial. De un lado, lo mejor de las legiones del Imperio romano de Oriente, unos 20.000 hombres encabezados por su emperador, Valente. Del otro, apenas 10.000 godos (aunque acompañados por miles de miembros más de sus distintas tribus), liderados por Fritigerno, el jefe de los tervingios. Estos tervingios acabarían apenas tres décadas después en la otra punta del imperio, en Hispania, ya conocidos como visigodos. La batalla la ganaron los godos, acabando con dos tercios del ejército romano y con su propio emperador. Aunque el trono de Constantinopla (capital del Imperio romano de Oriente) fue ocupado enseguida, el vacío de poder y la nueva correlación de fuerzas facilitó que los distintos pueblos bárbaros, desde las tierras germánicas hasta el mar Negro, se fueran asentando dentro del imperio, dando lugar a la aparición de diversos reinos en lo que fueran las distintas provincias.

Las causas inmediatas que llevaron a la batalla de Adrianópolis y, un siglo después, a la caída del Imperio romano son las mismas y, de nuevo, señalan al clima como desencadenante. Los godos llevaban siglos asentados en el este del imperio, desde que migraran del sur de Escandinavia en el siglo I d. C. Y lo hicieron con la aprobación tácita unas veces, formal otras, de los romanos. A cambio de una especie de impuesto y ocasionales saqueos, primero Roma y después Constantinopla, cubrían su frontera este con la presencia de distintas tribus godas. Al este del río Dniéster, en la actual Ucrania, se asentaron los greutungos. Mientras, al oeste (actuales Moldavia y Rumanía) lo hicieron los tervingios. Tiempo después a ambas tribus se las conoció por otros nombres, que son los que llegaron a la actualidad. Como se ha dicho, los tervingios eran los visigodos que acabaron en Hispania. Los greutungos también eran conocidos como ostrogodos y acabarían creando su propio reino en Italia. ¿Qué pasó para que Roma se descompusiera así? En el azaroso siglo IV d. C. entró en la historia occidental otro actor social, militar y político, la horda.

Los que hayan leído la saga de novelas de George R. R. Martin, *Canción de hielo y fuego*, y los que hemos visto *Juego de tronos*, recordamos bien a los Dothraki, los temidos jinetes de la reina Daenerys Targaryen. Lo más parecido que hubo en la realidad a los ficticios Dothraki debieron ser los hunos de Atila de los siglos IV y V d. C. y, un milenio después, los mongoles de Gengis Kan. En *Juego de tronos* se intuye que, además de saquear ricas ciudades y comerciar con esclavos, estas tribus nómadas vivían del pastoreo trashumante. Los hunos criaban caballos, ovejas y, en menor medida, camellos, cambiando de pastos con las estaciones en su territorio original, Asia central. Pero en el último tercio del siglo IV d. C. viraron hacia el oeste. Varios trabajos con anillos de enebros del norte de China muestran que, en torno al año 360 d. C., se inició una profunda sequía que duró décadas. Nadie, y menos de forma colectiva, quiere abandonar su tierra, donde también se criaron sus padres. Pero la sequía debió de ser tan extrema como para colapsar la economía de subsistencia de unos pueblos tan dependientes del pasto. No es tan extraño, este patrón se venía reproduciendo desde hacía milenios y sigue sucediendo en el presente. Sin embargo, según los enebros, aquella fue la más intensa en veinte siglos. Dieciséis años más tarde, los godos de ambos lados de Dniéster pidieron permiso al emperador para entrar en las antiguas provincias del este, como Mesia, Dacia o Tracia. Aunque los romanos se negaron, greutungos y tervingios entraron igualmente, les urgía. Los hunos venían empujando desde el este como una horda de Dothrakis. Faltaban dieciocho años para la batalla de Adrianópolis y tras ella hubo tres resultados: el asentamiento de los hunos en las llanuras entre el Dniéster al este y el Danubio al oeste, la dispersión de los pueblos godos por el interior del territorio romano, y el debilitamiento de todo el armazón del imperio.

En los tiempos actuales, puede parecer raro que una entidad política colapse por unos años de sequía. Como si las catástrofes de Eritrea o Sudán de hace unas décadas nunca hubieran pasado. Sí, es inconcebible que un país como España se hunda por llevar ya demasiados años de déficit hídrico en la mayor parte del territorio. A lo sumo, lo pasarán mal, como ya está sucediendo, los agricultores. En el caso de Siria, la sequía que sufrió el país entre 2006 y 2010 fue el ingrediente que faltaba para provocar el desastre. La

Primavera Árabe, iniciada el último año de la gran sequía, tuvo sus perfiles propios en Siria. Claro que allí gobernaba y gobierna un sátrapa como Bashar el Ásad. Claro que allí también se reproduce la sempiterna división entre chiíes y suníes. Claro que hasta allí llegó el terror del Estado Islámico. Y claro que aquella tierra, una en las que se inició la civilización, se convirtió en el escenario de un nuevo enfrentamiento encubierto entre rusos y estadounidenses. Pero sin la sequía, probablemente los millones de sirios, que por oleadas llegaron al este de Europa, no hubieran abandonado el país. Y claro que Aylan, aquel niñito kurdo de tres años, no habría muerto en una playa de Turquía, con su camiseta roja, sus pantalones cortos y sus zapatillas aún puestas.

Cuando la sequía fue sinónimo de frío: el derrumbe del reino visigodo

«Esta nota, con todo lo sucedido, fue presentada en el peor momento de un clima terrible, cuando todas las tierras, en el peor momento invernal, están cubiertas por fuertes nevadas y temperaturas glaciales». El texto se puede leer en el *Libro de Actas* del Concilio de Toledo, convocado en el 684 por el rey visigodo Ervigio. Las actas de aquella época están entre los documentos históricos recopilados por un grupo de científicos que, en 2023, publicaron una investigación que relaciona la caída del reino visigodo con un enfriamiento climático que sufrió toda Europa, pero especialmente la península ibérica. Gracias al polen recuperado de sedimentos de 107 ubicaciones de toda la Hispania visigoda y a la relación de isótopos de las cuevas Kaite, del Cobre y Mayor (sí, las mismas que tiempo atrás confirmaron la bonanza climatológica de los primeros siglos del Imperio romano), se supo que el proceso de aridez que venía en aumento, desde el año 680, se aceleró. Los años finales del siglo VII fueron, según este trabajo, los más áridos de los últimos 5.000 años vividos en la península ibérica. Los valores de los isótopos de oxígeno-18 y carbono-13 de las tres cuevas indican un acusado descenso de las lluvias. Estiman que las precipitaciones se redujeron en unos 100 milímetros por metro cuadrado anuales en la mitad noroeste de la península y en unos 200 en la porción sudeste (un milímetro por metro cuadrado equivale a un litro de agua). Comparado con los niveles actuales, en lo que hoy es Andalucía, tales cifras supondrían una reducción de entre el 30 % y el 50 % del agua caída.

Pero no solo llovió menos. Aquella aridez no se puede comparar con la actual, que está relacionada con un aumento de la temperatura (en lugar de vincularse a un descenso). «Fue un periodo muy árido, pero también muy frío», me cuenta Jon Camuera, del Instituto Andaluz de Ciencias de la Tierra, un organismo conjunto de la Universidad de Granada y el Consejo Superior de Investigaciones Científicas (CSIC) y coautor de esta investigación con cuevas, polen y actas de concilios. En el registro palinológico se produce un proceso paralelo: mientras se reduce de forma drástica la cantidad de polen de especies arbóreas mediterráneas (relativamente bien adaptadas a la falta de agua), la concentración del de plantas xerófitas, en particular de artemisia, no deja de aumentar. «Son especies adaptadas a la aridez. En los periodos interglaciares, estas plantas desaparecen. Pero en las épocas glaciares es cuando prosperan», prosigue. Aquel tiempo debió hacer mucho daño en las cosechas, con repetidas hambrunas, como recogen varios textos históricos reunidos por Camuera y sus colegas, en particular el historiador José Soto Chica. Y la combinación entre frío y hambre crea las condiciones para otro azote de los europeos de aquella época: la peste. En la *Crónica mozárabe*, un documento de autor anónimo que relata la historia de Hispania entre el 610 y el 754 (cuando se publicó), aparece esta frase referida a los años 702, 703 y 710: «El hambre y la peste asolaron Hispania». Frío, hambre y peste. Una versión de los jinetes del Apocalipsis en la que el cuarto cabalgante era la guerra. A la muerte del rey Witiza en el 710 o el 711 (no hay acuerdo sobre esto), se desató una guerra civil entre los partidarios de don Rodrigo y los de Agila II por su trono.

Esa fue la situación que se encontraron Táriq ibn Ziyad y su ejército musulmán, la mayoría bereberes, cuando arribaron a la bahía de lo que hoy es Algeciras, en la primavera del 711. Una década después, la Hispania visigoda había desaparecido. ¿Cómo pudieron unos pocos miles de hombres venidos del sur acabar en diez años con un reinado de tres siglos de los bárbaros godos que habían terminado antes con el Imperio romano? Se estima que, entre el último cuarto del siglo VII y la primera década del siguiente, Hispania perdió entre un tercio y la mitad de su población por las hambrunas y la peste. Y, como se ha visto, ambas tuvieron un fuerte componente climático. ¿Eso significa que el enfriamiento provocó la epidemia? No, pero la facilitó en extremo. Igual que facilitó la peor pandemia que ha vivido la humanidad, la peste negra, unos siglos más tarde.

Una de vikingos con el mítico Ragnar Lodbrok

En la historia reciente de la Tierra, pongamos los últimos 10.000 años, ha habido varios calentamientos regionales o globales como el actual. En particular hubo tres periodos cálidos y húmedos (en la mayoría de Europa) o relativamente secos (en la península ibérica). A los tres los llamaron igual, óptimos: el Óptimo Climático del Holoceno, hace entre 8.000 y 7.000 años, el Óptimo Climático Romano, entre finales de la república de Roma y los primeros siglos del imperio, y el último, por ahora, el Óptimo Climático Medieval. No es casual la elección de la palabra «óptimo», que muestra un sesgo a favor de esas tres fases. Pienso, pero no encuentro términos que, combinados con aquel, tengan una connotación negativa: rendimiento óptimo, peso óptimo, temperatura óptima, desarrollo óptimo. Es decir, hasta el presente, todos los calentamientos previos han sido óptimos, siglos de buen tiempo, de explosión, de fertilidad entre las plantas, de mejora de las condiciones de vida de los humanos. No parece que el presente vaya a terminar conociéndose como Óptimo Climático Contemporáneo.

El esplendor del califato de Córdoba y la mayor extensión de la España musulmana, que arrinconó a los reinos cristianos en el tercio norte de la península, coincide con los inicios del Óptimo

Climático Medieval. Y no son los únicos acontecimientos históricos que se desarrollan y a veces se ven facilitados en el contexto de un clima más cálido. La llamada Era Vikinga se había iniciado más de un siglo antes con personajes legendarios como Ragnar Lodbrok. La serie televisiva *Vikingos* cuenta sus aventuras, con un 50 % fiel a la historia, otro 50 % fantasioso y un 100 % de violencia, sensualidad y fascinación. Una de las cosas en las que fantasea la serie (licencia, lo llaman) es que fue en tiempos de Ragnar cuando los nórdicos llegaron a Islandia y a Groenlandia. En realidad, ambas colonizaciones se produjeron en pleno Óptimo Climático Medieval, cuando Ragnar y sus hijos llevaban décadas muertos. Probablemente, si el Ragnar de verdad o alguno de los suyos hubiera intentado ir hacia el oeste, no habrían llegado. Si lo hubiesen logrado, hubieran tenido que darse la vuelta al encontrarse con toda la tierra cubierta de hielo o congelada. La serie acaba con otra mentira, aunque maravillosa. El héroe vikingo siempre quiso ir a la «tierra dorada», de la que le habían hablado algunos navegantes. En *Vikingos*, es su hijo Ubbe Ragnarsson quien, con su mujer Torvi, arriba a las costas de América, donde se encuentran con Floki, el loco fabricante de barcos amigo de Ragnar.

En realidad, los vikingos llegaron a América al menos un siglo más tarde, pero no después del 1021. La precisión de la fecha se debe a una de esas maravillas de la ciencia. Según las sagas islandesas, que cuentan historias de los colonos nórdicos en la isla, algunos vikingos se aventuraron a ir más allá de Groenlandia en torno al año 1000. En 2021, un grupo de científicos pudo fechar no cuándo llegaron a América, pero sí cuándo ya estaban allí, justo un milenio antes, en el 1021. Fueron tan precisos gracias a la información aportada por los anillos de los árboles. Años atrás, en el 993, hubo una gran tormenta solar cuya radiación dejó marcados a los árboles de todo el planeta. Lo que hicieron los científicos fue buscar esa marca en trozos de madera de tres especies de árboles distintas, cuyos troncos habían sido usados para construir el poblado de L'Anse aux Meadows, el primer yacimiento conocido de los vikingos en Terranova (actualmente Canadá). Los tres maderos tenían la marca del Sol y, contando los anillos hacia delante, llegaron al año en el que fueron cortados: 1021. Parafraseando a Arthur C. Clarke, la ciencia puede ser indistinguible de la magia.

¿Recuerdan a los quironómidos? Sí, esos insectos encontrados en Sierra Nevada y Pirineos parecidos a los mosquitos cuyas cabezas se conservan en el registro fósil y sirven como termómetros del pasado. Pues en Groenlandia también hay. El equipo liderado por la científica Yarrow Axford, de la Universidad Northwestern (Estados Unidos), recuperó cabezas de quironómidos del sedimento de un lago cercano a un asentamiento nórdico en el sur de la enorme isla. Al estudiarlos, vieron que a mediados del siglo x, cuando los vikingos llegaron, el clima era relativamente más cálido que en las centurias precedentes. Si el Óptimo Climático Medieval ayudó a los nórdicos a arribar a la isla, ¿por qué no les iba a empujar a ir un poco más allá, hasta América, en los años siguientes?

El buen tiempo que contribuyó al éxito de los vikingos también se reprodujo en la península ibérica, aunque con su propio perfil. Desde el 900 y hasta 1300, del siglo x al xiv, Europa occidental vivió un periodo de calentamiento más o menos estable (tampoco es que fuera de un calor extremo). El tercer informe del Grupo Intergubernamental de Expertos sobre el Cambio Climático (IPCC, por sus siglas en inglés) recoge dos claves de aquel óptimo medieval: fue regional, no global, y el aumento de la temperatura fue discreto, apenas 0,2° más que la media de lo que vendría después (la Pequeña Edad de Hielo), pero bastante por debajo de las temperaturas registradas en el siglo xx. Aun así, los cambios en la península ibérica fueron significativos. El polen depositado en Basa de la Mora, en los Pirineos (de este lago ya se ha hablado anteriormente, cuando el Holoceno) muestra que coníferas como los enebros y sabinas recuperaron territorios de los que el frío precedente los había expulsado. Dos núcleos de sedimentos extraídos del fondo del Mediterráneo, en la cuenca argelino-baleárica, enseñan que las concentraciones de polvo sahariano crecieron en este periodo, un indicador de aridez cálida. También aumentó la salinidad del mar, provocada por una mayor evaporación debida al aumento de la radiación solar. Un trabajo realizado con diversos *proxies*, polen, diatomeas, polvo sahariano..., señala que, al menos en la porción este de la península, el Óptimo Climático Medieval no fue tan óptimo. Entonces, como hoy, el calor no vino acompañado de humedad, como sí sucedió en la franja occidental y el resto de las tierras de Europa bañadas por el Atlántico.

La explicación a estas diferencias hay que buscarla en un componente del sistema climático cuyo nombre habrá que ir memorizando, porque es clave en el clima del pasado, presente y futuro de España: la Oscilación del Atlántico Norte (la NAO, como se conoce en la jerga científica, casi siempre en inglés). Se trata de una pareja de baile en la que él es alto, a veces muy alto, y se llama anticiclón de las Azores. Ella, por su parte, es baja, a veces tormentosamente bajita, y se llama baja de Islandia. El primero es un sistema de altas presiones, la segunda, una depresión atmosférica. De su baile depende casi toda la variabilidad del tiempo en la península. A escala anual, en verano, el anticiclón de las Azores se envalentona y sube Atlántico arriba (NAO+). Eso bloquea el paso de los frentes que se forman en el océano. En otoño e invierno, es la baja de Islandia la que se refuerza y empuja al anticiclón hacia el sur (NAO-), dejando vía libre para que lleguen una, dos, tres, cuatro o hasta cinco borrascas seguidas, como sucedió en octubre y noviembre de 2023. Hasta los gallegos terminaron hartos de tanta lluvia. Pero el baile también tiene sus patrones decadales y hasta seculares, aunque menos regulares. Durante varios periodos de los siglos X al XIV, el anticiclón de las Azores y la baja islandesa bailaron muy al norte, lo que se expresa como NAO+. Este índice positivo pudo ser reforzado por un aumento de la radiación solar, que hizo de aquella España, mitad musulmana, mitad cristiana, un lugar muy cálido. Algunos científicos temen que el cambio climático actual esté, como esos impertinentes borrachos en la fiesta del pueblo, estropeándole el baile al anticiclón y a la baja.

La Pequeña Edad de Hielo

En 1569, Francisco Franco (otro Franco, que el de Ferrol no fue tan longevo) publicó en Sevilla un libro sobre las bondades de la nieve. En su *Tractado de la nieue y del vso della*, el que fuera médico del rey Juan III de Portugal relata los posibles usos medicinales de los copos, eso sí, siempre empleados con mesura. En las primeras hojas del tratado del galeno de Xàtiva se puede leer, una vez convertido al castellano actual:

> Grandes cosas son las que ha hecho e innovado el señor don Francisco de Castilla para la mejor gobernación de esta gran máquina de Sevilla y haber dado orden como se traiga nieve se puede contar entre ellas, porque para muchas enfermedades es necesaria la nieve, y para todos los sanos y bien dispuestos para enfriar su bebida ordinaria.

El librito, de solo 30 páginas de texto corrido, es una joya. Más allá del uso medicinal de la nieve, también recomienda su utilización para enfriar el agua en la ciudad, como el mismo Franco escribe: «Siendo así que si en alguna parte de España ay necesidad deste regalo es Sevilla, pues en ella desde mayo sera el Sol de calentar y abrasa, ni se puede andar por las calles». Al médico aún le queda espacio para plantear una especie de debate filosófico-histórico sobre el uso de la nieve en el que intervienen desde filósofos griegos como Hipócrates hasta el persa Avicena, pasando por el grecorromano Galeno. Para uno es una gran herramienta de la medicina, para otros, una especie de degeneración de las cosas naturales.

Antes de la obra de Franco ya se habían escrito otros trabajos, algunos contrarios al uso de la nieve. Es el caso del *Liber de arte medendi*, del catedrático de la Universidad de Alcalá y médico de la corte Cristóbal de la Vega, que considera tomar bebidas frías, casi siempre agua y vino, como un vicio. Para Luis de Toro, discípulo de De la Vega, el consumo de nieve es peor, prácticamente gula. Ya en el siglo XVII, en su *Luz a los vivos y escarmiento en muertos*, el obispo de Osma, Juan de Palafox y Mendoza, relata un caso de alma perdida. En él cuenta que se le apareció un difunto pidiendo intercesión ante el Altísimo, ya que se encontraba purgando su culpa, esto es, el pecado de jugar a la pelota y beber frío. Enfriar el agua con nieve era pecado. En la misma Sevilla en la que Franco publicó su libro, solo dos años después, su eterno rival, el médico humanista Nicolás Monardes, presentaba el *Tratado de la nieve y del beber frío*. Aquel boom editorial sobre el tema respondía a una moda, la de consumirla o usarla para enfriar el agua, pero también para elaborar refrescos o para fines más serios, como tratar distintos males. Como casi todas las modas, empezó entre la nobleza y fue calando sociedad abajo. Pero para que una tendencia así, cuya base es la nieve, se propague hasta Madrid y otras localidades que rara vez veían la nieve, como Sevilla, Málaga, Alicante o Valencia, hace falta mucha nieve y cuando más se la necesita suele ser cuando menos hay, en verano. Entre los siglos XV y XVII se desarrolló por toda la península un nuevo sector, una nueva actividad económica, con toda una red comercial y de transporte, con pozos, neveras y casas de nieve en altitudes no demasiado elevadas desde las que enviaban los bloques de hielo y nieve a las ciudades. Todo fue posible porque, desde 1300 en Europa y desde 1400 en España, vivían en plena Pequeña Edad de Hielo (PEH).

La PEH es el último periodo climático de frío previo a la situación del presente. Según los diferentes *proxies* usados, el enfriamiento se produjo entre 1300 y 1850, con sus variaciones locales. Como sucedió con el Óptimo Climático Medieval, los informes del IPCC mantienen que se trató de un evento regional, que solo afectó al hemisferio norte, en especial a Europa. A escala macro, el origen del paso de lo cálido a lo gélido parece que estuvo en la actividad solar. Durante esos siglos, la sucesión de manchas solares (que son como calefactores puestos al máximo en momentos puntuales) se redujo, con una serie de mínimos, como el de Maunder, en los que casi desaparecieron de la superficie del Sol. La reducción de la radiación afectaría profundamente al sistema climático del Atlántico. Los hielos polares avanzaron hasta llegar al sur de Groenlandia (en el siglo XV los vikingos tuvieron que abandonar la isla que habían colonizado 500 años antes, aprovechando el óptimo medieval) y los glaciares alpinos, incluso los ibéricos, se recuperaron. El frío se adueñó de Europa, con inviernos mucho más largos que los actuales y veranos cortos y húmedos. En España, sin embargo, el estío fue testigo de una profunda aridez.

Como recuerda el catedrático de Historia Moderna de la Universidad de Alicante Armando Alberola Roma, en su libro *Los cambios climáticos: la Pequeña Edad de Hielo en España*, la PEH no tiene un desarrollo lineal y está marcada por fases o pulsaciones en las que hizo aún más frío que de costumbre. Alberola recoge las reflexiones de Vicente Bacallar de Sanna, marqués de San Felipe y participante en la guerra de Sucesión (1701-1714) a la Corona de España por el bando borbónico cuando en sus *Comentarios a la guerra de España* dice que

> no tenían los mortales memoria de tal exceso de frío como el de este año; heláronse muchos ríos tan vecinos al mar que formaba margen el hielo; secáronse por lo intenso de él los árboles [...]. No corría líquida el agua, ni la que se traía en las manos para beber [...]. Morían los centinelas en las garitas y no hallaba casi reparo la humana industria contra tan irregular inclemencia, no hicieron progreso los sembrados, y se introdujo el hambre en los países más fríos.

La Pequeña Edad de Hielo fue el periodo más frío de todo el Holoceno, si se dejan a un lado los siglos iniciales en los que el hielo en retirada hacia el norte aún cubría buena parte del Atlántico y Europa. Las condiciones de vida en España fueron muy duras durante los siglos XVII y XVIII, y solo la huida a las Indias servía de válvula de escape para un sistema, el del Antiguo Régimen, que además de sus propios problemas y contradicciones tuvo que lidiar con la adversidad climática. En España, como en toda Europa, se repitieron dos, tres y hasta cuatro veces los brotes de la peste negra que entre los siglos XIV y XV mató a más millones de personas que cualquier otra pandemia en la historia humana. Solo con la llegada del siglo XIX, el clima comenzó a dar una tregua, con un incremento de la temperatura media de casi 1° frente a la situación precedente. Pero el siglo XIX debió de ser una de las centurias más convulsas de la historia de España: una guerra de Independencia frente a los franceses, las otras guerras de independencia, esta vez de las colonias de ultramar, la guerra civil desatada por el vengativo y anticonstitucionalista rey Fernando VII, las guerras entre isabelinos y carlistas, el breve sueño de la Primera República..., por no contar los dramas en el sustrato social y económico. Así que poner el acento en el clima, en esta ocasión, parece frívolo.

Sin embargo, mientras en España pasaba todo eso, algo más al norte, en Inglaterra, empezaba la mayor revolución humana desde el Neolítico, la industrial. Fue iniciada por un escocés, James Watt, que, buscando mejorar una máquina anterior, creó la máquina de vapor. Con ella vinieron los telares mecanizados, el ferrocarril, las fábricas, las fundiciones. En definitiva, una era del metal alimentada con carbón, unas rocas negras generadas millones de años antes que se habían declarado como un maravilloso combustible. Pero al quemarlo, ¡ay!, liberaba un gas, el dióxido de carbono (CO_2), que casi dos siglos después se comprobó que estaba cambiando el clima de nuevo. Esta vez calentando todo el planeta, no solo Inglaterra o Europa, y haciéndolo a unos niveles nunca igualados en la historia de la humanidad.

3

El gas que enfría la cerveza y calienta el planeta

En las Navidades de 2023, unos días después de la Nochebuena, mi hijo Darío, de solo ocho años, me preguntó por qué llevaba una camiseta de manga corta debajo de la sobrecamisa si estábamos en invierno. Cuando le dije que hacía calor, enseguida se respondió a sí mismo: «Ah, es verdad, es por el cambio climático». No, no es que mi hijo sea un niño repelente y sabihondo (como su padre a la misma edad), es que una vez me preguntó de qué trataba el libro que estaba escribiendo y le conté que se llamaría *Calor*, y que iba de cómo, por culpa de su padre, de mis padres, de mis abuelos..., el tiempo estaba cambiando y por eso hacía tan buen tiempo un 27 o 28 de diciembre. La verdad es que lo hacía. El termómetro del coche creo que marcaba sobre los 25°. Estaba al sol de Almería, así que habría que restarle algunos grados, pero de los 20° no bajaba. Se podía estar en mangas de camiseta con una chaquetilla por encima. Mi hijo, que, como todos los niños a esa edad, venera a su padre y lo que diga es palabra de Dios (ya cambiarán las cosas cuando llegue a la adolescencia), no cuestiona que haya una crisis climática ni que sus mayores sean los responsables.

Si el lector lo tiene tan claro como Darío, puede saltarse esta parte y pasar al siguiente capítulo, donde cuento cómo el anticiclón de las Azores se ha movido de sitio. Pero los que quieran saber cómo hemos llegado hasta el punto de que los humanos sean los protagonistas, los actores decisivos, de un cambio que en el pasado solo estaba al alcance de fuerzas tan poderosas como volcanes, glaciaciones, meteoritos o el propio Sol, sigan leyendo. Va a ser inevitable hablar de química y física atmosféricas, de los gases que hay en el aire, de los clorofluorocarbonos de los frigoríficos, del metano de las vacas y de lo que calientan el planeta cosas como el nailon de las medias. Pero la clase no será muy difícil ni técnica. No podría serlo, mis limitados conocimientos lo impedirían. Me limitaré a resumir lo que dicen los que sí saben. Esta parte de la historia también quiere ser un recordatorio de que, en esto del cambio climático, en esto de la crisis climática, también hay un «los de arriba y los de abajo». Hay gentes, sociedades y países que han calentado el planeta durante más de 200 años y ahora somos los que encabezamos la lucha contra el calentamiento, una lucha en la que queremos que los que vienen por detrás buscando la misma felicidad que recogen como un derecho la Declaración de Independencia de Estados Unidos o la Constitución española de 1812 renuncien a ella y se queden en la tristeza.

En 1750, en la atmósfera del planeta había una concentración de dióxido de carbono (CO_2) de 280 partes por millón (ppm), de aire en este caso. Por dar algo de contexto, el aire está compuesto básicamente por nitrógeno (un 78 %) y oxígeno (20,95 %). El 1,05 % restante se lo reparten el vapor de agua, el argón, el helio, el hidrógeno, el xenón, el óxido nitroso... Casi al final de la lista, con apenas un 0,035 %, aparece el CO_2. Puede sorprender (y de hecho sorprende) que un elemento tan escaso, con una presencia tan residual, casi insignificante, esté marcando el destino del clima y, con él, el de toda la vida del mundo. Los sistemas complejos, y el climático lo es de verdad, pueden verse desbordados cuando uno de sus elementos alcanza lo que los científicos llaman su *tipping point* (punto de inflexión), un umbral, la gota que colma el vaso, que desencadena un cambio de estado. Como se verá, el CO_2 y los otros gases de efecto invernadero están llevando al clima mundial a su *tipping point*. En 2023, 273 años después, el observatorio de Izaña, el centro de investigación atmosférica que la Aemet tiene en Santa Cruz de Tenerife, registró una concentración de 423,86 ppm, prácticamente la misma que las 424 ppm medidas por el observatorio de Mauna Loa, en el archipiélago de Hawái, en la otra punta del mundo. Ambos forman parte de una red internacional de medición de CO_2. ¿Qué ha pasado en estos apenas tres siglos para que el dióxido de carbono en la atmósfera haya crecido en un 50% hasta llegar a niveles no registrados en la Tierra en los últimos catorce millones de años? Nosotros.

En realidad, el CO_2 no es el principal gas de efecto invernadero (GEI), sino que lo es el vapor de agua. Lo que sucede es que el vapor de agua equivale a humedad, que equivale a agua, que equivale a mayor disponibilidad de recursos hídricos. Así que equivale a algo bueno. Lo que sucede también es que, mientras el resto de los GEI aumentan, el vapor de agua desciende. Según el análisis de los anillos de árboles de todo el continente europeo, en los últimos 400 años, la humedad atmosférica nunca ha sido tan baja como en los últimos 30. Lo de efecto invernadero se define por sí mismo: como sucede en un invernadero, deja entrar la radiación solar pero no le permite escapar, así que se calienta lo que hay debajo. Los GEI han permitido la vida desde que se formara su atmósfera hace unos 4.500 millones de años. Si dependiera solo de la radiación solar o del calor que aún conserva el núcleo terrestre, toda la Tierra sería un casquete polar. De hecho, hay científicos que defienden la idea de que en el pasado hubo al menos una superglaciación que convirtió al planeta en una gigantesca bola de nieve. La causa pudo estar en un descenso muy acusado del CO_2 y otros gases atmosféricos. Su proporción atmosférica es el fruto de frágiles equilibrios levantados durante millones de años y una especie, solo una especie, los está poniendo en peligro.

Watt y su máquina de vapor

Cuando el inventor escocés James Watt comercializó su primera máquina de vapor en 1776, los valores de CO_2 eran los mismos que los que había al acabar la última glaciación. El ingenio funcionaba aprovechando el carácter expansivo del agua convertida en vapor al calentarla. Con esa venta comenzó oficialmente la Revolución Industrial. Claro que durante toda la Edad Moderna, antes de la revolución, hubo industrias, y muchas. Pero las personas que las practicaron eran como los siervos de la gleba de la Edad Media, que no podían moverse de su terruño. Tenían sus cimientos atados a la cercanía de una fuente hídrica, algún río o salto de agua que moviera la rueda hidráulica que hacía funcionar molinos, telares o fundiciones. La máquina de vapor de Watt permitió la movilidad de la industria que, ahora sí, podía llevarse los medios de producción a las ciudades o adonde estuvieran sus materias primas. Para calentar el agua, Watt y todos los que vinieron después recurrieron al negro carbón que venían usando las factorías preindustriales. A lo largo de todo el siglo XIX, fue la quema de este mineral fósil, fruto de la descomposición de plantas y animales hace millones de años, la que movió el mundo, la que impulsó el despliegue del ferrocarril, el comercio marítimo internacional con barcos de vapor de gran cabotaje, incluso la primera fase de la electrificación, que se hizo sobre las ascuas del carbón.

Una tonelada de carbón libera a la atmósfera entre 3,5 y 3,8 toneladas de CO_2. El dióxido de carbono es un gas de efecto invernadero incoloro, inodoro y en la práctica inerte. El de origen natural procede de la descomposición de la materia orgánica, sobre todo la vegetal. Durante su vida, los árboles capturan CO_2, incorporando la mayor parte del carbono a su crecimiento y liberando solo una parte mientras respiran. De ahí el triple drama cuando se produce; además del impacto ecológico, cada árbol quemado es un sumidero menos de carbono y un nuevo emisor del gas que ha podido retener durante siglos, cuando no milenios. El ciclo natural del carbono tenía cuatro paradas, los llamados reservorios activos: la atmósfera, la biosfera (los humanos somos en un 85 % carbono y oxígeno), la hidrosfera (fundamentalmente los océanos) y la litosfera (las rocas y piedras de la Tierra). Aunque la parte atmosférica es la menor de las cuatro, se ha convertido en la decisiva por su desenfrenado ascenso. En el último millón de años, la concentración de CO_2 atmosférico fluctuó entre 170 y 330 ppm, cifras que el sistema climático global podía gestionar. No son las únicas, en el pasado hubo otras concentraciones del gas, pero eran condiciones óptimas para la vida. Sin embargo, desde aquel 1776 y el éxito de Watt, ¿cuántas toneladas de dióxido de carbono habrá liberado la quema del carbón primero y del petróleo y el gas natural después hasta llegar al presente? Basta dar la cifra de 2022 para asustar hasta al Trump (que presume de negacionista climático) más valiente: 57,4 gigatoneladas de CO_2 equivalente. La cifra puede que sea lo único comprensible, así que toca explicar todo lo que va después del 57,4. Lo más sencillo y lo más impresionante son las gigatoneladas (Gt). Cada una equivale a 1.000 millones de toneladas: los humanos generamos 57.400 millones de CO_2 equivalente cada año. Lo de equivalente es una convención y una fórmula para incluir a todos los gases de efecto invernadero. Aunque el CO_2 sea el más importante, no es el único. Cada uno persiste en el aire por un tiempo determinado y tiene un potencial de calentamiento diferente.

Otros GEI naturales tienen una capacidad de retener el calor mucho más elevada que la del CO_2, pero, por fortuna, se presentaban en bajas concentraciones y su presencia aérea era más breve. Uno es el CH_4, el metano, que llega a la atmósfera por la acción de bacterias y otros microorganismos cuando descomponen la materia orgánica, sobre todo en los humedales, y por la digestión de los rumiantes. Otros gases de efecto invernadero con elevado poder de atrapar el calor son el óxido nitroso (N_2O) y varios óxidos del nitrógeno relacionados. En la naturaleza, sus principales fuentes son, de nuevo, la acción bacteriana sobre aguas y suelos, a las que se unen los incendios y las emisiones volcánicas. El metano tiene un potencial de calentamiento 28 veces superior al del CO_2. Mientras, el del óxido nitroso es 265 veces mayor. Todos estos gases han estado ahí casi desde siempre, con su equilibrio relativamente estable durante siglos, milenios y millones de años, formando complejos ciclos como el del carbono o el del nitrógeno, en los que, en cierto sentido, todo vuelve a donde empezó. Pero la película ha cambiado con la intervención de los humanos, especie ingeniosa donde las haya, y en menos de tres siglos hemos aumentado las emisiones de CO_2 en un 50 %. También hemos doblado las de metano, que han pasado de 772 partes por mil millones en la era preindustrial a 1.923 ppb en el presente (tanto su concentración como la del óxido nitroso es mucho más baja, así que se mide en partes por mil millones, ppb). Por su parte, y según datos de la Organización Meteorológica Mundial, la concentración de N_2O, que era de 270 ppb hasta el siglo XIX, ahora es de 335 ppb.

No contentos con doblar algunas emisiones de gases que siempre estuvieron ahí, también inventamos sustancias tan de efecto invernadero como el hexafluoruro de azufre. Sintetizado en 1901 y usado en procesos industriales como aislante o en aparatos médicos, tiene un potencial de calentamiento 23.500 veces mayor que el del CO_2. Aunque sus aplicaciones son muy pocas, es vital como aislante gaseoso en la alta tensión eléctrica. También parece ser relevante en los aceleradores de partículas o en tecnologías médicas como los rayos X. Por fortuna, esta verdadera bomba climática presenta una concentración en el aire mucho más baja y, al pesar seis veces más, se queda bien pegada a la superficie terrestre.

Tampoco existían en la naturaleza los clorofluorocarbonos. Abreviados como CFC, esos compuestos formados por hidrocarburos a los que se les añade cloro, flúor o bromo fueron fundamentales para la vida moderna del siglo XX. Eran el gas que enfriaba los refrigeradores, sacaban la espuma del bote de afeitar, dispersaban el desodorante en espray o aislaban las paredes de las discotecas. Entre sus ventajas tenían su supuesta condición de inertes, incapaces de desencadenar una reacción química al unirse con otros elementos. Pero resultó que sí que eran activos, y vaya si lo eran. En los años setenta, los científicos Mario Molina y Frank Rowland, el primero mexicano, el segundo estadounidense, publicaron un artículo científico explicando cómo estos compuestos liberados en el aire acababan en las partes altas de la atmósfera, un detalle que se les debió de olvidar comprobar a los químicos de DuPont y General Motors, que habían inventado el primer CFC, el freón, en 1928. La verdad es que entonces no debía ser fácil probar los efectos de soltar freón en la estratosfera. Allí, la acción de la radiación ultravioleta los descomponía, liberando el cloro, que se demostró un auténtico devorador del ozono. En una enloquecida reacción en cadena, reducía las moléculas de ozono (O_3) para convertirse en óxido de cloro. Un solo átomo puede descomponer 100.000 moléculas de ozono. Sin saberlo, los humanos llevaban décadas destrozando su cielo protector. En 1985, se acabó abriendo un enorme boquete sobre la Antártida en la capa de ozono que nos protege de la radiación y, en el Ártico, apenas era una fina lámina. La alarma fue tal que en solo dos años las naciones del mundo aprobaron el Protocolo de Montreal, que desterraba la fabricación y uso de los CFC. El caso de los clorofluorocarbonos es un aviso, una lección y una esperanza. Aviso de las amenazas que el ingenio humano encarna. Una lección de que, siendo fundamentales para la vida moderna, hemos aprendido a prescindir de ellos. Y de esperanza porque, si hace falta, las personas sabemos ponernos de acuerdo.

Eructos de rumiantes, verduras dopadas y tubos de escape

Cada vez que eructan alces, bisontes, gacelas o búfalos, están calentando el planeta. Los herbívoros en general son, como las bacterias pudriendo la materia orgánica, emisores de metano. El sistema digestivo de los rumiantes parece muy ineficiente. Precisa de un complejo formado por tres preestómagos, un estómago y una especie de postestómago para digerir la hierba. En realidad, han necesitado millones de años para disponer de un sistema tan evolucionado capaz de arrancarle nutrientes a unos hierbajos, algo que los humanos no sabemos. Para extraer la energía del pasto, los bóvidos, cérvidos, ovinos o caprinos necesitan la ayuda de una de las microbiotas más variadas que se pueda imaginar, la misma que convierte a su sistema digestivo en un zoológico de microbios: bacterias, hongos, virus, protozoos y arqueas se reparten los procesos bioquímicos que le sacan todo el jugo a la hierba. Lo cierto es que son estas minúsculas criaturas las responsables del metano exhalado por los animales.

En 1750 debería haber la misma cantidad de bisontes americanos, ciervos de los pantanos, antílopes blancos o venados de las pampas que hoy. Realmente, había muchísimos más, millones en el caso del bisonte y cientos de miles en el de las otras tres especies. Todas fueron llevadas al límite de la extinción por la caza humana. Así que los rumiantes salvajes no son los responsables de que las actuales emisiones de metano se hayan más que doblado desde entonces. La culpa es de los rumiantes domesticados, cabras, ovejas y, sobre todo, vacas. Es decir, son culpa nuestra, quienes las criamos y consumimos. Una vaca sola puede emitir tantos gases como un coche a lo largo de un año. Y hay más de 1.300 millones, casi tantas como parque móvil. ¿Qué sería más fácil, prescindir de los vehículos de combustión o de la carne y la leche y sus derivados? Antes de que algún vegano o vegetariano empiece a darse golpes en el pecho, me siento en la obligación de señalar que, puestos a quitarnos cosas, también habría que prescindir del arroz. Su cultivo exige grandes cantidades de agua, la mayor parte del tiempo, encharcada, lo que crea las condiciones ideales para la acción microbiana y la generación de CH_4. Este gas es el responsable de hasta el 25 % del calentamiento en curso: un tercio de esa responsabilidad la tendrían los eructos de las vacas, así como su estiércol, mientras que el cultivo de arroz genera otro 10 %. Los españoles necesitamos el arroz para la paella del domingo, para el arroz con leche y, si uno es estudiante, para marcarse un salvador arroz a la cubana. Sin embargo, en otras partes del planeta, este cereal pantanoso alimenta a cientos de millones de personas. ¿Quién les dice que prescindan de él?

La agricultura, responsable junto con la ganadería de la quinta parte de las emisiones, calienta el planeta por otras vías, como la del óxido nitroso. Antes de que los humanos aprendieran a seleccionar y cultivar semillas, este gas y otros óxidos de nitrógeno relacionados llegaban a la atmósfera como un producto de procesos de nitrificación y desnitrificación microbiana del suelo y los humedales. Ahora lo hacen también por el uso de fertilizantes agrícolas y la cría de ganado. Antes de que los ecologistas se levanten y empiecen también a darse golpes en el pecho, habría que recordar que la alternativa orgánica no es tan sencilla y a veces es hasta contraproducente. Un ambicioso trabajo realizado en 2019 modeló la producción y necesidades de alimentos en Inglaterra y Gales. Buscaban un modo de reemplazar la ganadería y agricultura intensivas en insumos por alimentos ecológicos. Comprobaron que la agricultura y ganadería orgánicas rinden casi la mitad de energía y proteínas usando la misma cantidad de tierra. Así que o se inventaban otra Inglaterra y otro Gales al lado o tendrían que externalizar la producción para asegurar su alimentación. En la emisión de N_2O también tienen su culpa la quema de biomasa y algunos procesos industriales muy específicos, como la fabricación del nailon. Una de esas páginas web de equivalencias (de cuya fiabilidad no tengo pruebas) decía que los GEI emitidos para fabricar dos metros de tela de nailon equivalían a los que emite un coche recorriendo 37 kilómetros. En conjunto, todas estas nuevas fuentes han provocado que la concentración en la atmósfera del óxido nitroso haya crecido un 124 % desde inicios de la Revolución Industrial. Una vez emitido, el N_2O —que, recordemos, tiene un potencial de calentamiento 265 mayor que el CO_2— permanece en el aire durante unos 114 años.

A las vacas, el arroz y el nailon toca añadir la creación humana que, por sí sola, más hace por calentar el planeta: tu coche. Dejando a un lado al vapor de agua, el CO_2 es el principal gas de efecto invernadero, suponiendo en 2022 el 71,6 % del total de emisiones, muy por delante del metano (21 %) y el óxido nitroso (4,8 %). La práctica totalidad del dióxido de carbono generado por actividades humanas que no sean quemar árboles viene de la construcción (el cemento y el hormigón se llevan un 8 %) y, sobre todo, del consumo de combustibles fósiles por tierra, mar y aire. En el pasado, el carbón primero y el petróleo después también fueron esenciales para la generación de electricidad (un 29 % de las emisiones vienen de ahí). Pero hoy, en países como España, la aportación de ambos a la energía eléctrica es residual, casi todo el petróleo lo queman los vehículos. Si fueran de otro planeta, entre las cosas y maravillas de nuestra historia que les podríamos mostrar estaría el motor de combustión y toda la serie de revoluciones que llegaron con él. Cuando ingenieros alemanes como Gottlieb Daimler, Wilhelm Maybach o Karl Benz crearon los primeros motores de combustión interna y los primeros coches en las últimas décadas del siglo XIX, no pudieron imaginar lo que vendría después. No podían ser tan visionarios como para anticipar que en 2024 habría más de 1.500 millones de vehículos terrestres movidos por sus ideas, pero también por derivados del petróleo. Son muchos millones, pero serán aún más en el futuro. La democratización de la automoción ha sido una constante en su historia. La mejor métrica aquí es ver el número de vehículos per cápita. No hay estadísticas mundiales (al menos no las he encontrado). Pero las de Estados Unidos dan una idea muy clara: en 1900 había 0,11 coches por cada 1.000 habitantes, vamos, uno por cada 10.000. Al acabar el siglo XX, ya eran 800 por cada 1.000 estadounidenses. Y, en 2021, el número había subido a 837. Por comparar, en España, la ratio se queda en 539 por cada 1.000 personas. ¿Por qué no iban los millones de chinos, indios o indonesios, de brasileños o nigerianos a tener derecho a su propio coche? Para cuando lo logren, será mejor que la transición a la movilidad eléctrica se haya completado. De lo contrario, no habrá atmósfera para tanto CO_2.

Es una de las eternas trampas que se hacen los políticos en cada cumbre internacional del clima y contra el cambio climático. El juego de las culpas y el «¿y tú qué?». ¿Con qué derecho pueden Estados Unidos, Alemania o Australia exigir a los países emergentes y a los que aún no han salido del pozo que reduzcan sus emisiones, cuando ni siquiera se han acercado a las que el primer mundo lleva emitiendo más de 100 años? Un informe del Programa de las Naciones Unidas para el Medio Ambiente publicado a finales de 2023 ponía la cara colorada a los estados más desarrollados. Es cierto que China e India son responsables de casi el 40% de las emisiones actuales. Pero Europa y Estados Unidos, que actualmente siguen siendo destacados emisores (un 18% combinados), son los que más gases han emitido desde que Watt vendiera su primera máquina de vapor en 1776.

El CO_2 es un potente gas de efecto invernadero por su propia composición química y su interacción con el resto de la atmósfera. Pero también porque es relativamente muy abundante, habiéndose liberado miles de millones de toneladas durante décadas. Asimismo, es uno de los peores GEI, ya que permanece en las capas inferiores, calentándolas durante mucho tiempo. Aunque una cantidad apreciable acaba siendo retirada por los océanos y las plantas en unas décadas, hasta la cuarta parte permanece en el aire durante milenios. Así que, al menos a escala humana, la mayor parte del daño al planeta ya está hecho y no tiene remedio. Sin embargo, si las emisiones dejaran de aumentar y después empezaran a bajar hasta lograr la neutralidad climática (emitir tanto como la Tierra es capaz de absorber), sería posible mantener la temperatura media global por debajo de los 2°, como se declara en el Acuerdo de París de 2015. Ya se ha visto que 2° pueden ayudar a la caída de imperios y civilizaciones, pero sobreviviríamos a esta. Lamentablemente, da la impresión de que no tenemos la voluntad de revertir la situación. En 1997 se firmó el Protocolo de Kioto, el primer intento de reducir las emisiones de los principales GEI. Desde entonces, ¿ha mermado la fabricación y venta de coches, su principal agente emisor? Todo lo contrario, se ha doblado. Solo en 2022 se fabricaron en el mundo 85 millones de vehículos a motor. Sin embargo, esta parte de la historia empieza a tomar buen color. La Agencia Internacional de la Energía cifró en diez millones los coches eléctricos vendidos en 2022. Son aún una minoría, pero las proyecciones señalan que, en los países desarrollados y en mercados tan enormes como el chino, los motores alimentados con petróleo serán historia en apenas tres décadas e incluso antes.

Demasiados humanos buscando la felicidad para tan poco planeta

Siendo precisos, ni las vacas ni el arroz ni el nailon, ni siquiera los coches, son los causantes de la nueva realidad climática. Lo son los humanos que beben su leche, se comen el cereal, se ponen sus medias y calcetines o conducen un todoterreno. Se estima que en 1750 había poco más de 800 millones de personas sobre la Tierra. En diciembre de 2022, la población mundial superó el umbral de los 8.000 millones. Y, al acabar 2023, se les habían unido otros 45 millones, casi el total de habitantes de España. No se trata solo de que haya ¡diez veces más gente bebiendo leche, comiendo arroz, poniéndose medias de nailon o conduciendo coches! Es que todos, ricos y pobres, del norte o del sur, consumen o pretenden consumir la misma cantidad que los nobles del siglo XVIII, con sus pelucas, su maquillaje a base de polvo de arroz, talco o harina y sus perfumes. Nos hemos multiplicado por diez y hemos multiplicado nuestras necesidades. El derecho a buscar la felicidad ha degenerado en la necesidad de consumir sin freno. Si no fuera así, fenómenos o problemas como la obsolescencia programada, el desperdicio de comida o que sea más fácil comprar un nuevo calefactor que reparar el viejo no persistirían. La auténtica racionalidad económica penalizaría estas prácticas. Para algunos, esta inversión de objetivos, esta transmutación del tener en ser, está en la base del capitalismo. Y, para algunos científicos (como se verá más adelante), está en la base de la crisis climática.

Entre mis películas apocalípticas preferidas está *WALL·E: Batallón de limpieza* (2008). No necesita ser de terror para aterrorizar. Lo tiene todo: un mundo convertido en un gigantesco estercolero por los humanos, una deliciosa historia de amor con EVA, humor de ese que hace sonreír, kilogramos de nostalgia con toda la *memorabilia* que conserva el robot limpiador en su contenedor y una historia de redención, la de toda la especie humana, a la que se le presenta una segunda oportunidad. Uno de los hallazgos del filme es la descripción espantosa que hace de los seres humanos que van a bordo de Axioma, la nave nodriza. Orondos, gordos, fofos, cuyos únicos músculos en forma deben ser los de la boca, y ni eso, toda la comida la toman en batidos. Es una película de animación, pero esas imágenes en las que cualquier intento de moverse es una agonía produce algo cercano a la sensación de *uncanny valley* (valle inquietante), de desasosiego, que provocan los robots demasiado humanos. Pero, esta vez, en *WALL·E* son los humanos incapaces de ponerse en pie, enseñados a consumir sin fin desde que nacen, los que resultan inquietantes.

Los humanos actuales que más se parecen a los de *WALL·E* son los canadienses, los australianos y los estadounidenses. EDGAR es un repositorio de datos de la Comisión Europea. Este acrónimo, ya desarrollado, podría traducirse a algo así como una base de datos de emisiones para la investigación atmosférica global. En efecto, el título echa para atrás y espantaría hasta a Juan sin Miedo. Sin embargo, su contenido conmociona e indigna como si uno se leyera el *Oliver Twist*, de Charles Dickens o, en otro ámbito, *Las venas abiertas de América Latina*, de Eduardo Galeano. En EDGAR no hay literatura, solo datos, gráficos y tablas en archivos Excel. Entre la aparente aridez, se puede leer que los cataríes son los humanos que generan más gases de efecto invernadero del planeta, con 67,38 toneladas de CO_2 equivalente cada uno (tCO_2eq) en 2022. Les siguen casi todos sus vecinos, los kuwaitíes, los emiratíes o los bareiníes, todos superan la cifra de las 30 toneladas. En un escalón inferior, rondando las veinte toneladas por cabeza, aparecen Canadá o Estados Unidos. Pero también Rusia o Mongolia. Ya por debajo de las diez estamos los europeos. La media de los 27 fue de 8,09. Cada español liberó en 2022 poco más de siete toneladas. Cuando se ordena el Excel de mayor a menor emisor, enseguida salta a la vista que la mayoría de los principales emisores son gente rica. Es cierto que países como Mongolia, Turkmenistán o Trinidad y Tobago aparecen bien colocados y uno no los pondría al mismo nivel de desarrollo que a Estados Unidos o Nueva Zelanda. Eso es porque en las emisiones puntúa tanto las liberadas en origen (propio de los países productores de petróleo o gas) como en destino (las naciones desarrolladas). Por eso los pobladores del golfo Pérsico copan el podio. Tienen una especie de doble imposición. Además de ser los principales productores petrolíferos, nadie les gana si de derrochar energía se trata. Un informe de Reuters estimó que el mundial de fútbol celebrado en Catar, que se publicitó como neutro en emisiones (algo así como limpia lo que ensucies), terminó generando más emisiones de CO_2 en el mes que duró que todo lo emitido por Islandia o Barbados en un año.

La indignación crece si se vuelve al Excel, esta vez para investigar a los humanos que menos ensucian el cielo. La media mundial fue, en 2022, de 6,76 toneladas per cápita. Pero no hay herramienta estadística más mentirosa que la media aritmética. Nivela e iguala realidades que no lo son, ocultando enormes injusticias al repartir responsabilidades a partes iguales. Porque, no, no todas las personas son igual de responsables de la crisis climática en marcha. Recordemos lo escrito anteriormente: cada catarí generó en 2022 más de 67 toneladas de CO_2, justo diez veces más que la dichosa media mundial y 110 veces más que los ruandeses. La lista que EDGAR devuelve de los menos emisores la encabezan los parias de la Tierra. Piensen en diez de los países más pobres, y acertarán en siete u ocho: Burundi, República Democrática del Congo, Ruanda, Afganistán, Sierra Leona, Gambia o Malaui están entre los diez que menos gases de efecto invernadero liberan, con cifras inferiores al millón de toneladas. La clasificación la completan la que fuera la provincia 51 del reino de España, el Sáhara Occidental, y dos pequeños países de Oceanía, Kiribati e Islas Salomón. Si ya es indignante que los más pobres vayan a pagar con malas cosechas, guerras o con la partida de millones de sus hijos convertidos en migrantes climáticos, los excesos del primer mundo, lo de Kiribati e Islas Salomón es... No sé cómo se puede calificar el hecho de que dos de las naciones que menos han hecho por provocar el cambio climático estén condenadas a desaparecer por su culpa. Como recordaba un artículo publicado en el *New York Times* en 2018, en las Salomón, a unos 2.000 kilómetros al nordeste de Australia, no hay coches. Situadas escasamente por encima del nivel del mar, la subida de este por el calentamiento global y el deshielo amenaza con tragarse la mayoría de sus islas antes de que acabe el siglo. Kiribati también está condenada por unas emisiones que sus habitantes no han generado y su destino se ha convertido en todo un símbolo para los activistas climáticos.

Un sueco ya sabía lo que pasaría hace más de un siglo

Que el CO_2 calienta la Tierra lo dijo un sueco ya en el siglo XIX. En 1896, el químico Svante Arrhenius, que unos años después ganaría el Premio Nobel por trabajos no relacionados con el clima, publicó un artículo pionero en una revista científica de su país, pero editada en alemán. Su título era «Ueber den Einfluss des atmosphärischen Kohlensäuregehalts auf die Temperatur der Erdoberfläche» (un poco de paciencia, no es el momento de traducirlo). Entonces como hoy, para dar a conocer los descubrimientos se usaban las publicaciones científicas como altavoz. Pero, a finales del siglo XIX, el alemán y el inglés se disputaban ser la *lingua franca* de la ciencia. Así que, semanas después de su primera edición, Arrhenius volvió a publicar su trabajo, esta vez en una revista británica, con el título de «On the Influence of Carbonic Acid in the Air upon the Temperature of the Ground». Ya se va entendiendo mejor. Al castellano se podría traducir como «Sobre la influencia del ácido carbónico del aire sobre la temperatura del suelo». Por ácido carbónico, el sueco se refería al CO_2, que durante mucho tiempo fue conocido por ese nombre. Aún hoy al dióxido de carbono los cerveceros (los fabricantes y repartidores de cerveza, no sus bebedores) lo llaman carbónico. Entre los catorce y los veintitrés años, entre Secundaria (entonces BUP) y la universidad, trabajé en el almacén de bebidas de mi tío, Salborico, el de la Estrella de Levante, repartiendo cerveza por los bares del pueblo en Navidad, Semana Santa y, lo más duro, en verano, para sacarme un dinerillo. Con los barriles de cerveza también llevábamos bombonas de carbónico. Durante años me intrigó y preocupó cómo era posible que el mismo gas que exhalamos al respirar, que es tóxico y por eso lo expulsamos, resultara esencial para tirar una buena caña. Después me enteré mejor de cómo iba la cosa, pero el sambenito de malo nunca se lo quité del todo al CO_2, alias el carbónico.

No era la primera vez que se relacionaba al CO_2 y otros gases presentes en la atmósfera con la temperatura, pero el sueco fue más allá. Le encontró una explicación (los gases atrapaban el calor de los rayos del sol como si fueran esponjas) que se acercaba. Lo que era más aventurado para su época, sin embargo, fue que estableció una conexión directa y causal entre el CO_2 y las temperaturas: «Si la cantidad de ácido carbónico aumenta en progresión geométrica [2, 4, 8, 16..., por ejemplo], la temperatura se incrementará casi en progresión aritmética [1, 2, 3, 4...]». Eso le llevó a estimar que, en las épocas del pasado en las que las regiones árticas estuvieron libres de hielo, con temperaturas hasta 8° por encima, la concentración de CO_2 debía ser entre 2,5 y 3 veces mayor que en su tiempo. Arrhenius dedicó más de un año a elaborar unas tablas en las que hacía corresponder determinadas concentraciones del gas con las temperaturas según la latitud. Para las latitudes donde se encuentra España, 36° y 43° norte, el genial científico planteó dos escenarios: partiendo de la concentración actual, con el valor 1, un descenso de hasta 0,67 (un tercio) en la concentración de CO_2 bajaría la temperatura en 3,9° y si, por el contrario, el gas subía su presencia hasta 1,5 (un 50 %), el termómetro lo haría hasta los 4,1°. En tres de los escenarios previstos por el Panel Intergubernamental del Cambio Climático para 2100 y con el actual ritmo de emisiones, la temperatura media mundial podría subir entre 3° y 4° respecto a la que hacía en tiempos de Arrhenius.

El científico sueco fue también de los primeros que relacionó la quema de carbón, la principal fuente energética de su época, con las emisiones de CO_2. Pero es que, aparte de sus cálculos, dedujo que la conexión entre el gas y la temperatura debía ser global. «La teoría exige también que, en términos generales, toda la Tierra debería haber sufrido aproximadamente las mismas variaciones de temperatura, de modo que, según ella, épocas benignas o glaciales tuvieron que haber ocurrido de forma simultánea en toda la Tierra», escribe en su artículo, una especie de Antiguo Testamento de la ciencia climática. ¡Arrhenius ya hablaba de calentamiento y enfriamiento global en 1896! Pero no le interesaba el primero, sino el segundo. Le intrigaban el frío extremo, las glaciaciones que hubo en el pasado, qué las provocaba, el papel de la radiación solar y la atmósfera y cómo todo tenía que ver con el clima. Le interesó en particular la última glaciación, la de la Edad de Hielo (ver el capítulo anterior). Los primeros glaciólogos calculaban que terminó entre hace 7.000 y 10.000 años (lo hizo hace unos 12.000), pero él discrepaba; «lo más probable es que esto esté muy subestimado», escribía. Debió ser en lo único en que se equivocó.

4

El anticiclón de las Azores se está moviendo de sitio

En España, los hombres y mujeres del tiempo tienen mucho trabajo. El clima es de los más variados de Europa. Si no, prueben a ver algún canal de televisión británico o portugués. Si no hay un evento extremo, como unas inundaciones o una gran nevada, la sección de los telediarios dedicada a la meteorología se despacha en dos o tres minutos. Aquí rebasamos los diez algunos días. La verdad es que tienen motivos para enrollarse. En casi ningún otro país tienen, en la misma jornada, un temporal de viento que castiga desde A Coruña hasta Sestao, con mínimas bajo cero en Granada y nieve en Sierra Nevada, mientras en Málaga alcanzan los 26° y los guiris se bañan en Canarias, como enumeraba un larguísimo espacio meteorológico televisivo a comienzos de enero de 2024. Tal variedad tiene sus porqués, y a ellos les vamos a dedicar las siguientes páginas. Unos porqués que han estado ahí desde siempre, pero que nuestras emisiones de CO_2 y sus primos, metano, óxido nitroso y CFC, están trastocando, lo que va camino de complicarle el trabajo a los meteorólogos.

Hagamos primero un brevísimo resumen de los climas de Europa. Portugal es de clima atlántico, como las islas británicas y la franja occidental del continente, con pequeños cambios debidos a la latitud. El Atlántico, además de traerle humedad y lluvias, suaviza y templa sus temperaturas. En el centro y el este europeos, manda el continental, con largos inviernos de frío intenso y veranos calurosos y cortos. Dejando a un lado la región alpina, Italia es tierra mediterránea, al igual que Grecia y el sur de los Balcanes. Solo

Francia presenta casi tanta variedad como España, contando con tres grandes regiones climáticas. En cantidad, les ganamos gracias al clima subtropical que disfrutan los canarios y el subdesértico con áreas de puro desierto que tenemos en el sudeste. Además, nuestro clima atlántico difiere del galo en que es más reducido en el espacio: solo existe en Galicia y en las tierras que están al norte de la cordillera, frente a la mitad de Francia. Pero aquí llueve más. La media anual de precipitaciones en la tierra de Rosalía de Castro se acerca a los 1.200 milímetros, mientras que en Asturias alcanza los 1.000. Por el contrario, Normandía apenas supera los 900 y en Bretaña ni se acercan a los 750. Nuestro continental no difiere mucho del francés, tan fríos ambos en invierno como calurosos en verano. En mi memoria, que me puede engañar, las victorias de Perico Delgado y Miguel Induráin en el Tour siempre fueron en días de julio de mucho calor. Sin embargo, nuestro mediterráneo es particular, afecta a una proporción geográfica mucho mayor y el nivel de lluvias en nuestro sur es hasta la mitad menor que el suyo (de los en torno a 600 milímetros anuales de Marsella anuales a los apenas 320 de Murcia, con las mismas temperaturas estivales). Hasta aquí la clase de historia, sí, de historia, porque el clima de España está cambiando y todo indica que lo hará aún más en las próximas décadas. Para cuando se estabilicen las emisiones, y dejando a un lado Canarias, seguirá habiendo cuatro áreas climáticas, pero la atlántica y la continental encogerán en favor de la mediterránea y esta lo hará frente al avance de la subdesértica. A eso habrá que ir acostumbrándose.

Paradójicamente, la actual variedad climática de España se debe a cosas que no varían o, si lo hacen, se toman su tiempo. Empecemos por las inmutables, las que ni el impacto de un meteorito puede cambiar. España está donde está, en el extremo sudoeste de Europa, entre el océano Atlántico y el mar Mediterráneo, y a solo catorce kilómetros de África. La latitud más al norte la marca la punta de Estaca de Bares, en el paralelo 43° 47' 24" norte. El sur peninsular acaba en la isleta de Tarifa, en los 36° 00' 03" norte. La ubicación geográfica determina una parte del clima y estamos en una zona templada. Por eliminación, las regiones templadas ni son de clima cálido (reciben una radiación solar casi constante) ni son de clima polar (donde la incidencia de los rayos del sol es demasiado oblicua). Pero las cosas del clima nunca son tan sencillas. Dentro de lo templado hay gradientes de humedad y temperatura que no tienen que ver con la latitud. Si no, debería hacer el mismo tiempo en Menorca, Madrid, Nueva York, Denver o el enclave de Nagorno Karabaj, todas atravesadas por el paralelo 40° norte (o pasándoles por las afueras), y ni por asomo. Menorca es de clima mediterráneo porque está rodeada de él. Madrid, en plena meseta y alejado del poder suavizador del mar, es puro clima continental o casi. La cosa se complica en el caso de la ciudad neoyorkina. De clima atlántico, tiene unos inviernos particularmente fríos, casi continentales, pero allí intervienen otros factores, como la circulación atmosférica y las corrientes oceánicas. La altitud es otro elemento clave. Denver, en Colorado, Estados Unidos, está a 1.609 metros, muy por encima de las ciudades españolas que presumen de tocar el cielo, como Ávila, Soria o Segovia. Coincide con ellas en frío y calor, aunque nieva mucho más en la ciudad americana. La orografía también tiene su papel. La península ibérica está unida al continente por los Pirineos. Estos mitigan la llegada del frío seco del norte en invierno, lo que suaviza algo el clima continental español, en particular en los meses invernales. Accidentes geográficos como las montañas, los valles y las mesetas moldean la climatología regional, pero a mayor escala son otros los que la deciden: en primera instancia, la interacción entre el océano y la atmósfera; en segunda y mandando, el Sol.

El Sol, esa estrella normalita convertida en divina

El tiempo puede ser variable, pero nunca ha estado loco, al menos hasta ahora. De hecho, una de sus características prácticamente eternas es su carácter cíclico. Está el ciclo del día y la noche. Las semanas y los meses son divisiones arbitrarias creadas por los humanos, pero no las estaciones. Cierto es que en el ecuador solo tienen dos, y en los polos, una y media. Pero, en España, cada año regresa la primavera tras el invierno y cada año vuelve el otoño con el fin del verano. Estos ciclos los gobierna el Sol. Nuestra estrella es de las normalitas, pero, en la mayoría de las culturas anteriores a las religiones monoteístas, era el único dios y, si había varios, era el más destacado del panteón. Buena parte de esa encarnación divina se debe a que se lo consideraba como fuente de toda vida.

Para los inuits de Groenlandia, la vida en la Tierra no es posible sin el Sol, que ven como un ente femenino. Esta inversión de géneros respecto de las cosmogonías clásicas más cercanas a nosotros, donde el dios Sol era masculino, podría tener que ver con la relevancia que los pueblos boreales daban a la fertilidad en una tierra tan dura como aquella, casi siempre helada. Para explicar el Sol, tienen la leyenda de Malina y Anningan, que, vista con ojos occidentales actuales, puede parecer espantosa, aunque seguramente a los exploradores británicos que contactaron con estos pueblos en el siglo XIX les sonaría romántica. Muy resumida, cuenta que, cuando eran niños, Malina y Anningan vivían y jugaban juntos. Pero crecieron y en uno de esos juegos, una noche, Anningan violó a Malina. Ella huyó tanto tanto que acabó llegando al cielo tomando la forma del Sol. Anningan la siguió, convirtiéndose en la Luna. Desde entonces la persigue sin alcanzarla (el ciclo noche y día) hasta que lo logra, violándola de nuevo. Es la extraña y repulsiva manera con la que los inuits explicaban los eclipses.

Estos pueblos árticos no tienen una historia parecida para otro de los ciclos solares que afectan al clima. Cada once años más o menos, el campo magnético del Sol cambia completamente, lo que significa que los polos norte y sur se invierten, tardando otro tanto tiempo en volver a su posición de partida. Estas inversiones se deben a que la estrella es todo gas enormemente caliente, lo que genera en su movimiento un potente campo. Galileo y los primeros científicos que observaron el astro con sus rudimentarios telescopios se dieron cuenta de una característica clave de esta periodicidad: los campos magnéticos generan manchas en la superficie y el número de ellas está relacionado con la fase en la que se encuentra el ciclo. Cada uno comienza con el llamado mínimo solar, con el menor número de manchas y, a medida que avanza, aumenta hasta llegar a un máximo. Es en estos máximos cuando el riesgo de una eyección de masa coronal o erupción solar aumenta. Un evento así puede expulsar al espacio inmensas cantidades de materia y energía. Si tenemos la mala suerte de encontrarnos en su camino, podrían provocar tormentas geomagnéticas. En el pasado, estos eventos se quedaban en el avistamiento de hermosas auroras boreales en latitudes mucho más bajas que las de Canadá, Islandia o el norte de Noruega. En febrero de 1872 hubo uno, el evento Chapman-Silverman, que llevó las auroras casi al ecuador. ¿Qué sentirían los sudaneses o los caribeños que las vieron? Yo me habría hecho profundamente religioso. Pero a medida que las sociedades humanas se hacen más y más dependientes de la tecnología, el impacto de una tormenta geomagnética irá más allá de azular o enrojecer el cielo. En 1872, el servicio de telégrafos de medio mundo se quedó frito. Es literal, los manipuladores de morse y los sonadores se quemaron. La tormenta de mayo de 1921 calcinó, de nuevo literalmente, buena parte de la red eléctrica de la Costa Este de Estados Unidos. Y, a principios de 2023, una tormenta geomagnética diez veces menor que el evento Chapman-Silverman inutilizó la mayor parte de la red satelital de Starlink, la empresa de Elon Musk que está haciendo que se vean ya más satélites en el cielo que estrellas. ¿Qué relación tiene esto con el tiempo que hace? Pues mucha.

La energía que sale del Sol cambia con el número de manchas solares. Cuantas más hay, mayor es la radiación emitida. Usando radiómetros (el nombre lo dice todo, miden la energía radiante) instalados en satélites, los científicos han estimado que la irradiación total varía un 0,1 % a lo largo de un ciclo de manchas solares de once años. No parece mucho, pero sostenido en el tiempo puede tener un enorme impacto sobre la Tierra. Más atrás, cuando repasamos la historia del clima, apareció, casi de pasada, el mínimo de Maunder. Ahora le toca el papel de protagonista. Lo de Maunder se debe a que fue un astrónomo con ese apellido quien descubrió algo inesperado a mediados del siglo XVII. Hacía apenas unas décadas que Galileo había presentado su telescopio de 1,27 metros de largo y dos lentes, una convexa delante y otra cóncava por la que observaba el cielo. Parece que era algo mejor uno inventado por un gerundense, Juan Roget. Desde entonces, 1609, los científicos se percataron de la aparición de una especie de protuberancias en la superficie de la estrella y de cómo estas aumentaban o disminuían de número, aunque su ciclicidad no se descubrió hasta mucho más tarde. Hubo algunos que, como hacían los egipcios con las crecidas del Nilo, contaban todas y cada una de ellas. Lo que observó Maunder fue que desde 1645 las manchas empezaron a escasear, con años en los que no se presentaba ninguna. En los siguientes 70 años apenas se produjeron unas pocas decenas, cuando en una situación normal, con ciclos regulares, en el Sol deberían haberse producido hasta 50.000. Los científicos no tienen claras las causas. La ciencia no es como la religión, no tiene respuestas para todo. Los humanos llevamos toda nuestra existencia adorando a nuestra estrella, pero es solo ahora, con la ayuda de poderosas tecnologías, cuando empezamos a conocerla mejor. Es posible que respondiera a un ciclo mucho más largo, uno que ha escapado a nuestra pequeña escala del tiempo, como sucede con las glaciaciones. Lo que sí saben los investigadores es que el mínimo de Maunder coincidió con los años más fríos de la Pequeña Edad de Hielo, en los que hasta el Ebro se helaba a su paso por Tortosa.

Los cinco elementos del sistema climático, comprometidos

Bajo el Sol y su influencia, en la Tierra son el estado y las relaciones entre cinco grandes componentes los que determinan cómo será el clima en cada uno de los rincones del planeta. Como en los dibujos animados orientales (yo ya me pierdo con sus sagas), se trataría de una especie de cinco grandes agentes organizados en un equilibrio inestable, pero equilibrio. Si se lo tuviera que explicar a mi hijo, usaría los elementos a los que él llama fuerzas: el aire, el agua, el hielo, la roca y un quinto que no es el fuego, aunque podría servir como metáfora de los seres vivos. Si se lo contara a un adulto, hablaríamos de la atmósfera, la hidrosfera (sobre todo mares y océanos, pero también ríos y lagos), la criosfera (el hielo y el permafrost), la litosfera (la porción rocosa de la superficie terrestre) y la biosfera (todo ser vivo que hay en el planeta). Estos cinco componentes y sus interacciones componen lo que los meteorólogos y climatólogos llaman sistema climático. Un sistema muy complejo, en el que factores como la rotación de la Tierra o las diferencias de temperatura animan la relación entre aire y mar, entre corrientes marinas y atmosféricas. La humedad de uno la transporta el otro tierra adentro, donde acaba lidiando con montañas, llanuras y valles. En los continentes, también los seres vivos, en particular la flora y la fauna herbívora, tienen sus propios ciclos que afectan al clima local o regional. Aunque lo que ocurra en las grandes formaciones selváticas, como la amazónica o la del Congo, acaba influyendo en todo el planeta. Y ahora pregunto: ¿a cuál de estas fuerzas elementales, como las llamaría mi hijo, no le hemos hecho daño los humanos? O más bien debería decir: ¿a cuál de los cinco componentes del sistema climático global le hemos arrebatado más fuerza?

En la biosfera, desde al menos el siglo XV, con un acelerón desde el XIX, las personas somos los causantes de la sexta extinción masiva. El siglo pasado, el ritmo de desaparición de especies fue 100 veces mayor que en el resto de la historia humana. Desde los más grandes elefantes hasta los más pequeños insectos, hemos eliminado de la Tierra centenares de especies y, de las que no, hemos diezmado sus poblaciones, arrinconándolas en áreas cada vez más reducidas e insostenibles. Unas veces lo hemos hecho por alimentarnos, vale. Otras, por abrigarnos, también vale, aunque en el naciente Estados Unidos eso casi acabara con los bisontes. Otras, por iluminar nuestras calles con su aceite cuando aún no había electricidad, como hicimos con las ballenas. Ahora japoneses y noruegos siguen matándolas, dicen que por razones científicas. En otras, porque los veíamos como una amenaza, como al lobo en Europa o a los grandes felinos en África y el sur de Asia, porque gran depredador solo puede quedar uno, nosotros. En otras ocasiones, porque necesitábamos construir una carretera para nosequé mina, como la que amenaza con partir en dos la joya mundial de la vida que es la pareja que forman el Parque Nacional Serengueti y la reserva nacional Masái Mara. En otras simplemente porque a los cazadores les gustaba (y les gusta) colgar sus cabezas en sus rancios salones. Y porque la a veces maldita medicina tradicional oriental y sus curanderos, sin ningún rigor científico, recomendaban pociones a base de cuerno de rinoceronte para ese reuma que no se va. Sin humanos, tendrían que haber pasado 10.000 años para que desaparecieran las especies extinguidas en los últimos cien. Hay un libro de Alan Weisman, *El mundo sin nosotros*, que fantasea con ese escenario. A veces, en los momentos de mayor pesimismo, pienso que sería lo mejor que le podría ocurrir al planeta. Como en aquel breve espejismo que fue para la vida cuando la humanidad se escondió en sus casas asustada por un minúsculo bicho, el SARS-CoV-2. Pero entonces miro a mi hijo y se pasa la tontería enseguida. Si nosotros lo hemos roto, nosotros debemos arreglarlo.

Los animales, en particular las grandes manadas de herbívoros, influyen en el clima al modificar el paisaje. Pero es este, el entorno vegetal, el que dentro de la biosfera más afecta a la climatología. Y lo hace por varias vías. La más relevante y poderosa es su papel en el ciclo del carbono. Los bosques retiran de la circulación hasta un 30 % de las emisiones de CO_2. En general lo hace todo lo verde: por medio de la fotosíntesis, las plantas absorben el carbono, que incorporan a su organismo y es la base de su crecimiento, y liberan el oxígeno. Por su extensión, su frondosidad y mayor tasa de crecimiento, las selvas tropicales son las que más dióxido de carbono retiran. Sus árboles lo incorporan mediante la fotosíntesis y allí se queda mientras viva el árbol. La mayoría de las especies son más que centenarias, así que los científicos contaban con este efecto absorbente para combatir el cambio climático. Pero la deforestación está destrozando sus planes: cada árbol quemado o arrancado no solo libera el CO_2 acumulado durante toda su vida, es que deja de absorber nuevo gas. Un informe de la Organización de las Naciones Unidas para la Agricultura y la Alimentación de 2022 venía lleno de negrura: en las dos primeras décadas de este siglo desaparecieron más de 160 millones de hectáreas de bosques. Eso equivale a toda Europa occidental. El 90 % de lo deforestado se produjo en las regiones tropicales. Y no, no fue el fuego el principal responsable del desastre. Copio de manera literal la nota de prensa de la ONU, por si así impacta más: «El principal motivo de la deforestación, con cerca del 50 % de la pérdida de masa forestal mundial, es la continua expansión de las tierras dedicadas al cultivo, como las dedicadas a la producción del aceite de palma que generaron el 7 % de pérdida de bosques, mientras que el 38,5 % se debió al ganado». Solo el cultivo de aceite de palma para nuestra comida se ha llevado por delante unos diez millones de hectáreas.

Los científicos han descubierto otro mecanismo, este trágico, por el que los bosques están dejando de ser el sumidero de carbono que fueron durante millones de años. Hasta lo calificaría de siniestro, retorcido y malvado si no fuera porque un ser racional como es uno no puede ponerle este tipo de calificativos morales a un gas, por muy mala fama que tenga. En 2016, un estudio global confirmó lo que se venía sospechando, la tasa de fotosíntesis se estaba acelerando. La lógica es incontestable: al haber más CO_2 en la atmósfera, las plantas tenían, digamos, más comida disponible. Desde 1950, los ecosistemas terrestres habían doblado su capacidad de absorción. Parecía una noticia genial, pero no. Años más tarde, la investigadora de la Universidad de York Aida Cuní me contó que «los modelos climáticos sugerían que las plantas continuarían tomando más CO_2 durante décadas». Pero una nueva investigación liderada por ella demostró que los árboles se habían empachado y ya no podían con tanto gas. «La tasa de fotosíntesis es más rápida, pero tiene un límite fisiológico y este límite es el que estamos superando. En la selva amazónica se alcanzó hace quince años y en la africana ya lo alcanzamos en 2012», me decía. Por lo visto, lo que está pasando es que los árboles crecen más y más, deprisa deprisa. Aunque hacen falta más estudios, la mayor disponibilidad de dióxido de carbono estaría acelerando el ciclo vital del árbol y, por lo tanto, la llegada de su muerte y la devolución a la atmósfera del carbono que contenían en la madera. No solo eso, al crecer tan rápido e hiperdesarrollados, los ejemplares jóvenes parecen menos resilientes y más expuestos al aumento de las temperaturas y la sequía. ¿Es o no es siniestro, retorcido y malvado el canalla del CO_2?

Nos estamos quedando sin hielo

Debo llevar quince años o así escribiendo sobre cambio climático. He intentado encontrar los primeros artículos, pero sin suerte. Sin embargo, estoy bastante seguro de que trataban sobre el deshielo en el Ártico. Antes de interesarme por estos temas, escribía sobre todo lo relacionado con internet, los ordenadores y el impacto que la tecnología estaba teniendo en nuestras sociedades. Lo hice en *El Mundo*, *Público*, *Cuarto Poder* y *El País*. Pero en algún momento del camino giré la vista hacia otro impacto al que hasta entonces no había prestado atención. Igual fueron los osos polares, su dramática confusión ante un paisaje con más agua que hielo. O las primeras noticias sobre el deshielo del océano Ártico, con la próxima apertura del mítico paso del Noroeste, la ruta marítima que bordea América por el norte de Canadá. Quizá captaran mi imaginación los primeros avisos, que entonces consideraba alarmistas y peliculeros, de que el derretimiento del permafrost podría desenterrar algo más que a algún mamut, trayendo a la vida bacterias y virus del pasado. Sea lo que fuera, lo que sé del cambio climático empezó entonces.

Las masas heladas de la Tierra forman la criosfera y han sido, son y serán determinantes en su clima. El avance del hielo a gran escala (las glaciaciones) es uno de los fenómenos más extremos que suceden sobre el planeta. Pero su horquilla temporal es tan prolongada que casi escapa a la nuestra. De la última glaciación salimos hace unos 12.000 años, como se detallaba al comienzo de esta obra. La Würm, conocida popularmente como la Edad de Hielo, comenzó hace unos 110.000 años. Es decir, duró unos 100.000 años. Hace un siglo, un geofísico serbio, Milutin Milanković, teorizó sobre las glaciaciones, manteniendo que se presentaban de forma cíclica. Provocadas por un descenso sostenido del forzamiento radiactivo, la cantidad de energía solar que alcanzaba el globo terráqueo, debían tener una causa que explicara esta bajada. Él la encontró en la irregularidad de los movimientos terráqueos. Años más tarde los llamarían los ciclos de Milanković en su honor. Hemos aprendido que el planeta tarda 24 horas en girar sobre sí mismo, pero sabemos que en realidad la duración de la rotación no es tan matemática. Lo mismo sucede con los años, que en realidad son de 365 y un cuarto, aunque para esta molestia encontramos el apaño de los bisiestos. Pero «remendar» la traslación alrededor del Sol no es tan fácil.

La Tierra en realidad es una excéntrica. La geometría que dibuja en su traslación va de una elipse a una trayectoria más circular en ciclos que duran 100.000 años. Y, claro, cuanto más elipsoide es el dibujo, menor es la radiación solar. Aunque los detalles escapan a mis objetivos y mis conocimientos, hay dos parámetros que complican aún más la cosa. Otra variación orbital tiene que ver con la oblicuidad, el ángulo de inclinación del eje de la Tierra. Esta inclinación es la que explica que, cuando es verano en el hemisferio norte, sea invierno en el sur. Pues resulta que esta oblicuidad se profundiza o suaviza en ciclos de unos 41.000 años. No se vayan todavía, aún hay más, que decía Super Ratón, uno de los personajes de dibujos animados de mi infancia. La Tierra también es cíclicamente irregular en el giro de su propio eje. Lo llaman precesión axial y es la tendencia al cambio de la dirección del eje de rotación. En una web divulgativa usaban la analogía del movimiento de un trompo o peonza para explicarlo y creo que es acertada. Esta precesión completa su ciclo cada poco más de 25.000 años. Para Milanković, las respuestas a las preguntas que suscitan las glaciaciones están en el juego de estos procesos. Es solo una teoría, los datos disponibles se basan en cálculos y sus resultados a veces no encajan con el registro fósil, pero es la propuesta más elegante para explicar las edades de hielo.

Lo que diferencia al deshielo actual del sucedido con la última glaciación es el tempo. El máximo de la Edad de Hielo tuvo lugar hace unos 21.000 años. La retirada se tomó unos 10.000 años. A finales del siglo XIX, los más de 50 glaciares pirenaicos empezaron a encoger, apenas unas décadas después de que la emisión de CO_2 alcanzara niveles universales. Hoy apenas quedan diecinueve, aunque en tan mal estado y desgajados que la mayoría ya quedaron en simples neveros. En noviembre de 2023, el glaciar de Monte Perdido, una especie de último mohicano, se partió en dos. En los

Alpes, el Himalaya, los Andes..., todos los glaciares de la Tierra están en retirada. Pero donde la situación ya ha superado un punto de no retorno es en el Ártico. A diferencia de las otras grandes masas de hielo, esta es la única de origen marino. Es decir, se forma con el agua del océano Ártico. Cada final de verano va avanzando hasta alcanzar su máximo en primavera, y vuelta a empezar. Pero desde hace ya 40 años el ciclo es menguante: cada septiembre, el avance del hielo empieza más tarde y, en primavera, ha llegado menos lejos que el año precedente. El Polo Norte ya es prácticamente circunnavegable en verano y se teme que, en unas décadas, haya más agua que hielo en pleno polo. La irreversibilidad del drama tiene una base física, la llamada amplificación ártica. Tras la nieve recién caída, el hielo es el elemento natural con mayor efecto albedo. Como atestiguan los esquiadores con sus coloridas gafas de sol, no hay superficie que rebote más la radiación solar. Así que el albedo enfriaba. Con el deshielo sucede lo contrario: las aguas oscuras de hielo recién fundido capturan una mayor cantidad de energía solar. Sí, deben ser gélidas, pero porque reciben continuamente nuevos aportes de hielo recién fundido en un proceso sin freno y desbocado.

Quedan las dos grandes masas terrestres, Groenlandia y la Antártida. La primera lleva al menos desde mediados del siglo pasado perdiendo hielo por tres de sus cuatro costados. Lo peor es que el ritmo se está acelerando. Una investigación publicada en 2019 mostró que, en el lustro anterior, el ritmo de deshielo fue hasta siete veces mayor que en los 30 años anteriores. Lo más complicado es saber qué está pasando con el continente antártico. Si se deshelara por completo, el nivel del mar subiría más de 50 metros, así que mejor ni pensarlo. En realidad, eso no va a ocurrir ni en un milenio ni en dos. Pero la península antártica, en el oeste del continente, lleva décadas desestabilizándose. Con que esta parte o Groenlandia sigan perdiendo hielo, el nivel del mar no subirá como en las películas de catástrofes, pero se tragará Kiribati o las Islas Salomón. ¿Las recuerdan? Sí, hablé de ellas queriendo mostrar lo injusto de que sean las que acaben pagando la factura por las emisiones de otros.

Las piedras pueden parecer inmutables, pero no lo son. En su viaje inesperado, el hobbit Bilbo Bolsón, Thorin Escudo de Roble y el resto de los enanos se entrometen en una pelea entre gigantes de piedra. En la contienda, se tiran enormes bloques que arrancan de las Montañas Nubladas. En la realidad, la erosión y la acción del oxígeno se toman su tiempo, pero acaban modificando el paisaje rocoso y la orografía tiene su impacto local en el clima. A escalas temporales que a nosotros nos cuesta concebir, la deriva continental y la tectónica de placas han hecho que los continentes se unan y separen más de una vez. Cada 400 a 500 millones de años, se unen formando un supercontinente. Hace unos 485 millones de años, cuando estaban en un nuevo proceso de separación y lo que sería Iberia se separó de Gondwana, la acción de los mares entre las masas continentales y el desplazamiento de estas hacia el norte debieron dulcificar el clima. Se ha estimado que entonces habría una temperatura media de 22°, hasta cinco grados por encima de la actual. Esta dinámica continental tiene su base en el interior del planeta, fundido como un chocolate bien caliente. En ocasiones, su dinámica de milenios se torna repentina. Las erupciones volcánicas están entre los eventos inesperados, irregulares e impredecibles que pueden provocar un cambio climático como lo han hecho en el pasado, aunque en el sentido contrario al CO_2, enfrían el planeta en vez de calentarlo. La erupción del Pinatubo en 1991 redujo la temperatura en medio grado durante casi dos años.

Los humanos ya tenemos la fuerza de los volcanes. La Organización de las Naciones Unidas para la Agricultura y la Alimentación publicó un informe en 2019 que mostraba cómo los primeros 30 centímetros de suelo contienen prácticamente el doble de carbono que el que existe en toda la atmósfera. Después de los océanos, los suelos son el segundo sumidero más grande de carbono natural, sobrepasando la capacidad de los bosques de capturar el CO_2 atmosférico. Desde el Neolítico, hace al menos 10.000 años, no hacemos otra cosa que alterar esa delgada capa. El avance de la urbanización ha movido de sitio ingentes cantidades de suelo. En 2021 publiqué en *El País* (la autocita era inevitable) un reportaje con un titular que me sigue gustando: «La civilización humana tiene cimientos de arena». En él contaba cómo el ritmo de extracción de materiales para infraestructuras y construcción se ha multiplicado por 23 desde 1900. En España, el 99 % del territorio está a menos de diez kilómetros de una carretera, alguna vía férrea u otra construcción humana similar, y la mitad del país está a menos de un kilómetro de algo asfaltado. Todas esas cicatrices liberan CO_2 a la atmósfera. Pero no hay herida más grande que la de la agricultura. Según datos del Banco Mundial, dejando a un lado desiertos y zonas cubiertas de hielo, casi el 40 % de la superficie terrestre está dedicada a los cultivos para darnos de comer a nosotros o a nuestros animales. Solo en España, la agricultura es responsable del 12 % de las emisiones de gases de efecto invernadero. Además, cada nueva hectárea cultivada implica una reducción del área forestal, reduciendo aún más la capacidad de los sistemas naturales de mitigar la crisis climática.

Corrientes marinas y atmosféricas que se están parando

El principal actor de la hidrosfera es el mar. Cubriendo tres cuartas partes del planeta, los océanos son un elemento del sistema climático clave tanto del ciclo natural del carbono como del clima mundial. Los mares regulan el clima en la Tierra por medio de la absorción del dióxido de carbono. Son de hecho el principal sumidero de CO_2, por delante de bosques y suelos. Tradicionalmente, retiraban de la circulación hasta el 25 % del gas. Pero, en lo que va de siglo, los científicos han observado que cada vez recogen menos, hasta un 4 % de reducción en la última década. No tienen claro qué está pasando. Quizá, simplemente, es que ya no pueden más, como les está sucediendo a los bosques tropicales. Hay otro problema, puede que peor, aunque a estos niveles parece absurdo decir que una cosa es peor que otra, cuando las dos son peores. Por debajo del Sol, la circulación oceánica y su interacción con su homóloga atmosférica es, esta vez sí que sí, el principal elemento que influye en el clima, y aún más si cabe en el caso español, por la posición geográfica de la península ibérica. Verán, entre todos los mares del planeta hay una especie de red de autopistas y, simplificando mucho, pero mucho, el agua viaja por estas carreteras imaginarias debido a diferencias de densidad que tienen que ver con algo muy básico: el agua fría pesa más que el agua caliente. La cosa se complica un poco al tener en cuenta la acción de los vientos, la salinidad o la aportación de agua dulce. Pero quedémonos aquí.

En 2018, dos investigaciones separadas llegaron a la misma conclusión: el sistema circulatorio del planeta se estaba debilitando. Usando datos y metodologías diferentes, ambos trabajos encontraron que las corrientes marinas del Atlántico que afectan al clima mundial se estaban frenando en el último siglo. Más recientemente, otro estudio llegaba incluso más allá, alertando de la posibilidad de que la llamada circulación de vuelco meridional del Atlántico (AMOC, por sus siglas en inglés) colapsara en las próximas décadas. Simplificando mucho de nuevo (seguro que algún científico ya estará maldiciendo), los mares de aguas ecuatoriales son más cálidos y, cuanto más caliente, menos densa y pesada es el agua, que viaja en forma de corrientes como la del Golfo hacia latitudes más altas. En su camino, estas corrientes atemperan el norte y el sur del Atlántico, así como los climas de Europa occidental y el este americano. En el extremo de este sistema circulatorio sucede lo contrario: las aguas más frías de las zonas árticas se hunden hasta el fondo y viajan hasta las zonas ecuatoriales. Lo que descubrieron los científicos fue que el deshielo ártico (este es uno de los mejores ejemplos de que en los sistemas complejos 1 + 1 nunca es 2, siempre es algo más) estaría taponando el grifo del desagüe: el agua dulce deshelada es muy fría, así que debería hundirse, pero es menos densa que la salada, así que está bloqueando la circulación. Los autores de esta investigación le pusieron incluso fecha al colapso: 2057. Las conclusiones fueron enseguida rebatidas y criticadas por otros científicos, pero un informe del Panel Intergubernamental del Cambio Climático de 2018 ya alertaba del riesgo de colapso de la AMOC si no se reducían de una vez las emisiones. Sus cálculos, eso sí, retrasaban el peligro hasta finales del siglo que viene. Un alivio.

Cuando sucedió la borrasca Filomena, en 2021, varios estudios científicos relacionaron el episodio con la llamada Oscilación del

Atlántico Norte (como siempre, más conocida por sus siglas en inglés, NAO). Se trata de un complejo e inestable equilibrio térmico de las distintas masas de aire de esta parte del planeta. Los dos protagonistas principales de la NAO son el anticiclón de las Azores y la zona de bajas presiones de Islandia. En un capítulo anterior los comparé con una pareja de baile y expliqué cómo sus distintos pasos han afectado al clima de la península ibérica desde que terminó la última glaciación. En 2022, investigadores estadounidenses publicaron un trabajo que provocó bastante revuelo en su mundillo. Según sus cálculos, el anticiclón de las Azores estaba cambiando de sitio. Esta zona de altas presiones ubicada sobre una gran área en la mitad del Atlántico siempre se está moviendo, está en la naturaleza y dinámica de la atmósfera. Las diferencias de temperatura y presión hacen que el aire se desplace, unas veces como brisa, otras huracanado. En general, los movimientos del anticiclón y su pareja de baile, la baja islandesa, siguen un patrón relativamente regular. En verano, el anticiclón se expande y sube hacia el norte y nordeste. Es cuando se coloca a la izquierda de los mapas del tiempo que enseñan los meteorólogos en la televisión y no se mueve de ahí hasta que llega el otoño.

El proceso es más complejo, pero se podría decir que el anticiclón hace entonces de tapón, impidiendo la llegada de la humedad del Atlántico norte. De ahí nuestros eternos veranos. Pero es ir acabando septiembre, con el descenso térmico, cuando parece que por fin regresa a sus cuarteles de invierno. Es el momento de la baja islandesa, que no deja (o no dejaba) de mandar borrascas una tras otra a la costa atlántica ibérica. Sin embargo, algo está cambiando: «Nuestro estudio se centró específicamente en los meses de invierno, ya que es la principal estación en la que la península ibérica recibe la mayor parte de sus precipitaciones. Los cambios en el tamaño y la posición de las altas presiones de las Azores durante estos meses tienen un gran impacto en el transporte de humedad desde el Atlántico al dirigir los sistemas portadores de lluvia», me contaba Caroline Ummenhofer, científica de la Institución Oceanográfica de Woods Hole de Estados Unidos y principal autora de aquel estudio. Otros meteorólogos reconocen que algo está pasando con el anticiclón de las Azores, pero no tienen claro aún el qué y el porqué. Otro trabajo, este realizado por climatólogos del Barcelona Supercomputing Center, encontró una conexión entre los gases de efecto invernadero y la expansión e intensificación del anticiclón de las Azores, también en invierno, lo que estaría promoviendo condiciones más secas en la península ibérica. De sequía toca hablar ya, en el capítulo siguiente.

Las alteraciones en los cinco grandes elementos del sistema climático, a las que habría que añadir los cambios en la radiación solar provocados por el CO_2, tienen un impacto global en todo el planeta. Pero algo que han ido aprendiendo los científicos es que la crisis climática en curso está formada por impactos regionales, con dinámicas y consecuencias muy diferentes. El deshielo del permafrost en Siberia está desconcertando a los científicos. En el Ártico, el calentamiento está siendo de hasta 2° más por la reducción del efecto albedo del hielo menguante y el aumento del calor atrapado por el agua. En África, las grandes tendencias de expulsión de polvo sahariano parecen estar relacionadas con el aumento de las temperaturas. En España, cada uno de estos seis actores tienen un papel específico en España. La península ibérica no se ha movido de sitio, pero todo lo que hay dentro (desde hongos del suelo hasta los humanos, pasando por toda la flora y su fauna, también la agricultura y la ganadería) se ha desarrollado en un rango climático que el calentamiento está cambiando. El cultivo masivo de fresas y frutos rojos se inició en la década de los años ochenta del siglo pasado gracias, entre otras cosas, a la disponibilidad de agua (más adelante volveré sobre esto) y un determinado frío en otoño, cuando lo necesitan las plantas en crecimiento. Ahora, la sequía y el aumento térmico están complicando su futuro. La biosfera hispana ya la modificamos a lo largo de nuestra historia, así que lo peor de su impacto ya se produjo. Pero la roturación de enormes cantidades de tierra en el siglo XIX y, sobre todo en el XX, liberó grandes cantidades de CO_2. La deforestación por exigencias del Imperio español (detallada en las próximas páginas) desnudó montañas enteras y ya se sabe que los árboles son imanes de la lluvia.

La presencia regional de la criosfera es insignificante. Los glaciares que quedan en este país ya no intervienen en su clima. Por no tener, no tenemos nieves eternas en ninguna montaña fuera de los picos más altos de los Pirineos. Su desaparición es un drama en sí mismo, pero ya no marcará nuestro destino. Cosa bien distinta son los cambios en la atmósfera global y la hidrosfera. Se están produciendo muy lejos de aquí, en mitad del Atlántico norte y en la región ártica, pero el clima español no se va a librar de su impacto. A comienzos de año, un estudio publicado en *Nature*, considerada la biblia científica, había calculado que Groenlandia había perdido desde 1985 algo más de un billón de toneladas de hielo. La verdad es que no sé cuánto es eso, pero parece más que mucho. Con cifras inferiores, solía recurrir a comparar con los camiones frigoríficos internacionales, que pueden llevar encima unas 30 toneladas. No creo que haya camiones en el planeta para tanto hielo perdido. El estudio destacaba que la aportación al aumento del nivel del mar, que es la preocupación inmediata por el deshielo, iba a ser de unos inapreciables milímetros. Pero tanta agua dulce y fría podría ralentizar aún más la circulación oceánica, la AMOC de la que hablé anteriormente. En el pasado, esto provocó periodos de enfriamiento. En el actual contexto de calentamiento, los científicos reconocen que entramos en territorio desconocido. Como desconocido será su impacto regional sobre la península. Un brazo de la corriente del Golfo atempera y humidifica el clima atlántico en la porción este del país. Si a esto se le añaden los cambios en el baile atmosférico entre el anticiclón de las Azores y la baja de Islandia, la alteración del mapa climático español será muy grande. Todo apunta a que la sequedad dominará en la mayor parte del país, sequedad más cálida en el este y el sur, sequedad más fría en el oeste y el norte, pero sequedad al fin y al cabo.

5

Una fuente, tres pueblos y sequía para todos

Sebastián Jiménez dice que es pastor desde los tres años «y yendo solo desde los catorce». Cuando me encontré con él había cumplido los sesenta y cuatro. Así que, por sus ojos claros, sus manos de sarmiento y su piel *rajá* ha pasado más de medio siglo, una cantidad suficiente de tiempo como para tomarse en serio sus palabras: «Cada vez hay menos agua». Uno de mis cuñados (ay, esa especie tan denostada, con todo lo que les debemos) me contó una historia que no me podía creer. Sebastián y otros pastores estaban llevando agua con camiones cisterna a lo más alto de la sierra de Gádor, hermana pequeña de Sierra Nevada y la dueña del paisaje en esta parte de Almería. Me parecía el mundo al revés. El agua siempre ha bajado de las montañas. ¿Qué ha pasado para que ahora la tengan que subir? Por lo visto, el ganado que pasta allí arriba no tiene qué beber. La sequía está dejando secas las balsas que, nutridas con la nieve invernal, habían saciado la sed de los animales en el pasado. Pero cada invierno nieva menos, cada primavera llueve menos y cada verano encogen las balsas un poco más. De ahí que tengan que subirla desde el llano. Eso tenía que verlo y así fue como conocí a Sebastián y a su mujer, Antonia Villegas, hija de pastores y pastora también «desde muy chiquitilla», me dice.

Sebastián tiene 600 ovejas y 40 cabras. Me contó su historia mientras Antonia nos ofrecía queso hecho por ella y vino de la tierra. Practican la trashumancia, pero es una trashumancia algo particular, aunque habitual en esta parte de España. La imagen del trasiego de animales que yo tenía era la tradicional, la del resto del país, la que ha dejado la historia: al acercarse el invierno, pastores leoneses, castellanos y aragoneses abandonaban sus campos tradicionales camino al sur, a los campos extremeños y andaluces. Escapaban así del frío, la nieve y la escasez de hierba en busca de unas condiciones mejores. Con la primavera, regresaban al norte, donde el verde está en su mejor momento. Hace tiempo que estos trayectos de centenares de kilómetros son historia, los pocos que siguen yendo al sur lo hacen ahora en camiones llevando a su ganado, pero sigue en la memoria, incluso en la de los que nunca la vimos. La trashumancia de Sebastián, Antonia y su rebaño tiene también ese elemento estacional, marcado por el frío, pero sus movimientos son locales, como los que realizan, por ejemplo, los pastores de los Pirineos. Sus cuarteles y pastos de invierno están en Padules, donde tienen su casa. Padules es el típico pueblecito andaluz de la Alpujarra, con apenas 400 habitantes. Entre mayo y junio, con la ayuda de sus perros, llevan a las ovejas y cabras montaña arriba. El pueblo ya está en ella, a unos 750 metros de altura, pero el cortijo y los corrales de verano están cerca de los 2.000 metros. Subimos a verlos en junio. Abajo hacía calor, al comienzo de la mañana rondábamos los 30°, pero arriba, si te escondías del sol, pasabas casi frío. La subida es por un camino de cabras, literalmente. Me cuesta imaginar un camión cisterna yendo por esos pedregales. Mientras ascendemos, vamos dejándolo todo atrás, la carretera asfaltada, los cultivos primero y la línea de árboles después, las últimas casas aisladas, la cobertura del móvil…

Sorprende el verdor. En verano, en Almería, el color oscila entre el marrón seco y el amarillo aún más seco, pero la sierra, a esa altitud, está llena de vida. En una de las paradas, veo insectos, mariposas, mariquitas, abejorros… Escucho el canto y piar de aves que no identifico (no por raras, sino por simple ignorancia, no sabría reconocer ninguna). Hay arbustos, muchos espinosos, retama, alguna encina aislada y un sinfín de plantas con dos características muy de esta tierra: son de una pequeñez que contrasta con la belleza de sus coloridas flores de mil formas. Un paraíso, un paraíso para las ovejas y las cabras. No nos esperaban, pero, tras el recelo inicial, fueron amabilísimos. Dos o tres horas de conversación, acompañada de una sencilla comida compuesta de todo lo que tenían. Verlos allí, a los dos, fue como observar a los últimos mohicanos, contemplar dos ejemplares de una especie que se extingue. La suya me pareció una existencia dura, llena de complicaciones e incomodidades por la falta de lo cotidiano. Y eso que podían ver la tele gracias a un generador de combustible que encendían para las ocasiones. Pero también me pareció una vida auténtica, libre y buena, aunque los míos son ojos sesgados por décadas de ciudad. Antonia y Sebastián permanecerán allí hasta que el tiempo se lo permita. Cuando llegue el frío, el frío de verdad, y antes de las primeras nieves, bajarán a Padules hasta que el siguiente verano gire de nuevo la rueda.

Después del encuentro con los pastores, que tardaré en olvidar, fuimos a ver la causa de que ya hubieran tenido que traer un par de camiones cisterna a llenar la balsa de Barjalí. A 1.720 metros sobre el nivel del mar Mediterráneo, que casi se ve, ha vivido tiempos mejores. A juzgar por las marcas que dejó el agua en la tierra, lo que ahora parece un gran charco debió tener un nivel mucho más elevado. Según el registro de la Junta de Andalucía, su cuenca es de 23 hectáreas y la cubeta de una, pero allí apenas se ven unas decenas de metros de balsa. En el centro hay un mojón. Me dicen que es la marca que indica que es el punto en que se encuentran los términos municipales de Dalías, Almócita y Padules. Está tan al descubierto que no creo que hubiera más de unos centímetros de profundidad. Sebastián y otros pastores se enfrentan a una situación endemoniada; hay pasto cuando más abajo el verano lo ha secado, pero falta el agua de la que sí disponen en los corrales invernales con solo abrir el grifo. Para evitar que se seque del todo, los distintos ganados van alternando esta balsa con las cercanas del Sabinar o del Calabrial y con los aljibes que llenan con los camiones cisterna. Es absurdo, pero es lo que hay.

Una planta que solo sobrevive en dos sitios separados por 500 kilómetros

Rodeando la balsa, me llamaron la atención unas plantas pegadas al suelo. Tenían unas flores de pétalos blancos tan pequeñas como bonitas. Le pregunté a mi cuñado (insisto en que se han cometido grandes injusticias con ellos) y me dijo que solo se da allí, que está protegida. La verdad, no lo creí, pensé que era un cuñadismo. Pero no, la busqué más tarde en internet a través de las fotografías que hice y resulta que mi cuñado decía la verdad. Se trata del mastuerzo de Gádor (*Coronopus navasii*), un endemismo ibérico, es decir, que no existe en ninguna otra parte del mundo. Según el *Atlas y libro rojo de la flora vascular amenazada*, inventario elaborado por el Ministerio para la Transición Ecológica y el Reto Demográfico (Miteco), es una planta que necesita de la cercanía del agua, incluso crecer sumergida, pero es dura donde las haya. En invierno muere toda la parte aérea, que puede quedar atrapada en el hielo. Pero cada primavera vuelve a renacer. Tiene una relación especial con las ovejas y cabras. No solo soporta bien que la pisoteen con sus pezuñas, sino que aprovecha para liberar sus semillas, que los animales llevan a otras partes. A pesar de la ayuda del ganado, en la sierra de Gádor solo quedan tres subpoblaciones, las tres rodeando otras tantas balsas. Hay un misterio con esta planta que es fascinante, porque no son las únicas de España: también se encuentra, aunque en concentraciones de unos pocos centenares, en varios puntos del Sistema Ibérico, desde Zaragoza hasta Soria. Análisis genéticos han mostrado que ambas poblaciones se separaron hace tiempo. Esto descarta que alguna de las dos se deba a una introducción accidental o intencionada desde la ubicación original. Pero deja en el aire la pregunta de cómo, mediando más de 500 kilómetros, la misma planta se halla en montañas distintas. La Unión Internacional para la Conservación de la Naturaleza ha colocado al mastuerzo de Gádor en su Lista Roja, la del peligro crítico de extinción, a las puertas de la desaparición. Así que, si la sequía acaba con la balsa de Barjalí, se llevará consigo al mastuerzo de Gádor.

Antes de irnos de la balsa de Barjalí, antes de descender a las primeras casas, al asfalto, a la cobertura del móvil, vimos cómo en el entorno crece una formación de pino resinero que no debería estar ahí. Llama la atención porque desde que subimos a estas cumbres, más allá de alguna encina aislada, no había visto árboles. Estábamos muy arriba, justo en el límite de esta especie. Pero a alguien le debió parecer buena idea plantarlos ahí. Por su disposición sobre el terreno se nota la mano del ser humano, del reforestador. Desde los años cuarenta del siglo pasado hubo planes ambiciosos para reforestar las sierras del sudeste español, desde Granada hasta Alicante, pero se quedaron en eso, una ambición. Un árbol siempre es un árbol y más en esta zona tan falta de ellos. Pero no es sitio para el pino resinero. Ahora se planta con mayor criterio y más diversidad de especies, pero con menos impulso público.

Debe ser la primera vez (y espero que la última) que dejo por escrito algo parecido a una alabanza del régimen franquista. Pero fue en tiempos del Caudillo, en tiempos de la dictadura, en tiempos de la negación de la ciencia, cuando se vivió el mayor impulso público por devolverle a estas sierras y muchas otras en todo el país los árboles que la agricultura, la minería o las necesidades imperiales les habían arrebatado en los siglos anteriores. Desde tiempos de la cultura argárica, los árboles han sido víctimas del progreso. Entonces, hace unos 4.000 años, estas gentes del Bronce Antiguo clarearon el llano para cultivar y las sierras del sudeste para la minería del cobre. Les tomaron el relevo los romanos, ya con la del hierro y el plomo. Durante la Edad Media, se recuperó una pequeña parte de la densidad forestal, pero, en los tiempos del Imperio español y su imponente armada, volvieron las hachas. La peor parte se la llevaron los bosques del norte. Los viajes a las Américas necesitaban de embarcaciones más pesadas y resistentes que las galeras medievales, así que las naos y los galeones se hicieron, en su mayoría, con madera de robles arrancados en la cordillera Cantábrica. De esos años viene el declive de las Reales Atarazanas de Sevilla, arsenal y astillero de galeras, a las que los avances en la técnica naval se llevaron por delante, siendo hoy uno de los monumentos góticos más bellos de la capital andaluza. Hay un decreto de Felipe II, delicioso visto con ojos del presente, que hace más de 450 años advertía a los que quemasen el bosque: «Que cada y quando acaesciere quemarse algún monte, dentro de cinco ó seis años no entrase en él ningún ganado so grandes penas». Qué familiar resulta leerlo. Entonces, como ahora, los intereses agrícolas o ganaderos iban contra el monte y entonces, como ahora, se legislaba para impedir el aprovechamiento de la tierra quemada. Desde esos tiempos todos los árboles que no estaban en tierras privadas o comunales, los de la Corona, pasaron a ser Montes de Marina, tal era la relevancia dada a la flota para asegurar los reinos españoles. Y tenía una base de ingeniería: cada navío de 70 cañones necesitaba una media de 2.574 árboles, que subían a 3.516 ejemplares si el barco estaba armado con 80. No he encontrado cuánta madera había que arrancarle al monte para fabricar los barcos de tres puentes y 112 cañones que renovaron la flota española desde la mitad del siglo XVIII. Pero lo que tengo claro es que José de Espronceda, con sus diez cañones por banda, de su deliciosa *Canción del pirata*, se pasó de romántico.

El marqués de la Ensenada y el oxímoron del despotismo ilustrado

Uno de los mayores enemigos del bosque español fue el gran impulsor de la renovación de la Armada, Zenón de Somodevilla y Bengoechea, marqués de la Ensenada, el mismo del siniestro plan para acabar con los gitanos separando a hombres y mujeres para que no tuvieran más hijos, entregando a los que ya tenían a buenos cristianos. El aristócrata fue uno de los principales ministros de la Ilustración. En redacción periodística tenemos prohibido (aunque se usa y se abusa) titular jugando con los nombres de libros y películas del tipo «El futbolista que surgió del frío», pero no dicen nada de los de los cuadros. Aquel aguafuerte de Francisco de Goya perteneciente a la serie de «Los caprichos» que se llamaba *El sueño de la razón produce monstruos* debería ser el alias de don Zenón. Entre los varios ministerios que dirigió, estuvo el de Marina. El marqués era consciente de que ingleses, franceses y holandeses estaban adelantando por la derecha a los barcos españoles, así que había que construir más y mejores navíos que ellos. En 1748 publicó una ordenanza que combina como pocas la luz y la oscuridad de su idea ilustradora. La norma expropiaba *de facto* «los Montes situados en las inmediaciones de la Mar y Ríos navegables en distancias en que pueda facilitarse su conducción a las Playas». No concretaba distancias, pero un texto posterior corrigió ese desliz. Lo de inmediaciones era un eufemismo, pues la ordenanza afectó a todos los bosques que se encontraran a 25 leguas de la costa del mar y los ríos navegables, también los de las islas, que caían dentro de la jurisdicción del Ministerio de Marina. ¿Cuánto son 25 leguas? Lo escribiré con otro eufemismo: cada legua equivale a 4,828 kilómetros. En la práctica, la norma colectivizaba casi todos los bosques españoles. Dudo que entonces (ahora seguro que sí) hubiera un bosque en España que no estuviera a menos de 120 kilómetros de la costa o de un río navegable. El siguiente párrafo muestra los claros y oscuros que tenía el marqués, repleto de sus bienintencionadas malas intenciones y con la exigencia de que, en los Montes de Marina, es decir, en todos, «cada vecino plante tres árboles, sin relevar de esta obligación a los nobles, matriculados para el servicio de Marina, ni a otros, de cualquiera fuero que sean, exceptuando solo las viudas pobres, que no tengan hijos mayores de dieciocho años».

El texto sigue con otras grandes ideas, como prohibir la tala, pero permitiéndola si es para construir una casa y siempre con la misma ratio (por cada árbol cortado, tres plantados). La norma creó una figura que debía imponer tanto respeto como un inspector de Hacienda. Los visitadores de Marina tenían la facultad de marcar los troncos que vieran ideales para alguna de las partes de un navío. Esos eran intocables, eran para la Corona. Eso sí, se les podían quitar ramas, hojas y el fruto, las bellotas. Pero, a pesar de mi desprecio personal por ese señor que tan bien han pintado los libros de historia, la realidad es que solo durante su mandato se plantaron dos millones de árboles, esfuerzo que siguió durante décadas hasta que, ya en el siglo XIX, desapareció la figura jurídica de los Montes de Marina. Este hombre ejemplifica el oxímoron del despotismo ilustrado.

Las heridas del esfuerzo naval terminaron por condenar a las sierras del sudeste español. Insisto en esta parte del país porque la conozco y porque el desmonte ha tenido consecuencias que se siguen pagando siglos después de que muriera el marqués. El 15 de octubre de 1879 se produjo la mayor riada de la que hay registros en España. En Alicante, Murcia y Almería llevaba lloviendo como nunca desde el día anterior. Hubo zonas que superaron los 600 milímetros en una hora, el doble de lo habitual en todo un año en la región. El Guadalentín, principal afluente del Segura, llevaba un caudal a su paso por Lorca de 1.450 metros cúbicos por segundo. Busqué en internet imágenes actuales del río pasando por la localidad murciana y me encontré con una que, por la luz que tenía, debió ser tomada en verano. Cierto, es cuando menos caudal llevan los ríos, pero es que ¡parecía un estanque! Se puede saltar de una margen a la otra. Son apenas dos metros y se da importancia porque está encauzado, si no, aún serían menos. Aquel día, aunque no hay consenso sobre el número de fallecidos, murieron más de un millar, la mayoría en la ciudad de Murcia y en Orihuela. Ese mismo año, en el número 67 de la *Revista de Montes* (publicado el primero de noviembre), editada por la Asociación de Ingenieros de Montes (todavía no existían los colegios profesionales), apareció un artículo cuyas recomendaciones se siguen haciendo hoy, 145 años después. Su vigencia es dramática e indignante:

> Las sierras de Tilabres [hoy se llama de Filabres], Estancias, María, y demás que limitan la zona de la lluvia torrencial causa primera de la catástrofe que lamentamos se hallan desprovistas de toda vegetación arbórea que dé firmeza al suelo y regularice el desagüe en los momentos de grandes turbonadas y urge por lo mismo que el Gobierno cree comisiones de repoblación que propongan y ejecuten los trabajos que la ciencia demuestra son necesarios para modificar la hidrología en sentido favorable a los intereses generales agrícolas, puesto que han de disminuir la intensidad de los fenómenos torrenciales atacando en su principio una de sus principales causas productoras.

Los ingenieros de montes de entonces, como los de ahora, sabían que solo una cubierta forestal adecuada minimizaría las riadas que cada poco castigan la zona. El propio artículo relata una decena de ellas de las consideradas históricas, aunque ninguna como la que sería conocida como la riada de Santa Teresa, por ser el 15 de octubre la onomástica de la santa. Tras los terremotos, las inundaciones son los desastres naturales que mayor impacto han tenido en vidas humanas y daños materiales, al menos desde que hay registros, y después de la de 1879 se esbozaron los primeros planes de repoblación restauradora. Pero las inundaciones y avenidas siguieron produciéndose durante todo el siglo XX. Como escribí anteriormente, casi duele reconocer que el primer gran intento serio de cambiar las cosas se hiciera ya en el régimen de Franco. Al poco de terminar la Guerra Civil y con los nacionales todavía fusilando a republicanos, se puso en marcha el Patrimonio Forestal del Estado (PFE) bajo la guía de la ley homónima. El texto, recuerdo que de 1941, habilitaba al Estado a expropiar a los dueños de las tierras, medida que se aplicaría en todos los casos en que los proyectos de repoblación del PFE fueran declarados de utilidad pública. Además, allí donde los trabajos se consideraran urgentes, primero se ocuparía la tierra y ya después, si eso, se compensaría a los propietarios. Cualquiera diría que la guerra la ganaron los enemigos del comunismo y los amigos de la propiedad privada.

La restauración forestal, una ilusión

El PFE tardó en arrancar. Al acabar los años cuarenta apenas se habían reforestado 275.000 hectáreas (pocas, pero era el doble de lo plantado desde la riada de Santa Teresa). La velocidad de crucero no se lograría hasta la década siguiente, cuando se lograron reforestar 1,2 millones de hectáreas, según el libro *La restauración forestal de España: 75 años de una ilusión*, editado por el Miteco. Desde los años sesenta y hasta bien entrados los ochenta, se siguió repoblando a buen ritmo: unas 100.000 hectáreas anuales. El problema es que la mayor parte del esfuerzo se hizo por razones espurias, alejadas de las publicitadas en el NO-DO. Baste poner como ejemplo lo que pasó en Andalucía. Entre 1941 y 1977, el PFE y su sucesor, el Instituto para la Conservación de la Naturaleza (Icona), compraron 462.000 hectáreas de montes en Andalucía para su reforestación. Las mayores compras, el 70 %, fueron en Huelva, Jaén y

Almería. En ninguna primaron las razones ambientales. La mayoría de lo repoblado entonces y en las décadas siguientes en tierras onubenses fueron eucaliptos. Como sucedió en toda la franja oeste del país, desde Andalucía hasta Galicia, se priorizó la plantación de estas especies oriundas de Australia y Nueva Guinea porque son de crecimiento rápido, es decir, en unos pocos años servirían para dar de comer a la industria de papel, un artículo que en los años de la autarquía era de lujo. En cuanto a los montes jienenses, repoblados con pinos en su mayoría, se buscaba controlar las avenidas en las cuencas donde Franco estaba inaugurando un pantano un día sí y casi el otro también. Hoy quedan una veintena, todos en situación crítica. En las sierras almerienses, donde el 95% de las compras fueron mediante expropiación forzosa, sí hubo una intención de hacer caso a los ingenieros de montes que en 1879 clamaron para que se repoblaran las montañas del sudeste y no volviera a pasar lo que entonces. Sin embargo, casi un siglo después y en el mismo mes volvió a suceder: una riada el 19 de octubre de 1973 castigó esa zona, a la que se unió parte de la costa de Granada. Las lluvias fueron similares, con picos de 600 milímetros y las crecidas también, de varios metros en La Rábita (Granada) o Puerto Lumbreras (Murcia). En total, 162 personas murieron aquel día, la mayor mortandad provocada por el agua en todo el siglo XX.

La falta de un criterio realmente ecológico por encima de los intereses económicos o políticos es la principal crítica que hacen los autores de *La restauración forestal de España* a la replantación de la época franquista. Pero hay otra que tendría graves consecuencias en las décadas siguientes, como si fuera un caballo de Troya regalado a los que vinieran después. Dejando a un lado al eucalipto, plantado por las urgencias de la industria del papel, la mayor parte de la repoblación se hizo con coníferas. Ambas familias de árboles están entre los que mejor arden. Hay quienes señalan, como se verá dentro de unas páginas, a la elección de estas especies como una de las causas de los pavorosos incendios que vinieron después. Entre ellas también se encuentra el pino resinero, el mismo que, por unos centenares, cubre un flanco de la balsa de Barjalí. En latitudes tan al sur no prenden hayas o robles, árboles que queman peor. Pero sí el pino carrasco y, sobre todo, algunos muy habituados al fuego y muy mediterráneos, como las encinas o los quejigos. En esta parte del país, ahora se repuebla con criterio, intentando recuperar especies propias, también de matorral, resistentes al fuego, a la sequía y capaces de crear su propia lluvia.

Ni los ingenieros de montes del siglo XIX ni los repobladores de mediados del XX sabían lo que hoy tienen claro los científicos: en las zonas deforestadas la lluvia es menor. A ver, en Almería, Murcia y Alicante siempre va a llover menos que en el resto de España. Estamos muy lejos de la entrada natural de la humedad, por Galicia, y, para cuando llega una borrasca por el golfo de Cádiz, tenemos ahí Sierra Nevada y el resto de la cordillera Penibética, que frena toda nube que quiera llegar al Mediterráneo. Pero una sierra cubierta genera su propia humedad. Se estima que en las grandes selvas tropicales del planeta, como el Amazonas o el Congo, entre un tercio y la mitad de las precipitaciones provienen de la humedad que bombean los árboles. Aquí las cifras serían más modestas, pero menos da una piedra. Leído lo leído, es una utopía, pero la reforestación de toda la sierra de Gádor, a la que los pastores llevan ahora agua en camiones cisterna, incrementaría en unos treinta hectómetros cúbicos al año la recarga de los acuíferos. Eso es el volumen de agua que cabe en 30 cubos de 100 metros cúbicos. Puestos a imaginar, tanta agua salvaría a la balsa de Barjalí, al mastuerzo de Gádor e incluso a los pinos que alguien plantó allí arriba. También serviría para que los pastores dejasen de subirla en cisternas. Pero no creo que salve a Sebastián y a Antonia. Ya van pensando en dejarlo, han sido muchos años y no hay relevo. Él tiene un hijo en Madrid que no quiere saber nada de las ovejas. Parece que tuvieron una buena enganchada en el pasado, pero no fue más allá. Cosas de padres e hijos.

Alpujarra vaciada

A los pies de la montaña donde dejamos a Sebastián, se alzan tres pueblecitos alpujarreños, Almócita, Padules (donde el pastor tiene su casa) y Beires. Por encima de este último hay una fuente procedente de alguna de las cumbres de Sierra Nevada. Desde que recuerdan los más viejos, el agua se repartía entre Beires y los otros dos pueblos a razón de dos días para Padules, otros tantos para Almócita y los tres restantes para Beires, que para eso el nacimiento está en sus tierras. Desde siempre, fue el surtidor principal para regar los campos donde, en bancales, se cultivaban trigo, cebada y, sobre todo, uva de mesa. José García Yebra nació en Almócita en 1952. Recuerda que hace unos cuarenta o cincuenta años empezó a faltar agua. También que en el barranco que comenzaba debajo del manantial había varios molinos que aprovechaban su fuerza para la molienda de los cereales. «En los últimos veinte años la fuente está seca seca. Solo rebrota cuando llueve mucho en primavera y los molinos hace tiempo que fueron abandonados», me cuenta. El reparto tradicional del agua ya no se respeta, la sequía y la escasez acabaron con la solidaridad. La poca que brota se queda en Beires. Esta es tan solo una de las tantas historias de sequía de la España vaciada.

Almócita, situada a apenas cuatro kilómetros de Beires, tiene su propia fuente más pequeña, llamada El Marchal. A diferencia de la del pueblo vecino, que deja correr el agua, aquí construyeron una balsa para aprovechar su caudal. Le caben unos 200.000 litros y el reparto ha ido variando según derechos de propiedad. Cuando García Yebra era niño, se distribuía entre los vecinos. De cada diez días, a cada familia le correspondía uno para regar sus bancales y, cada otras veintiocho jornadas, media más. «Eso ha sido así de siempre, quizá desde los árabes», dice. Su pequeña localidad, no llegan a los 180 habitantes censados (aunque viviendo todo el año son menos), aparece en los libros de historia porque en ella don Juan de Austria, hermano bastardo de Felipe II y comandante de sus ejércitos, levantó su base para lanzar la ofensiva final contra los moriscos rebelados contra la Corona en 1568. Y fue en Padules, a 2,5 kilómetros, donde en 1570 se firmó la paz.

En los años sesenta del siglo pasado, coincidiendo con el creciente problema del agua, la gente empezó a marcharse de la Alpujarra. La migración del campo a las ciudades fue un fenómeno global que despobló la España interior desde la segunda mitad del siglo XX, pero aquí se aceleró justo cuando empezó la escasez en las fuentes. Beires, por ejemplo, tenía 500 habitantes en 1960, que bajaron a 286 diez años después. En 2020, la población, de hecho, era de apenas 120 almas. En Almócita, de los casi 400 que había hace 60 años, hoy apenas llegan a 170. Y en Padules, el pueblo más grande, llegaron a tener más de 1.000 habitantes en 1960. Hoy son 414 y, como en la mayoría de la España despoblada, demasiado mayores para asegurar la supervivencia del pueblo.

Siete horas con el agua cortada

La historia de estos tres pueblos es, en buena medida, la historia de la España vaciada. Vaciada por el tirón de las ciudades y sus promesas de progreso, vaciada por el declive del nivel de vida agrario (la renta del campo es hoy casi un 37 % inferior a la urbana), vaciada también por el clima. Durante todo el siglo XX hubo episodios de sequía realmente extremos. Los anillos de los árboles muestran cómo las emisiones humanas vienen provocando sequías más frecuentes, intensas y generalizadas desde 1900 en amplias regiones del planeta, como en la mediterránea. Casi tres años duró la escasez de agua entre 1944 y 1946. Cuentan las crónicas que el Ebro bajaba hecho un hilillo y el Manzanares, que cruza Madrid y al que Quevedo llamó aprendiz de río, se secó por completo. Yo era un niño, pero recuerdo vagamente la gran sequía de comienzos de los años ochenta. En Sevilla, en noviembre de 1981, llegaron a tener cortes de abastecimiento de hasta siete horas diarias. Pero es que en el verano de 1983 fue aún peor. Con los pantanos al 15 % de su capacidad, se llegaron a plantear restricciones de hasta 21 horas al día. En junio de ese año, alrededor de 1,3 millones de españoles sufrieron alguna limitación para abrir el grifo. Aquella sequía castigó bien al este y el sur del país y creo que fue desde entonces cuando en las casas empezaron a enseñarnos a los niños a cuidar del agua como un recurso escaso. Después vino la de 1991 a 1995, uno de los episodios más largos. Aquella vez, hasta doce millones de personas sufrieron las restricciones, obligadas por una reducción de más del 80 % de los recursos hídricos. Hay varios tipos de sequía, hidrológica, agrícola, socioeconómica (más adelante añadiré dos nuevas), pero todas empiezan con la meteorológica, con la falta de lluvias. Y aquella escasez fue realmente histórica: durante el año hidrológico de octubre de 1993 a octubre de 1994 se registraron precipitaciones que se quedaron en los 200 milímetros anuales. Pero es que al año siguiente bajaron aún más, hasta los 196. Para hacerse realmente una idea cabal de lo que son esas cantidades, hay que compararlas con alguna referencia familiar. La media de precipitaciones anuales en el desierto de Tabernas supera, por poco, los 200 milímetros. Así que España fue entonces como un enorme desierto.

Desde que ha comenzado el siglo XXI ha habido tantos episodios de sequía que parecen solo uno extremadamente prolongado en el tiempo. Un artículo publicado en *El País* el 16 de octubre de 2023, titulado «La sequía en España ya es la más larga en el sur y la más intensa en el noreste», dejaba clara la gravedad de la falta de agua. Ese año hidrológico fue el sexto más seco desde inicios de siglo. Es decir, siendo tan escaso en lluvias como lo fue, con un déficit de pluviosidad del 12 %, ha habido otros cinco ciclos aún más catastróficos en lo que va de centuria. Lo peor sucedió en 2022, con la particularidad de que la sequía fue prácticamente mundial. Alejémonos un poco de España y veamos los siguientes datos que recopiló un informe de la ONU para presentar en la Cumbre del Clima que tuvo lugar en Dubái a finales de 2023. Más de 23 millones de personas del llamado Cuerno de África (Somalia, Yibuti, Eritrea, Etiopía, Sudán y Sudán del Sur) acabaron 2022 con inseguridad alimentaria, es decir, pasaron hambre. El 5 % de Estados Unidos fue testigo de sequías entre severas y extremas. La cuenca del Plata, entre Brasil, Uruguay, Paraguay y Argentina, no había sufrido tanta escasez hídrica en 80 años. Alrededor de 630.000 kilómetros cuadrados de Europa, unos 40.000 más que la extensión de toda la península ibérica, padecieron sequía severa. Hacía 500 años que el continente no pasaba por un episodio tan extremo. En Alemania, en el Rin, el tráfico fluvial de mercancías se redujo en un 70% por el bajo nivel del río. Y en América central más de 1,2 millones de personas necesitaron ayuda alimentaria exterior. Todos y cada uno de estos datos tienen una base climática y todos en mayor o menor grado suponen un impacto económico, social, político... El mapa mundial se ha tambaleado por unos años de sequía.

Una de mis principales motivaciones en la vida es la filosofía. No hablo de Platón, Nietzsche o el Kierkegaard de Faemino y Cansado. Me refiero a su significado etimológico, el del amor por el saber. A mí, en la adolescencia, ya en el Bachillerato, cuando uno es más enamoradizo, la *Crítica de la razón pura* de Immanuel Kant me impidió amar la filosofía. Pero disfruto descubriendo cosas nuevas. En parte, por eso me metí en el periodismo. Siempre estás en la calle, al día de todo lo que viene. Empecé escribiendo sobre ordenadores e internet cuando ni siquiera tenía conexión en casa. Me pasaba las madrugadas trasteando en la redacción, entonces en la de *El Mundo*. Cada día salía algo nuevo, el periodismo tecnológico era pura efervescencia. Después de más de una década, sin embargo, descubrí el científico. Y aquí sí que todo es nuevo cada día. Un nuevo estudio, un nuevo dilema, un nuevo concepto. En 2023 hubo dos que desconocía y que tienen que ver con lo escrito hasta ahora: las sequías flash y la sequía atmosférica.

Son muchos los estudios que alertan de que a medida que el planeta se calienta, a medida que España se calienta, han empezado a producirse sequías que siguen su propio lema olímpico: más frecuentes, más intensas, más extensas. Pero la crisis climática les está dando un extra. El concepto original, sequías flash, fue planteado por primera vez a comienzos de siglo, pero siempre han estado ahí. Lo que diferencia a estos fenómenos de las otras sequías es la velocidad y la intensidad. Una sequía lenta, convencional, se produce tras meses o años de precipitaciones por debajo de la media. Las repentinas surgen y llegan a su máximo en semanas, a veces días. Otro de sus elementos distintivos es que son consecuencia de un complejo proceso que no se queda en la escasez de lluvias. Siempre hemos pensado en ellas como consecuencias de la falta de precipitaciones, de ahí las rogativas a los santos, tan nuestras. Pero la cosa es algo más complicada: entre el suelo (y la vegetación) y la atmósfera hay un equilibrio inestable de intercambio de humedad. En condiciones normales, la lluvia riega tierra y plantas que aportan hidratación al aire mediante la evaporación del suelo y transpiración de las hojas (evapotranspiración). Pero, si no llueve, la atmósfera va a seguir necesitando una aportación hídrica que le roba a la superficie y la vegetación. Si se produce una ola de calor o vientos secos en un lugar donde no ha llovido en mucho tiempo, se desata entonces una sequía repentina.

Uno de los que me enseñaron qué eran las sequías flash fue Sergio Vicente Serrano, del Instituto Pirenaico de Ecología, del CSIC. En la primavera de 2023, cuando ya el año hidrológico pintaba mal, me contó que lo que estamos viviendo ahora en España «no es una sequía repentina, es hidrológica, provocada por un déficit prolongado de precipitaciones». Pero enseguida recordó la del año anterior: «En mayo tuvimos una ola de calor y se estima que la cosecha de cereal se redujo en un 25 %». Vicente Serrano es uno de los creadores del monitor de sequías repentinas. Según sus datos, la frecuencia de estos episodios es mayor en el norte y noroeste, es decir, en la España húmeda. La causa del aumento de las sequías repentinas está en el calentamiento global. Y me dio un dato con el que terminé un artículo, a modo de sentencia: «En estos 60 años, la demanda atmosférica [de humedad] media anual por metro cuadrado ha subido en 125 litros, pasando de 1.100 litros en 1961 a 1.200 litros ahora. Si no tenemos esos 1.200 litros, se produce estrés en las plantas, los cultivos, el suelo». Es como si la atmósfera atravesara su propio desierto y estuviera sedienta.

Detrás de ese estrés del que hablaba Vicente Serrano está el otro gran concepto climático que descubrí en 2023, el de la sequía atmosférica. Si la meteorológica se refiere a las lluvias y la agrícola, al déficit de humedad en el suelo, la atmosférica es el grado de sequedad del aire. Los científicos usan el término «déficit de presión de vapor» (VPD, por sus siglas en inglés). En, pongamos, un cubo de atmósfera cabe una determinada cantidad de agua en forma de vapor. Si se supera un umbral, acaba precipitándose. Este umbral varía con la temperatura y la presión, pero es un límite cuantificable. Si sucede lo contrario, que hay un VPD muy bajo, pues ocurre lo que he contado antes: que la atmósfera reclama a plantas y suelo la humedad que necesita. Pues bien, acabando 2023, se publicó un ambicioso estudio en el que participaron más de 60 científicas europeas, varias de ellas españolas. El trabajo se basó en el estudio de los anillos de miles de árboles de toda Europa (cuñados y troncos de los árboles, mis mejores aliados) que atestiguaban la humedad ambiental de los pasados cuatro siglos. ¿Su resultado? En ningún momento de estos últimos 400 años se produjo en Europa un déficit de presión de vapor tan acusado y tan generalizado como el que muestra la celulosa de los anillos de los últimos 30.

Al profesor Fernando Maestre lo conozco desde hace años (virtualmente, de hablar por teléfono y hacer teleconferencias, porque nunca nos hemos visto en persona). De los científicos que conozco, creo que es uno de los que más sabe de aridez. Dirige el Laboratorio de Ecología de Zonas Áridas y Cambio Global de la Universidad de Alicante y, cuando le pregunto por la conexión entre la sequía y la aridez, si la primera puede desembocar en la segunda si es lo suficientemente pertinaz, Maestre me corrige: «Siendo precisos, no es que la sequía se convierta en aridez, sino que el aumento en la intensidad y frecuencia de las sequías aumenta el nivel de aridez de un territorio determinado». Y es lo que está pasando en amplias zonas de España, desde la sierra de Gádor hasta el norte de Cataluña. «Lo que estamos viendo ahora mismo en muchas áreas de nuestro país es que situaciones de sequía históricamente excepcionales se están convirtiendo en habituales y llevando a un estado de escasez de agua permanente», prosigue. Y, claro, esto tiene sus consecuencias: «Está teniendo repercusiones muy negativas en la vegetación natural, más expuesta a incendios, eventos de mortalidad ligados a la sequía y con menos capacidad de recuperación después de los incendios, pero sobre todo en las personas y la agricultura, como estamos viendo con las restricciones al consumo y las caídas drásticas en la producción agrícola debido a la falta de agua para riego, que lamentablemente ha venido para quedarse». Son las condiciones perfectas para que prenda el fuego.

6

Arde España

Durante casi tres lustros, entre 1989 y 2003, fui todos los veranos y la mayoría de las Navidades a Galicia. Lo hice por amor. En la universidad conocí a una gallega y me enamoré hasta las trancas. De ella, sí, pero también de su tierra. La historia con la que fuera mi novia, después mi mujer y finalmente mi exmujer no le importa a nadie, pero creo que sí es pertinente la que tuve y tengo con el territorio que comienza más allá de Benavente y La Bañeza. Hace falta algo de contexto para entender la intensidad de ese sentimiento. Por aquel entonces yo era un chico de diecinueve años, un paleto criado en lo que Juan Goytisolo llamó un «paisaje huérfano, pedregoso, de tierras áridas y arbustos mezquinos», un joven que antes de irse a Madrid a estudiar solo había salido de Almería cuatro veces: de niño, a las cuevas de Nerja, en Málaga, y cuando mi padre nos llevó a mis hermanos y a mí a ver la nieve a Sierra Nevada; y de adolescente, las dos ocasiones que mi instituto organizó un intercambio con Francia. En febrero de 1989, llegué por primera vez a Galicia. Durante el viaje tomé un tren, más tarde un autobús y finalmente un barco hasta Cangas do Morrazo, en la ría de Vigo. Ahí comenzó esta historia de amor.

Mi novia era orensana, pero la amiga con la que compartía piso en Madrid era de Cangas y fuimos allí a vivir su *entroido*. Nada que ver con el soso carnaval de mi tierra dirigido por las instituciones y donde solo disfrazamos a los niños. Todo allí me pareció diferente. No entendía muy bien lo que era una ría, estaba acostumbrado a las largas playas lineales del poniente almeriense (las calas del cabo de Gata están en el levante). Entendía aún menos que crecieran árboles a unos metros del mar, eso solo lo conocía de las películas. Las casas, casi todas de piedra, estaban adornadas de hiedra y un musgo que nunca había visto, nunca había tocado y nunca había olido. Creo que fue la misma noche que llegamos cuando comí por primera vez grelos, supongo que con lacón y cachelos, pero estos últimos no los recuerdo, tan solo se quedó en mi memoria la verdura. Me pasó con ella como cuando bebí mi primera cerveza en la boda de mi tío Antonio o cuando el primer gin-tonic en guateque de adolescente. No pude con ellos, me los tragué por educación, pero no los entendía, no sabía qué hacer con aquel sabor tan potente. Ahora los añoro. Si la memoria no me falla, fue a la mañana siguiente cuando me despertó el sonido de un tamboril y una gaita, el primero golpeado por un niño, la segunda soplada por un señor ya muy mayor. La escena me transportó a los castros celtas. No tengo ni idea de si la imagen se corresponde con la realidad, con la historia, pero yo me sentí llevado a otro tiempo, a otro espacio. Esa noche salimos por una enorme calle de Vigo donde lo difícil era encontrar a alguien que no estuviera disfrazado. Nunca imaginé a los gallegos tan carnavaleros, el estereotipo me lo había impedido. La última noche antes de regresar a Madrid la pasé bailando ebrio de gaitas y vino en una especie de pajar o corral, no logro recordarlo. Pero sí que se quedó en mí el poso de aquella sensación de felicidad desbordante, casi infantil.

Desde el principio, lo que más me fascinó de Galicia fue su verdor. Es mi color preferido desde siempre. En mi tierra había que esperar a la primavera para que, con algún aguacero, las plantas se apresuraran a salir para una vida corta, casi como caracoles. Lo único verde perenne eran las pencas (nopales, chumberas) y las pitas (la planta más bella del mundo). Pero en Galicia el verde es eterno y tiene mil colores. El de los majestuosos castaños, el de los aún más imponentes robles o carballos, el de los fresnos, álamos y chopos que acompañan a los ríos, el de los helechos al borde de los caminos... Ese mismo año, y pretendiendo dar una sorpresa a la gallega, me presenté en Ourense en verano. Casi me echa de allí a patadas, pero me quedé. Solo unos días, pero fue todo un shock para mí. Había agua por todas partes, era agosto y todo seguía tan verde como en mi primavera andaluza. En una ocasión fuimos a un bar-café-local de copas junto al río, el Gaddafi Pub. Veo por internet que sigue igual que hace 35 años, con su embarcadero y sus mesas en una plataforma sobre el agua. El Miño me pareció el Amazonas. Recuerden, soy de Almería, allí tenemos ramblas que algún gracioso llamó ríos. En el trayecto que separa Ourense y Barra de Miño, donde se ubica el establecimiento, las ramas de los árboles casi rozaban el techo del coche, podías tocar los helechos si sacabas la mano por la ventanilla y la vegetación parecía formar un túnel rodeando la carretera. Para este almeriense de secano, fue como entrar motorizado en la fraga de Cecebre que Wenceslao Fernández Flórez usó como escenario mágico de las historias de *El bosque animado*. En los siguientes veranos, allí, en Ourense, descubrí el verdadero aroma de las fresas. También me comí mi primer kiwi directamente del árbol, bueno, de la planta. Otro descubrimiento para mí fue el sabor de la carne. En Almería, entonces, años ochenta y primeros noventa, conocíamos poco más que el lomo de cerdo y similares. Y, en Madrid, un estudiante no podía permitirse ni eso, así que comprábamos aguja, también de cerdo, más barata. No digo que no hubiera otras carnes más nobles, pero supongo que la economía de mi madre no podía permitírselas. Desde esa época, por muy vegetariana que sea mi mente, por muy insostenible que me parezca (aunque no toda) la industria cárnica, mi lado epicúreo sigue siendo carnívoro. En Ourense también aprendí a qué sabía el pan de verdad. Hasta ese momento, solo lo había intuido con el que comprábamos recién hecho en la panadería que había cerca de la discoteca cuando íbamos de retirada los domingos de madrugada. Tantos paisajes, tanta belleza, tantos sabores y olores nuevos, ¡cómo no enamorarse! Aquel primer verano de maravillas, de mil pequeños recuerdos, tremendamente vívidos a pesar de los años transcurridos, también fue la primera vez que sentí aquel olor tan particular. Aquel primer verano descubrí a qué olían los castaños, los robles, los abedules, los álamos y, por qué no, las plantas del kiwi y hasta las de las fresas cuando un incendio los convertía en cenizas. Fue la primera vez (de muchas) que comprobé el poder destructor del fuego en una Galicia que llevaba años ardiendo y que aún sigue asomándose con miedo a cada nuevo verano.

Fai un sol de carallo, Galicia se quema

Durante aquellos quince años de amor con Galicia (no he regresado, salvo una vez en que senté a mi hijo en el banco más bonito del mundo en los acantilados de Loiba, en Ortigueira, y dos fugaces escapadas a A Coruña) se registraron 144.054 incendios, en los que se quemaron más de medio millón de hectáreas, de ellas unas 165.000 arboladas. En España hay estadísticas de siniestros forestales desde 1961. ¿Cuántas se habrán quemado desde entonces y hasta ahora? No las he contado una a una como sí he hecho con los datos nacionales; lo hicieron por mí los autores del informe *Los bosques y la biodiversidad frente al cambio climático: impactos, vulnerabilidad y adaptación en España*, elaborado para el Miteco. Desde que hay datos sistemáticos, el 42% de los incendios desatados en nuestro país tuvieron lugar en tierras gallegas. En cuanto al área quemada en todo este tiempo, una cuarta parte también ha sido en el hogar de Wenceslao, Rosalía o Cela. Basta una tarde revisando las estadísticas oficiales que aloja el servidor del ministerio para ser consciente del grado de tragedia que alcanza el asunto. Si tomamos como referencia las cifras de todo el país, constatamos que el número de siniestros no ha dejado de crecer desde inicios de los sesenta. La gráfica del crecimiento tiene forma de sierra, con años en que la piel de toro arde por los cuatro costados y otros en los que parece librarse del fuego.

Pero, si se agrupan los datos por décadas, la imagen gana en nitidez: la curva siempre fue para arriba hasta el comienzo del siglo XXI. De 1961 a 1970 apenas hubo, de media, 1.888 incendios anuales. La cifra no parece muy creíble. Se podría achacar a que no fue hasta 1967 cuando el Instituto Forestal de Investigaciones y Experiencias, encargado de recopilar la información, se hizo con un computador electrónico y cambió el boletín que agentes forestales y otras autoridades debían rellenar. Desde entonces empezó a haber buenas estadísticas, diría que muy buenas, del territorio quemado en España. La década siguiente, la de los setenta, el número sube hasta los 4.527 siniestros. Entre 1981 y 1990 el problema se dobla, con 10.084 fuegos por año, siempre de media. Es llamativo que sea con la democracia cuando se multiplican los incidentes. Pero puede ser un artefacto debido a que también fue en 1980 cuando empezaron a contabilizarse los eventos en todos los bosques, no solo en los de titularidad pública. Entre 1991 y 2000, los incendios subieron aún más, hasta los 19.261. Sería fácil y ventajista, pero mentira, echarle ya la culpa al cambio climático. Las cosas nunca son tan sencillas y es demasiado pronto para ir repartiendo responsabilidades. De hecho, en las primeras dos décadas de este siglo, las más cálidas desde que hay registros (creo que no es la primera vez que escribo esto), los casos bajan a 17.126 entre 2001 y 2010 y a apenas 11.350 siniestros anuales en la siguiente. Sin embargo, conviene reparar en dos datos más, los de 2022 y 2023, porque ilustran perfectamente lo complejo que es balancear y determinar el peso de lo climático en el inicio y, en especial, en el desarrollo de un incendio, más allá de la obviedad de que, cuanto más calor, mayor riesgo.

2022 y 2023 han sido, junto con 2003, los años más cálidos de la historia reciente. En olas de calor, el primero tuvo dos y una megaola, y el segundo, cuatro y un puñado de miniolas. Sin embargo, en lo que respecta a los incendios, no ha habido ningún año peor que 2022 en el siglo XXI: 10.518 fuegos frente a los 7.748 que se desataron al año siguiente. Hay que tener en cuenta otra variable, quizá más importante que el número de siniestros: las hectáreas quemadas. Las estadísticas diferencian entre zonas con árboles y áreas forestales sin ellos. Se entiende perfectamente. En la zona de Almería en la que vivo es muy raro que se produzca un incendio, y eso que a calor y sequedad no nos gana nadie. Claro, falta el combustible, como llaman en su jerga los forestales a la madera disponible. Es verdad que en mi sierra hay mucho arbusto y aún más matas espinosas que arden como la yesca. Pero, por mucho que duela, no es lo mismo que se queme la fraga de Cecebre a que lo haga el peñón de Bernal (una punta rocosa y pelada que destaca en la ladera sur de la sierra y que fue una de las localizaciones de la película de 1982 *Conan el Bárbaro*, en concreto donde levantaron el templo en el que Arnold Schwarzenegger le corta la cabeza al malo y la arroja escalinata abajo).

No digo que no tenga impacto y daños ecológicos, pero no es lo mismo un incendio en un secarral que en una *carballeira*. Así que lo relevante, creo, son las hectáreas quemadas y más si son arboladas. Volvamos a las medias anuales y a 2022 y 2023. Hasta 1990, la cifra no deja de subir. De las algo más de 24.000 hectáreas arboladas incendiadas en los sesenta, se pasó a 94.850 anuales dos décadas más tarde. Pero desde los noventa, y como sucedió con el número de eventos, también fue bajando la extensión quemada: 62.790 de media anual entre 1991 y 2000, 37.882 durante la década siguiente y apenas 30.000 entre 2011 y 2020. El último ejercicio con datos disponibles antes de acabar este libro fue el de 2023, en el que se vivió un repunte, subiendo el área ardida hasta las 37.427 hectáreas. Pero la anomalía, lo inexplicable, tuvo lugar el año anterior. En 2022 se quemaron 115.195 hectáreas de árboles, el triple y hasta el cuádruple de lo que venía ardiendo. ¿Qué sucedió?

Pues sucedió que se quemó buena parte de la sierra de la Culebra, en Zamora, y se quemó dos veces. El primer incendio se inició el 15 de junio en el término municipal de Riofrío de Aliste y se llevó por delante la vida que hubiera en las 24.073 hectáreas afectadas. Pero es que el mes siguiente, en Losacio, a menos de veinte kilómetros de distancia del anterior, se desató de nuevo el fuego, quemando otras 26.181 hectáreas. Entre ambos suman casi la mitad de todo lo calcinado en 2022. Ahora les invito a volver al capítulo 1, el de las olas de calor, y hacer el ejercicio de comprobar si los dos episodios se produjeron durante alguna de ellas. El avance informativo sobre los incendios forestales del Miteco de ese año (versión provisional del informe definitivo) nos ha ahorrado el trabajo: «Durante los periodos de ola de calor se produjeron el 82% de los incendios que afectaron al 88 % de la superficie afectada». En la primera ola de calor, del 12 al 18 de junio, solo se produjo el de la sierra de la Culebra. Pero es que el 19 de junio se inició otro en

Legarda (Navarra) que quemó más de 6.000 hectáreas y al día siguiente ardieron otras tantas en San Martín de Unx, también en la comunidad foral. La conexión es aún más evidente con la siguiente ola, la que castigó el país durante dieciocho días del mes de julio. Además del fuego en Losacio, ya antes se habían producido otros dos de más de 10.000 hectáreas entre Cáceres y Salamanca y en Lugo. Y al día siguiente, con los árboles ardiendo en la sierra zamorana, comenzó un tercero en Ateca (Zaragoza). Al final de la tercera ola, la de agosto, tuvieron lugar otros dos desastres: el de Vall d'Ebo (Alicante) se llevó por delante 10.609 hectáreas, mientras que en Bejís (Castellón) se quemaron otras 17.000.

Todos estos grandes incendios se desataron ya avanzada la ola de calor o en los días inmediatamente posteriores. Es como si se acumularan las condiciones para el desastre tras varios días con las temperaturas asfixiando cada vez más la tierra, obligando a los árboles a desprenderse de una humedad que los hace aún más inflamables. En el informe del Miteco, elaborado por algunos de los mayores expertos españoles en este ámbito, se puede leer: «Se ha demostrado que más que las condiciones medias reinantes en la estación de incendios, las condiciones extremas, esto es, los valores por encima de tal o cual valor de las variables meteorológicas relevantes o índices de peligro, o el número de días por encima de dichos valores, son los que terminan siendo determinantes de la gravedad de la temporada de incendios». El silogismo es algo tramposo, pero si los más graves incendios se producen en lo peor de las olas de calor y, como se vio en páginas anteriores, la crisis climática está provocando que sean cuádruplemente peores (cada vez más frecuentes, cada vez más largas, cada vez más intensas y cada vez más tempranas), ¿cómo serán los incendios en los próximos años?

LA *MEDITERRANEIZACIÓN* DEL PAÍS

Esta conexión entre cambio climático e incendios se ha estudiado a fondo en el mayor bosque del mundo, el del Amazonas. Una investigación de científicos estadounidenses y brasileños estimó en 2020 que, en los próximos 30 años, la superficie quemada de la mayor selva tropical del mundo se habrá doblado. Partiendo de los siniestros producidos en lo que va de siglo y de los escenarios climáticos esperados según las emisiones de CO_2, modelaron la evolución de los fuegos en casi 200 millones de hectáreas de selva. La deforestación y el cambio climático son procesos independientes, pero, combinados, afectan a la cantidad y severidad de los incendios. El estudio calculaba que, en el peor de los escenarios en el que la emisión de gases de efecto invernadero sigue el ritmo actual, las hectáreas quemadas en 2050 subirían hasta los 22 millones. Para hacerse una idea de cuánto árbol cabe ahí dentro, basta recordar que toda España, desde los Pirineos hasta Tarifa y desde Finisterre hasta Murcia, y sin olvidar esta vez a las islas, tiene una extensión de 50 millones de hectáreas. Es como si ardiera la mitad de una España imaginaria repleta de bosque. Hay unas cuantas sinergias entre calentamiento y tala que explican este aumento del área quemada. Por un lado, el incremento de la inflamabilidad de la selva. Los bordes y lindes del bosque, más expuestos, habrán aumentado por la deforestación. Además, en los montes ya clareados por incendios previos o por las motosierras, la mayor radiación solar reduce la humedad, el principal bombero natural. Y este ambiente menos húmedo facilita a su vez el inicio y propagación de un incendio, complicando también su extinción. El investigador del Instituto de Estudios Avanzados de la Universidad de São Paulo (Brasil) Carlos Nobre me contaba entonces que, «en condiciones normales, los bosques tropicales como la Amazonia son muy húmedos, de estación seca corta y muy resistentes al fuego». Sin embargo, la combinación letal de clima y deforestación está cambiando esa realidad. «Estamos muy cerca de llegar a un punto de no retorno en la *sabanización* de grandes porciones de la selva amazónica», me decía Nobre. En España no hay tala, no a la escala de Brasil, pero lo demás sí está pasando. Solo que aquí lo que se está produciendo es una *mediterraneización* del país. De este proceso se habló con relación al clima, pero también tiene su dimensión forestal.

El informe del Miteco citado antes tiene un apartado dedicado al futuro y augura que todo va a depender de lo que hagamos ahora, de lo que estemos haciendo ya. Para mostrar cómo será, los climatólogos usan modelos en los que se define una situación de partida y se le van sumando variables y proyecciones. La más relevante, claro está, son las emisiones, pero también cuentan factores como el desarrollo tecnológico, el crecimiento económico o condiciones sociales y políticas. En uno de los escenarios futuros intermedios, de los moderados, en los que la liberación de CO_2 sigue creciendo hasta 2050 y comienza a descender, los expertos pronostican un aumento tanto de los incendios como de la extensión quemada. Y es que todo lo tenemos en contra: además de la subida de las temperaturas (entre 2,5° y 4° respecto a mediados del siglo XIX para la región mediterránea) y el descenso de las precipitaciones, la publicación del ministerio añade una larga lista de materiales igual de inflamantes: «El aumento en la frecuencia de rachas cálidas o el del número de noches tropicales, aumento de la sequía estival, disminución del contenido de humedad del suelo, aumento del número de días consecutivos secos... Todas agravantes de la probabilidad o desarrollo de un incendio». Calculan que la temporada de incendios en zonas como Galicia se alargará hasta en 50 días. También esperan «una *mediterraneización* de buena parte de las actuales áreas de influencia atlántica». En las regiones que ya son mediterráneas, las proyecciones del cambio climático dibujan el camino hacia «la aridización de las zonas de clima seco subhúmedo en el límite con el semiárido». Durante ese proceso de creciente aridez, estas áreas se verán expuestas a un elevado riesgo de incendios. Y con cada uno de ellos, en un contexto de mayor sequía, la recuperación de la masa forestal será cada vez más complicada, lo que expondrá a los suelos a una mayor erosión que, sin poder salir del bucle, impondrá un paisaje definitivamente árido en el que la desaparición del combustible, es decir, de algo que pueda arder, «reduciría el peligro de incendio». Como Almería hoy, pero en buena parte del país. Por último, los autores del informe esperan que el área quemada global aumente hasta en un 45 %, según las emisiones, en el último tercio del siglo.

Incendios todo el año

En abril de 2023 entrevisté al geógrafo Emilio Chuvieco. Fue más de una hora de charla vía Zoom la que tuve con el director de la cátedra de Ética Ambiental de la Universidad de Alcalá de Henares. Una parte de la conversación se publicó en *El País* esos días, pero el resto no cabía en los estrechos márgenes de un periódico, y no por ello era menos importante. No conozco a todos los expertos en incendios de España, pero Chuvieco, responsable científico de FirEUrisk, un proyecto impulsado por la Comisión Europea para determinar y minimizar el riesgo de incendios extremos en Europa, me parece que debe estar entre los mejores. El profesor se mostró preocupado por el alargamiento de la temporada de incendios. Sobre el terrorífico verano de 2022 me contó que fue un año singular. «Realmente no habíamos tenido temporadas malas de incendios desde el año 94, cuando se quemaron 450.000 hectáreas, aún más que en 2022. Desde entonces no volvieron a repetirse. Pero aquel verano se produjeron olas de calor muy fuertes ya en los meses de mayo y junio. Los dos grandes incendios de Zamora ocurrieron a mediados de junio, cuando aún no estaba el sistema [antiincendios] completamente en marcha. Estábamos todavía en primavera, no había empezado el verano», me contó. Esa es una de las claves que le inquietan. Tradicionalmente, el esfuerzo central de la lucha contra los incendios se hacía en verano. Recuerdo a dos amigos, pareja entonces, de cuando estaba terminando mi segunda carrera, año 1993 o 1994 (lo de los dos títulos tiene truco, Ciencias Políticas y Sociología tenían algunas especialidades comunes y si cursabas una de ellas te hacías con dos títulos por los codos de uno). Estudiaban para forestales en la Escuela de Ingeniería de Montes, Forestal y del Medio Natural y, al acabar las clases en junio, se enganchaban a cuadrillas antiincendios para sacarse un dinero. Las cosas han cambiado. «Hace años, en un congreso de ecología del fuego en California, el responsable de la gestión forestal del estado nos decía que ellos estaban observando que la estación de incendios se prolongaba prácticamente todo el año, o sea, que estaban continuamente apagándolos. No sé si va a pasar eso también en España, pero igual en las zonas del sur puede ocurrir», me contó Chuvieco.

Junto con el alargamiento de la temporada a casi todo el año (uno de los peores de 2023, el de Castellón, empezó en marzo), se espera la intensificación de los incendios, algo que, de hecho, ya está pasando. Un informe global publicado en diciembre de 2023 mostraba cómo los incendios forestales se expanden cada vez más y ahora dañan casi el doble de la cobertura arbórea que la que dañaban a comienzos de siglo. Sus autores calcularon que en 2019 se calcinaron tres millones de hectáreas más que en 2001 en el planeta. Para estimar el área afectada, recurrieron a imágenes de archivo y actuales del satélite Landsat. Solo en 2021 se perdieron 9,3 millones de hectáreas de cobertura arbórea y otros 6,6 millones al año siguiente. Y qué decir de 2023, cuando Canadá ardió tanto que el humo llegó hasta España. Antes lo hizo Australia, en 2019, donde se calcinó un 700 % más que la media de lo quemado en lo que iba de siglo. Al año siguiente le tocó a Siberia, que repetiría en el siguiente ejercicio. ¿Qué es lo que está pasando? «A escala global, estamos viendo distintas anomalías frente a lo que habíamos visto hasta ahora», me decía Chuvieco. Estas anomalías son cada vez más frecuentes y generalizadas. «Cuando hablamos de cambio climático, nos referimos a series de tiempo largas, de 30 años, no de un año en el que ocurre una cosa anómala, sino algo que continúa en el tiempo. Y, claro, si los quince años más cálidos del registro instrumental, o sea, los últimos 150 años, han tenido lugar en este siglo, uno empieza a darse cuenta de que ya no son anomalías, sino una tendencia», añadía el geógrafo.

En 2021 publicó junto con otros investigadores de varios países un trabajo que mostraba cómo en las zonas boreales, donde en el pasado eran raros los incendios, ahora se estaban produciendo algunos gigantescos. Los llamados de sexta generación, capaces incluso de generar su propio microclima. Vieron además que se producían en Siberia, Canadá y Alaska largos episodios de sequía de forma simultánea y, como resultado, enormes extensiones de masa forestal se exponían al fuego. La consecuencia fue que en 2020, por primera vez, se desataron grandes siniestros de manera simultánea tanto en el norte de Asia como en el de América. Las hectáreas quemadas se cuentan por millones. A la sequía y a la inmensa cantidad de combustible disponible se une la falta de costumbre en esos países, y es que las desgracias hacen callo. De la misma forma que el terrorismo de ETA hizo de la policía española una de las mejores en lucha antiterrorista, los más avezados expertos en incendios y en cómo enfrentarlos residen en California o en España. Los canadienses desconocían el modo más eficaz para apagarlos y necesitaron la ayuda de expertos y brigadas californianas. Aquí me contaba Chuvieco una anécdota. Como responsable científico de un proyecto paneuropeo destinado a prepararse para los incendios del futuro, el español lleva años impartiendo seminarios a colegas alemanes, húngaros, austriacos, nórdicos... Los primeros años casi nadie acudía a escucharle, pero desde mediados de la década pasada, coincidiendo con el creciente número de fuegos en Centroeuropa, «no falta ni uno de los responsables forestales».

La última idea que quiero recuperar de la charla con Chuvieco es que, en lo que a incendios se refiere, tan peligrosas son las olas de calor como la falta de gente. «Siempre se habla, y es importante, del cambio climático, no cabe duda. Pero tampoco podemos olvidar que en España hemos tenido un cambio social muy importante». Se refiere el científico al éxodo del campo a los núcleos urbanos, a la España vaciada. Grandes extensiones del agro español han sido abandonadas. Desde los pequeños bancales de los tres pueblos de la Alpujarra almeriense, cuya historia conté más atrás, hasta miles y miles de hectáreas que cubren las dos Castillas, la naturaleza está recuperando lo que los humanos le fueron arrebatando durante siglos. En principio, no debería ser mala cosa que, ya que las personas vaciamos los pueblos, los antiguos campos de cultivo se conviertan primero en pastos y, con el tiempo, vayan creciendo arbustos y árboles.

Eso es lo que viene pasando desde los años sesenta en este país. En paralelo a los incendios de grandes áreas forestales, el total de extensiones naturales o naturalizadas va en aumento. Si no fuera así, las cuentas no cuadrarían y haría tiempo que la mayor parte de España aparecería tan calva como mi sierra de Gádor. Según las estadísticas del Miteco, que he recontado para la ocasión, entre 1961 y 2023 ardieron 8.383.633 hectáreas. Recuerden que la extensión total que tenemos es de poco más de 50 millones de hectáreas. Es decir, en 62 años se ha quemado el 16 % del territorio. Sin embargo, la masa forestal nacional no ha dejado de aumentar desde que aquel instituto oficial se hiciera con su primer computador electrónico para contabilizar mejor los incendios. En la actualidad, 26,3 millones de hectáreas son forestales y en catorce millones de ellas hay más o menos árboles. Es cierto que se ha hecho un considerable esfuerzo de repoblación, pero la mayor parte del trabajo es fruto de la propia naturaleza, que está ocupando el vacío que dejan las personas. Estupenda noticia, ¿no? Pues no.

Tierras abandonadas

El abandono del entorno rural es también el abandono de las actividades que, como la quema de campos o pastos, servían para controlar el combustible disponible. También, los pueblos de la España vaciada carecen de gente que necesite leña y, con su recogida, limpien el bosque. Buena parte de la gestión sobre el territorio ya no se hace, y el bosque ha perdido muchos de los usos económicos que tenía en el pasado. Y ya se sabe lo que ocurre con las cosas a las que no les damos valor. Este abandono fue uno de los factores que agravaron, pareciendo por momentos inextinguible, el incendio desatado en la localidad castellonense de Villanueva de Viver en marzo, sí, en marzo, de 2023 y que durante veinte días calcinó 4.700 hectáreas. «Estamos hablando del interior de Castellón, de Teruel, de Cuenca, de Guadalajara, en fin, de una zona muy abandonada y, como consecuencia de eso, muy reforestada. También en Valencia, la reforestación natural se ha duplicado en los últimos inventarios forestales desde hace 30 años. Todo eso es nuevo material combustible que puede arder en algún momento», me contaba Emilio Chuvieco.

Según los datos del Miteco, la tendencia en los cambios en los usos del suelo, el abandono de la agricultura y la ganadería, se va a mantener lo que queda de siglo. Eso implica una mayor generación de nueva vegetación natural y, por lo tanto, hectáreas extra susceptibles de arder. Aquí, los autores del texto destacan algo en lo que un servidor jamás habría caído: la Política Agraria Común (PAC). Este elemento fundacional de la Unión Europea se apoya en la idea de que el campo europeo tiene que subsistir, por razones de soberanía alimentaria, como medio para sostener la renta agraria, pero también como forma de intervenir en el territorio, fijando una población y un sector que moldee y ayude a sostener la biodiversidad de Europa. Hasta ahora, la PAC ha servido para mantener cultivadas las tierras menos fértiles y sistemas de producción dudosamente rentables (cómo olvidar las recurrentes revueltas de los agricultores franceses que siempre terminaban igual, pagando los camioneros españoles). Pero la apertura al este y el menguante caudal de subvenciones amenazan con liberar cientos de miles de hectáreas de cultivos que no dan beneficios en países como España y devolverlas a la naturaleza. De hecho, es la tendencia que dejan escrita en su informe los expertos del ministerio: la concentración de la agricultura en las zonas más ricas, abandonando el resto a un eterno barbecho.

Este es un tema central ahora en el ámbito forestal: cómo aprovechar el avance de la naturaleza mitigando el creciente peligro de los incendios. El abanico de posibles actuaciones es grande, pero la mayoría siguen solo en el papel. Lo básico sería volver a llenar la España que se ha vaciado en el último siglo; sin embargo, la renta agraria no deja de bajar en comparación con la urbana. La de 2022 fue un 11 % inferior a la que había en 1990 en términos reales. La recuperación del pastoreo ayudaría también a cuidar del monte, aunque, claro, el pastoreo requiere pastores y también ganado. Y, si la agricultura en este país está de retirada, no digamos la ganadería extensiva. Otra fórmula podría ser profundizar en el aprovechamiento forestal, con industria maderera, centrales de biomasa..., pero los tríos de funcionarios, empresarios y ecologistas no suelen acabar bien. El caso es que no va a haber más remedio. Un artículo publicado en noviembre de 2022 en *The Conversation* sobre la oleada de incendios del verano de aquel año, no solo en

España, sino también en Portugal y Francia y firmado por expertos forestales, todos profesores o investigadores universitarios, destacaba cómo el 50 % de la superficie que se quemó aquella temporada lo hizo en áreas protegidas. Esto apunta a que los incendios podrían estar seleccionando esas áreas de forma preferente, y solo hay una explicación posible: en estas zonas la gestión forestal estaría siendo cortocircuitada por motivos estrechamente conservacionistas.

Incorporar la ecología del fuego e integrar su uso para combatir los incendios es un mecanismo que para muchos puede parecer un sinsentido, pero las quemas controladas, los pequeños incendios, pueden segar la base sobre la que crecen los grandes. También hay que ser realista: no todos los fuegos tienen que ser apagados. En determinadas situaciones, pueden ser aliados más que el enemigo. Otro mecanismo que podría funcionar, y que probablemente se encontrará de nuevo con la crítica de los ecologistas más estrechos de miras, sería dirigir la recuperación de la vegetación natural que está ocupando las tierras de cultivo abandonadas. En vez de dejar que prosperen unas especies, favorecer, con planes de reforestación, por ejemplo, el crecimiento de otras resistentes al fuego, a la sequía y al cambio climático. Los alcornoques, estandarte mediterráneo donde los haya, tienen una corteza casi ignífuga. También los robles, quejigos y otros árboles que rebrotan desde la raíz, recuperándose enseguida tras quedar hechos cenizas son más útiles que especies germinadoras, como los pinos, jaras o romeros, cuya recuperación es mucho más lenta.

Algún tipo de pino, el grueso de la infantería repobladora durante décadas, es especialmente peligroso. Así, el carrasco conserva sus semillas en la copa de forma permanente. Para la especie es una estrategia adaptativa óptima. Tras un incendio, puede recolonizar rápidamente la zona, enriquecida, por otra parte, por sus antecesores abrasados. Pero, sin intervención humana para clarearlos, estos pinares presentan tal densidad de árboles que los expone a volver a arder. Y, si regresa el fuego antes de que los retoños lleguen a la madurez, ya no habrá semillas en las copas que los salve. Por su parte, el pino negro y el silvestre no las conservan, con lo que con un único siniestro pueden extinguirse de forma local. Y, si no se hace nada, lo más probable es que en la mayor parte de las tierras abandonadas prosperen primero especies de matorral, que son pura gasolina para el fuego, que las quemará una y otra vez.

Nunca he presenciado de cerca un incendio forestal. Los olía y veía en la distancia durante mis veranos gallegos. Lo más cerca que he estado de uno fue en la autopista de Santiago a A Coruña, pero lo peor ya había pasado. Al circular con el coche aún había bastante humo, como una ligera niebla que no me impidió percatarme de que el fuego había pasado de un lado a otro de la autopista siguiendo su camino destructor. ¿Cuánto mide el ancho de una vía con dos carriles por sentido con sus correspondientes vías de servicio? Busqué en las estadísticas, en los números, el peor incendio de la historia. Lo encontré en el 27 de julio de 2004, al día siguiente de terminar una ola de calor, cómo no. Iniciado en el municipio de Río Tinto, en Huelva, se propagó por otros doce pueblos cercanos. Para cuando lograron extinguirlo, se había llevado por delante la vida de dos personas, casi 30.000 hectáreas forestales, sobre todo alcornocales y encinares, y el futuro de varios pueblos. Me detengo en uno cuya historia me parece tan dramática como instructiva. Aquel día se acabó Berrocal. En este pueblo vivían de la ganadería, de las colmenas y, en particular, del corcho. He dicho dos párrafos antes que el alcornoque es una de las especies más resistentes, exagerando al asegurar que su corteza, el corcho, es casi ignífuga. Aquel fuego pudo con todo. «De la venta del corcho del alcornoque se extraían anualmente 600.000 euros, una cantidad que desde el incendio se ha visto reducida a 100.000 euros», declaró a *El País* en 2023 el profesor de Primaria convertido en activista ambiental Juan Romero. La Cooperativa Corchera San José exporta ahora un tercio del volumen que gestionaba antes del incendio. Veinte años después, el verde ha vuelto, pero en forma de matorral. No lo han hecho ni las colmenas ni el ganado. Y los pocos alcornoques y encinas que estaban renaciendo están siendo castigados por un patógeno, la *Phytophthora*, un hongo que debilita el árbol hasta llegar a matarlo.

En Berrocal se cumplió un círculo endemoniado: las emisiones globales de CO_2, no importa quién las emita, crean las condiciones para un aumento de la sequedad y las temperaturas, con una multiplicación de las olas de calor. Con ellas, o tras ellas, el bosque está preparado para que por mano de un desaprensivo o un negligente (más del 95 % de los fuegos se deben a actividades humanas) se produzca el desastre. Con el fuego se liberan ingentes cantidades de CO_2 que reactivan el ciclo. Lo que queda es una lenta recuperación forestal en la que lo que hay, lo que se salvó, encuentra mucha dificultad para salir adelante en un entorno climático y ambiental hostil. La mitad del pueblo se fue, así como una gran parte de la población de la comarca, que emigró a Sevilla o a Huelva, vaciando aún más el campo y retroalimentando así las condiciones para el siguiente incendio.

7

España, tierra inhóspita para los árboles

En noviembre de 2023 fui a visitar a un amigo al que hacía décadas, literalmente, que no veía. Él había sido uno de mis refugios en una época muy difícil, la de un preadolescente que había perdido a su padre. Nací y crecí en Dalías, un pequeño pueblo de Almería, pero mi vida allí cambió en la Nochevieja de 1979. Aquel día, aquella tarde, vi a mi madre arrodillarse desconsolada ante alguien que no recuerdo. Yo bajaba las escaleras alocado persiguiendo o huyendo de uno de mis hermanos en alguno de nuestros juegos. Entonces no entendimos qué pasaba. Esa noche nos llevaron a los tres a casa de unos tíos que vivían en Valencia, pero que siempre venían por Navidad. Tengo recuerdos fragmentados de las últimas horas de 1979, pero los que tengo son divertidos. La casa era de las señoriales del pueblo —o así la imagino ahora; ya se sabe que, de niños, todo nos parece grande—, con dos plantas, con su huerto y muchas habitaciones, el paraíso para que mis primos y nosotros jugáramos al escondite. A la tarde siguiente, en una de esas imágenes que quedan grabadas para siempre en la mente de un niño, nos subieron al coche de mis *tites* valencianos y, ya dentro del vehículo, con mis hermanos Salva y Gabri a ambos lados, mi tía Charo se giró desde delante para decirnos: «Vuestro papá está en el cielo».

Permanecimos en Dalías hasta acabar el curso escolar, pero, al terminarlo, nos mudamos al llano, a El Ejido, de donde es mi madre. Nunca le pregunté por qué decidió volver a su pueblo. Pero allí estaban sus hermanos y su madre. Además, era un lugar en ebullición; los primeros invernaderos estaban cambiando Almería para siempre. Supongo que creyó que allí tendría más oportunidades para sacar adelante a sus siete hijos. Como éramos tantos, no cabíamos en el piso, así que a mí me tocó irme a vivir con mi abuela, que vivía en un cortijo (en esta parte de Andalucía, se trata de una casa aislada, rural, no el caserón de señoritos como se entiende en Sevilla o Cádiz). Al otro lado de un descampado donde solo había alcaparras y chumberas, empezaban las primeras casas de un pueblo que cada mes crecía un poco más. En una de ellas vivía Antonio. Era el único niño de mi misma edad, todos mis primos maternos eran más pequeños. Lo conocía de antes, era primo de uno de mis amigos de Dalías y subía con frecuencia. Con ellos tuve mi primera borrachera, un descuido de casi adolescente. Gracias a él, el aterrizaje en mi nueva vida fue más fácil y con él salí mis primeras veces con doce o trece años. Ya entonces el pueblo se le quedaba pequeño. Con el paso del tiempo nos fuimos alejando. Hice nuevos amigos, él se decantó por la Formación Profesional, yo por el BUP. Una vez que me fui a Madrid, los encuentros fueron cada vez más ocasionales. No es tan fácil mantener las amistades que se creyeron eternas. Hace muchos años supe que planeaba cultivar frutos rojos en la sierra mucho antes de la producción masiva que ahora tienen en Huelva. Me pareció una idea loca. A Antonio, el Ñeco, como le llamábamos, solían ocurrírsele cosas que podían parecer extravagantes. Aquella vez no salió bien. No volví a saber de él durante dos décadas. Pero en 2023 inició una de esas campañas de recuperación de la amistad que muchos hemos realizado al menos una vez y que casi nunca salen bien. A comienzos de noviembre vino a El Ejido con la idea de ver a unos cuantos de los viejos amigos. Le di plantón y me lo pagó dejándome una caja de fresas. ¡Fresas en noviembre! No podía creerlo. Siempre habían sido un fruto de verano hasta que en los años ochenta, y gracias al cultivo temprano en los campos de Huelva, también lo eran de primavera (y desde hace poco incluso de invierno, maravillas de la agrotecnia). Eran las fresas más sabrosas que había probado, quizá, desde aquellas silvestres de Galicia de hace treinta años o más. Al final, mi amigo Antonio lo había conseguido. Contra el escepticismo de sus compañeros del pasado, había logrado convertir su sueño disfrazado de cabezonería en una realidad riquísima. Lo siguiente fue un mensaje por WhatsApp invitándome a su pueblo, donde cultivaba esa maravilla. Se llama Lugros, está en la ladera norte de Sierra Nevada y tiene un bosque que no debería estar ahí, es una reliquia del pasado. Y a ver esa reliquia, que hasta entonces desconocía, hay que ir en otoño.

En el término municipal de Lugros, en la comarca de Guadix, está la dehesa del Camarate. Su historia es muy larga, y hay documentos que la referencian ya durante la conquista del reino de Granada por los Reyes Católicos. Desde la realeza nazarí pasó a manos religiosas y después a las de la nobleza, y de nuevo a las de la Iglesia. Además, está a más de 125 kilómetros de la costa o de cualquier río navegable. Eso fue lo que protegió al que ahora llaman bosque encantado del plan del marqués de la Ensenada, con el que, en el siglo XVIII, quiso renovar la flota del Imperio español con los troncos de los mejores árboles de la península. Tras las desamortizaciones del siglo XIX volvió a ser una finca privada dedicada al ganado vacuno. Nunca fueron tierras públicas ni comunes. La zona está ahora dentro del Parque Nacional de Sierra Nevada y es parcialmente de propiedad pública. Todo esto ha protegido el entorno de la roturación y la tala. Pero también de la reforestación sin sentido con pinos del siglo pasado. El catedrático de Ecología de la Universidad de Granada y coordinador científico del Observatorio del Cambio Global de Sierra Nevada, Regino Zamora, añade una protección más: «Tenía toros de lidia. Los de montaña son más pequeños que los del llano, pero son más agresivos. A ver quién se atrevía a entrar a robar leña».

Mi amigo me había enviado fotos y vídeos que parecían de otro lugar de España, situado no tan al sur. Colores así los he visto en el hayedo de Montejo, los hay en la selva de Irati y otros bosques caducifolios. Pero lo que vimos mi hijo y yo allí fue toda una sinfonía de colores. Después de un buen rato caminando por la ribera del río Alhama, flanqueado por hileras de álamos, chopos y sauces, se va abriendo a la vista un paisaje que recuerda a los otoñales de Gauguin, Andersen, Van Gogh o Monet. Al final del camino, tras una barrera, hay una ermita y, desde ahí hasta no sé dónde (no llegamos a hacer el recorrido completo), un denso manto de hojas en el suelo y, arriba, un sinfín de colores amarillos, naranjas, ocres y rojos que tapaban el cielo. Robles, cerezos silvestres, nogales, frenos y una cincuentena de especies más convierten a la dehesa del Camarate en el bosque caducifolio más al sur de Europa. «Más arriba se encuentra la orla de arces y serbales grandes como castaños que no los hay en otro lugar de España», presume Zamora. Pero es una reliquia del pasado, un bosque relicto, como lo llaman los científicos y conservacionistas. La propiedad privada, qué cosas, protegió este bien público durante siglos del destino del resto de la ladera norte de Sierra Nevada. El alcalde de Lugros, Agustín Molina, me contó que toda la sierra debió ser alguna vez como este rincón de unas 1.600 hectáreas. «Las borrascas llegan desde el oeste y se quedan a este lado de Sierra Nevada, así que el clima debía ser bueno para estos árboles en toda la comarca del Marquesado». Pero los humanos se encargaron de contradecir al clima. Ahora, la ubicación de la dehesa, en un horcajo, en la cabecera de dos ríos, en una de las zonas más húmedas de Granada, debería protegerla de la crisis climática. Así, mi amigo Antonio Lirola, el Ñeco, podrá seguir recuperando amigos llevándolos a un lugar tan bello. Pero no las tengo todas conmigo.

Más árboles, por ahora

El informe *Impactos y riesgos derivados del cambio climático en España 2021* es uno de los más recientes y amplios de los que ha editado el Ministerio para la Transición Ecológica y el Reto Demográfico. Pinta un panorama complicado para los bosques, para la flora ibérica. España ya es un país árido, semiárido o seco. Pero estiman que la aridificación o la mediterraneización, como me gusta más, les robará otro 22 % de paisaje a las zonas continental y húmeda en lo que queda de siglo. Sin embargo, la cubierta forestal de este país no ha dejado de crecer desde hace unas cuantas décadas. En las zonas bajas y medias de Sierra Nevada, por ejemplo, se ha producido el mismo fenómeno que en otras muchas partes: el avance de la naturaleza por el abandono humano del agro. «Tras el cese de la ganadería, han aumentado las poblaciones de pinos, de robles... La situación es ahora mucho mejor que hace 100 años», me asegura Zamora, el catedrático de la Universidad de Granada. En toda España crecerá la superficie forestal arbolada, como lleva haciéndolo al menos desde los años ochenta. Al vaciado del campo hay que añadir la mayor disponibilidad del CO_2 que ha acelerado el crecimiento de las plantas y árboles. Pero son dos supuestas buenas noticias, ya que todo podría acabar convirtiéndose en más combustible para los incendios. El de Castellón de marzo de 2023, que pilló a todos con la guardia baja, quemó muchas hectáreas de bosque joven, que había crecido a costa de tierras abandonadas. El cambio climático facilitará la predisposición de la madera a arder y, en consecuencia, elevará el riesgo de más y mayores fuegos. Esta misma facilidad de ignición hará que cualquier negligencia o accidente suponga un peligro mayor de iniciar un conato. Definitivamente, los pirómanos han encontrado un poderoso aliado en el cambio climático.

Para preparar este libro mantuve muchas entrevistas con expertos en cada una de las materias y temas de los que trata. Fernando Maestre, director del Laboratorio de Ecología de Zonas Áridas y Cambio Global de la Universidad de Alicante, es experto en eso, en la aridez. «El tipo de paisaje, el tipo de vegetación que tenemos en un lugar determinado, está condicionado en muy buena medida por el clima, ¿no? Obviamente, Galicia es verde y Alicante marrón porque en Galicia llueve mucho más que en Alicante», me decía. Pero eso está cambiando, el régimen de lluvias muestra un descenso generalizado, así como el de las temperaturas al ascenso. «No es que toda la península ibérica vaya a ser ahora mediterránea, pero, para muchas partes que hoy en día no lo son, los modelos climáticos prevén que van a tener un clima como el de las zonas mediterráneas actuales», añade Maestre, que sigue con las consecuencias: «Si vas a tener un régimen de incendios más parecido al de las zonas mediterráneas y vamos hacia un clima mucho más parecido al que tenemos en ellas, eso va a provocar cambios en cascada en los ecosistemas y en los paisajes. No quiere decir que de la noche a la mañana vayas a dejar de tener un castañar y deje paso al pinar, pero, claro, si ahora tienes un castañar y se incendia, lo que sucederá es que, a la hora de recuperarse, las condiciones climáticas no serán las adecuadas para el desarrollo de los castaños». En general, el cambio no va a ser repentino, no lo está siendo. Pero, allí donde haya un fuego o una sequía, los árboles caídos ya no se reemplazarán por los de su especie, sino por otras mejor adaptadas a las nuevas condiciones climáticas. «Esta idea es importante transmitirla. Si hay perturbaciones, incendios o sequías extremas, los cambios van a ir mucho más rápido».

En este proceso habrá, ya está habiendo, especies que ganen y otras que pierdan. Ha pasado ya algo de tiempo desde la publicación de un descomunal trabajo de 550 páginas llamado *Impactos, vulnerabilidad y adaptación al cambio climático de la biodiversidad española*. La obra, realizada por el Consejo Superior de Investigaciones Científicas, es como un enorme atlas de la flora ibérica. Está lleno de fotos, mapas y datos de 145 especies o subespecies presentes en la península. Para cada una de ellas, hay un mapa con su distribución potencial, es decir, la que podrían haber tenido si no fuera por la agricultura de los humanos, la ganadería de los humanos, las talas de los humanos o los incendios provocados por los humanos. En el mismo lugar, se muestra la presencia actual de la planta o árbol. Tras observarlos un buen rato enseguida destaca la enorme diferencia entre distribución potencial y real. El territorio de la mayoría de las plantas es una centésima parte del que podría tener. El cálculo lo hice a ojo, no revisé las 145 especies. Pero basten un par de ejemplos. El abedul (*Betula alba*) ocupa solo el 7 % del espacio que por condiciones climáticas, geográficas o físicas ocuparía. Por su parte, el boj (*Buxus sempervirens*), un arbusto que se presenta como sotobosque de hayedos, quejigares, encinares o pinares, solo está presente en el 9 % de la tierra que podría acogerlo. La cartografía se completa mostrando la evolución esperada para cada especie según dos modelos climáticos desde 2011 hasta 2040, desde entonces hasta 2071 y desde este año hasta 2100. De nuevo a ojo, la evolución es casi siempre a peor.

El informe solapa todos los mapas de las especies para afirmar, en su página 46, lo siguiente:

> La interpretación visual de los mapas muestra una progresiva reducción de la riqueza específica potencial con un deterioro general de las condiciones para albergar especies, y un gradiente de pérdida más intensa en la zona Sur y algo menos en la Norte. Quedan con valores relativamente altos algunas zonas del norte de Castilla y León y de Asturias y Cantabria principalmente. Esto es coherente con las tendencias climáticas predichas, que señalan un incremento de temperaturas general pero afectando en mayor grado a la mitad meridional de la Península Ibérica.

Cuatro imágenes valen más que todas estas palabras. Acompañando al texto unos mapas me llaman poderosamente la atención. Van desde 1961 a 2100. Y llevan colorines. El azul indica áreas capaces de albergar seis especies o menos. El rojo se refiere a las que presentan condiciones aptas para más de cuarenta. Encoge el corazón ver cómo los azules avanzan en detrimento de los amarillos, naranjas y rojos a una velocidad que no respeta la parsimoniosa escala del tiempo de los árboles. En los años sesenta del siglo pasado, un tercio de España era roja, con muchos verdes y naranjas. A finales de siglo, todo el territorio nacional será azul, salvo unos enclaves anaranjados que resistan en las montañas. Cualquier analogía con la historia política pasada de este país es mera coincidencia.

Uno de los árboles que no encontrará su sitio será el pinsapo (*Abies pinsapo*), un abeto único en el mundo, literalmente. Los autores del informe lo sentencian así: «Se prevé la práctica desaparición de la especie a finales de siglo, pudiendo sin embargo expandirse durante el primer periodo analizado y mantenerse durante el segundo. La capacidad de mantenimiento y recuperación es mínima en el último horizonte temporal ya que el área potencial futura desaparece en ambos horizontes según ambos modelos». Para revertir esa sentencia de muerte dedica su tiempo, pasión y conocimiento Raúl Sánchez Salguero, profesor de la Universidad Pablo de Olavide. Lo conocí hace años como dendrocronólogo, uno de esos científicos que estudian el pasado leyendo la marca que deja en los anillos de los árboles. Recuerdo la primera vez que me explicó cómo la erupción en 1815 del volcán de Tambora, en la isla indonesia de Sumbawa, provocó que en Europa no hubiera verano al año siguiente y cómo eso dejó una marca en los anillos de pinos de los Pirineos. Historias como esta son las que me tienen enganchado a la ciencia. Más recientemente, Sánchez resultó ser también dendroclimatólogo. Los troncos registran el tiempo cronológico, pero también el meteorológico. A los que no sabemos, la madera nos parece madera, pero la gente como Raúl es capaz de convertir un árbol viejo en una estación meteorológica. Gracias a ellos, a los árboles y a los científicos que los interpretan, pude escribir los primeros capítulos de este libro sobre el clima de hace miles y cientos de años. Pero el profesor Sánchez no es un nostálgico del pasado, quizá solo un romántico que quiere salvar al pinsapo de su extinción.

Los últimos de su especie

«Mi abuelo, Diego Sánchez Ponce, fue uno de los últimos cabreros del pinsapar de la sierra del Pinar, entre Grazalema, Benamahoma y Zahara de la Sierra», me cuenta Sánchez con un nosequé de orgullo y respeto. Ya solo quedan pinsapos en el Parque Natural de la Sierra de Grazalema, en el nordeste de Cádiz, y en el Parque Nacional de la Sierra de las Nieves, en Málaga. A su abuelo lo llevaron al calabozo las autoridades franquistas en 1974. El Estado acababa de comprar aquellos bosques y, claro, las cabras siguieron tirando al monte después de la compra. Los pinsapos, que habían sobrevivido tanto a largas glaciaciones como a periodos interglaciales más cálidos que el actual, fueron retirándose de amplias regiones y encontraron refugio en las sierras que hay entre Cádiz y Málaga. Allí sobrevivieron a la última glaciación y, desde entonces, al uso y a los abusos humanos. Especialmente dañinas fueron las talas de los siglos XIX y XX. Sánchez me contó una anécdota que, de tan dramática pero tan española, exigía documentación. Para dar fe, me envió un documento escrito por el ingeniero forestal Diodoro Soto García y publicado en la revista de la Sociedad Española de Ciencias Forestales en septiembre de 1999. El texto, «Historia del pinsapar de Grazalema», recoge lo que dice el título. Uno de los hitos fue la tala para modernizar la flota imperial que decretó el marqués de la Ensenada a mediados del siglo XVIII. También se hace eco de las visitas que realizaron algunos naturalistas ingleses, que siguieron la estela de los viajeros románticos que visitaron (sobre todo) el sur de España. Lo que realmente quería Sánchez que leyera ocurrió entre 1904 y 1905, cuando se cortaron 15.000 árboles que tenían como destino convertirse en traviesas para la línea del ferrocarril de Bobadilla a Algeciras en su tramo Ronda-Algeciras. Pero, como escribe Diodoro Soto, «los elevados costes de desembosque y transporte motivaron que, después de cortados los pinsapos, quedara la mayor parte de sus fustes desparramados en la finca sin empleo en el ferrocarril». No todos serían pinsapos, pero imaginar que talaron un árbol que solo existe en esta parte del mundo en aras del progreso y que acabaron tirados en el suelo ¡es pa matarlos!

Hay otras 150 hectáreas de pinsapo en Sierra Bermeja. Son los que se salvaron del atroz incendio que en 2021 quemó 8.000 hectáreas de la serranía de Ronda. ¿Recuerdan aquel fuego? El fuego se llevó la vida de un bombero y estuvo 46 días cercenando el monte. El mayor temor para los ecólogos y los conservacionistas era la pérdida de los pinsapos, una especie endémica a la que le cuesta un potosí recuperarse. Se quemaron unos mil. No ardieron más porque se levantó una barrera de protección. Debe ser complicado para un naturalista decidir dejar que se pierda algo que valora para salvar otro árbol que considera aún más valioso. Medio año después, la primavera siguiente, hubo unas lluvias torrenciales en la comarca. Entre el 24 y el 27 de marzo cayeron hasta 600 milímetros, casi todo lo del año. Y llovió sobre quemado. Científicos del Instituto de Investigación y Tecnología Agraria y Alimentaria (INIA-CSIC) y de la Universidad de Évora (Portugal) llevaban desde la extinción estudiando el grado de afección del suelo y su evolución. Querían medir la recuperación de sus condiciones iniciales. Pero las fortísimas precipitaciones, que no son extrañas en la zona, deshicieron todo lo recuperado.

La teoría dice que tras un incendio hay que temer, y mucho, al agua. La lluvia, más si cae de forma torrencial como sucedió aquella vez en la sierra malagueña, arrastra ladera abajo todo lo quemado. Es decir, todo lo orgánico que podría servir para regenerar el suelo. Además, se lleva una buena capa de este, con todos sus nutrientes y microorganismos asociados a las raíces de las plantas, la micorriza y la costra biológica (de la maravilla de estos ecosistemas microscópicos hablaré unas páginas más adelante). Los resultados preliminares del trabajo del INIA y los científicos portugueses señalaron que se produjo una importante pérdida de suelo por las escorrentías de agua. Los científicos vieron que, allí donde más castigó el fuego, mayor fue la erosión por la lluvia: en estas zonas se llegaron a perder veinte toneladas de suelo por hectárea. En unas declaraciones al periódico *La Opinión de Málaga*, Sergio Prats, uno de los investigadores de la Universidad de Évora, llegó a decir que había parcelas que «no tenían ninguna cubierta en el suelo, no hay acículas de pino porque incluso las hojas de los pinos se quemaron; el fuego fue tan fuerte que quemó todos los troncos y todas las copas de los árboles». Para dar una idea de la cifra, Prats, experto en erosiones tras incendios, aseguró que «en todos los estudios que llevo realizando desde mi doctorado en Portugal, la máxima erosión que he medido ha sido alrededor de seis a ocho toneladas por hectárea». La historia no acaba aquí. Las desgracias no saben ir solas a ningún sitio. En junio de 2022 se desató un segundo incendio, no tan grande, pero que se llevó otras 4.000 hectáreas de Sierra Bermeja por delante. Al cumplirse el año de la extinción del primero, y en otro trabajo no relacionado, investigadores de la Universidad de Granada comprobaron que los pinares se estaban recuperando, pero no los pinsapares. Dirán que ya es mala suerte, pero en el contexto de la crisis climática se producen sinergias entre los eventos extremos, con unos reforzando las consecuencias de otros. Y tienden a cebarse con los más débiles.

Las sierras de Grazalema, de las Nieves o Bermeja son todas ellas formaciones montañosas que pertenecen a la cordillera Bética, la misma de la que forman parte Sierra Nevada y la mía, la sierra de Gádor. Pero son bien diferentes. A este lado de la cordillera, la lluvia rara vez supera los 300 milímetros anuales. En el extremo contrario, en sitios como Grazalema, no suelen bajar de los 2.000. Ni en las zonas más lluviosas de Galicia cae tanta agua. Las borrascas que tradicionalmente entraban por el golfo de Cádiz se daban de bruces con sus alturas. Si no eran muy grandes y altas, se quedaban allí, como ocurre con la mayor parte de la humedad oceánica que, al remontar la montaña, cae en forma de lluvia. Las nieblas son muy habituales, salvo en verano, y los pinsapos se han adaptado para aprovecharlas. Sus acículas (las hojas de las coníferas parecidas a agujas) tienen forma de espiral, y con ellas atrapan y concentran la niebla hasta condensarla, lo que produce una especie de lluvia localizada. Toda esta humedad es una de las razones de que allí sobreviva el pinsapo, un abeto que se remonta al Mioceno, hace unos veinte millones de años, y que ha vivido tiempos mejores. Según el tercer Inventario Forestal Nacional, del Miteco, ahora solo quedan unos 450.000 árboles en unas 3.600 hectáreas. Casi medio millón puede parecer mucho, pero, al revisar con detalle los datos, se observa que menos de 100.000 son adultos. El resto, «pinsapillos», son fruto de la repoblación o la recuperación natural y demasiado jóvenes como para garantizar la supervivencia de la especie. Su futuro va a depender de dos variables: que se mantenga esa entrada de aire húmedo desde el oeste, y que no les vengan series de incendios como la que azotó Sierra Bermeja.

«Los pinsapares, como sucede con los árboles de la dehesa del Camarate, se refugiaron en un microclima, están aguantando el tirón, de hecho, hasta recuperan, porque ya no son explotados y no hay ganado», me dice el profesor Sánchez. «El pinsapo está entre las especies perdedoras en esta crisis climática, pero no va a desaparecer», continúa. De hecho, desde los tiempos en que detuvieron a su abuelo se está expandiendo a altitudes más bajas, en el límite basal de su distribución. Pero no lo está haciendo gracias al clima, sino porque no hay ganado ni humanos que carboneen su madera y está dopado con el exceso de CO_2. «¿Qué ocurrirá si vienen varias sequías fuertes? Pues perecerán a montones en esas zonas, que son las más sensibles», sigue el experto. Los bosques de estos abetos mediterráneos podrían morir de éxito. Su protección en parques naturales no ha ido acompañada de una política de gestión forestal racional. La densidad de pinsapos es muy alta, con una elevada concentración en espacios reducidos. Esto ha desatado una competencia por los recursos muy fuerte. «Hay que cortar. Su peor enemigo es el fuego. Si se desata una serie de incendios en Grazalema o la sierra de las Nieves, es el fin del pinsapo, porque no se regenera. Y, si no, la altísima densidad provocará el colapso», me cuenta muy seguro Sánchez.

Este gaditano realizó su tesina sobre los pinsapos de Grazalema, pero su tesis doctoral se centró en el estudio de un fenómeno que, desde que se inició el siglo, va a más: el decaimiento forestal. En su trabajo puso el foco en las repoblaciones del sur peninsular. Los pinos con los que reforestaron las sierras del sudeste están resultando ser muy vulnerables a la sequía inducida por el cambio climático. Y lo demuestran con el frenazo a su crecimiento y una defoliación en aumento. Pero el decaimiento se está produciendo por todo el país y son muchas las especies que lo sufren. La última vez que hablé con él para este libro, Sánchez iba camino de Madrid, donde tenía una reunión de las importantes. Es uno de los responsables de un proyecto para estudiar este debilitamiento de los bosques españoles impulsado por el Miteco. Se trata de una muerte a cámara lenta. Empieza con los árboles como si se agostaran, aunque no estemos en agosto. Ralentizan su actividad, pierden sus hojas y, en casos extremos, mueren. En muchas ocasiones, como sucede con los ancianos humanos, lo que se los lleva es un oportunista, que puede ser el fuego o un patógeno, aprovechándose de su debilidad y de sus escasas defensas. Transcribo tal cual lo que me dijo casi de carrerilla: «El pinsapo es una de las especies más vulnerables y más sensibles a las tendencias actuales de aridificación. A esto hay que sumarle los pinares mediterráneos en zonas de contacto o propensas a la sequía, como puede ser todo el sudoeste, el este y el sudeste peninsulares. Aunque es generalizado, lo estamos viendo en Tierra de Pinares, en la meseta, en el sistema Ibérico es brutal, todas las zonas de Teruel, de Zaragoza, en el Prepirineo... Si tú superpones el mapa de la mediterraneización que dices, se está produciendo justo ahí en esos bordes».

No quiero acabar la conversación con el científico de los anillos de los árboles con el amargor que dejan estas palabras, porque también me cuenta que el proyecto en el que se ha embarcado con otros investigadores de la Universidad de Alcalá, la Complutense y el Instituto Pirenaico de Ecología busca identificar los *hotspots*, los puntos calientes del decaimiento. La idea es detectar zonas donde los árboles se estén debilitando por razones climáticas, como ocurre, por ejemplo, con el abeto o el pino silvestre en Aragón, para estudiarlos en profundidad, desde su genética hasta su nivel de resiliencia. «¿Para qué? Para futuros programas de adaptación de las especies o de migración asistida o de restauraciones donde haya que seleccionar una determinada genética. En eso estamos trabajando». Así que no solo andan buscando los ejemplares, las poblaciones que no pueden con tanto calor, también se fijan en los que están aprendiendo a sobrellevar la nueva realidad climática.

Los árboles que ganan

De los muchos informes y estudios que han editado tanto el actual Ministerio para la Transición Ecológica como el anterior Ministerio de Medio Ambiente o el de Agricultura, uno de los más recientes, de 2021, es *Impactos y riesgos derivados del cambio climático en España*. En sus centenares de páginas se repasa lo que el cambio climático le está haciendo a las distintas esferas, ámbitos y paisajes de este país. En el capítulo dedicado a los ecosistemas terrestres, se puede confirmar lo apuntado hasta aquí:

> Además de las reducciones del crecimiento, se han observado defoliaciones y episodios de mortandad que pueden asociarse a factores climáticos. La concurrencia de reducciones de crecimiento, defoliación y mortandad de los individuos constituye lo que se ha

> venido en denominar decaimiento de los bosques, considerándose que el cambio climático es uno de los factores principales que lo provocan, si bien no es el único.

A renglón seguido, este informe destaca uno de los fenómenos que está protagonizando la flora ibérica en este siglo en respuesta al cambio climático. Como los ents, los pastores de los bosques de *El señor de los anillos* de J. R. R. Tolkien, los árboles se están moviendo. No, no es que uno determinado coja las maletas y se vaya huyendo del calor y la sequía a Asturias. Es que, como dice este trabajo, también se está observando «el cambio de distribución de algunas especies, como la ascensión altitudinal del haya (*Fagus sylvatica*) en el Montseny, o el piorno serrano (*Cytisus oromediterraneus*) y el enebro común (*Juniperus communis*) en la sierra de Guadarrama». Estas migraciones son un fenómeno global de respuesta, de adaptación a la nueva realidad. Las están realizando anfibios de las selvas tropicales, mariposas de la campiña inglesa avistadas en las Highlands escocesas o infinidad de peces, yéndose cada vez más al norte o al fondo. Un estudio publicado en la revista científica *Science* hace unos años llegó a ponerle velocidad a la migración: la flora y la fauna están migrando a zonas más elevadas a un ritmo de 12,2 metros por década. Mientras, en dirección a los polos, se están trasladando a 16,6 kilómetros por década. Los casos de las hayas o los piornos serranos son adaptaciones de especies que lo pasan mal con el aumento de las temperaturas y se van desplazando para recuperar su rango térmico óptimo. No son estrictamente especies ganadoras, sobreviven adaptándose, y lo que ganan por el norte o por la cima lo pierden por el sur o en la base de las montañas. Pero sí hay especies, y son unas cuantas, a las que el trastoque climático les sienta bien.

A mí siempre me han gustado las plantas. Uno de mis sueños, que espero cumplir algún día, es tener una parcela no muy grande para cultivar. Pero nada de tomates y lechugas, ya me las dan mis tíos y amigos que tienen invernaderos o las compro en la tienda. Soy un enamorado de las crasas o suculentas. También me gustan los cactus, pero son menos manejables y me parece (no los conozco todos) que no tienen su increíble abanico de formas, tamaños y tonos de verde. En mi terraza de 2,5 × 2 metros tengo una treintena de macetas que ya va tocando poner en un huerto vertical para hacer sitio al tendedero. Lo mejor de estas plantas es que, una vez al año (en ocasiones necesitan dos o tres años), florecen. Son flores pequeñas, como tímidas, y de vida muy corta, pero de unos colores que ya quisiera la paleta de fauvistas como Henri Matisse o André Derain. Si alguien desea de verdad agradarme con un regalo, una crasa, cuanto más extravagante y rara, mejor. Y lo confieso, son plantas que no necesitan que las cuiden, algo de agua en verano y poco más. Si a uno se le muere una crasa es que tiene un problema, y serio. Estos seres son tan xerófilos que aman la sequedad, como termófilas, enamoradas del calor. Por eso, con la España que viene, medrarán.

El director del Laboratorio de Ecología de Zonas Áridas y Cambio Global de la Universidad de Alicante, Fernando Maestre, lo deja bien claro: «Las ganadoras van a ser las plantas mejor adaptadas a la sequía. Un ejemplo paradigmático, por ejemplo, va a ser el esparto, una especie muy bien preparada para la aridez». Si las que pierden son las que tienen mayor demanda de agua, las beneficiadas son las xerófilas y termófilas. Especies herbáceas como la olivarda o la cerraja, propias de zonas costeras mediterráneas, se han adentrado en las últimas décadas hacia el interior y el norte. Estas ampliaciones de terreno no se están debiendo tanto al calor del verano como a que las temperaturas del invierno ya no son tan frías. Por regla general, los arbustos, con menos necesidades hídricas, se están viendo favorecidos frente a los árboles. «Y entre los árboles van a empezar a entrar especies africanas como el argán o algunas acacias, que están muy bien adaptadas a la sequía. Irán relegando a especies que antes ocupaban su espacio hacia lugares más al norte. Los robles que todavía encontramos en muchas zonas mediterráneas, las encinas que reemplazarán a los pinos y estos a las hayas, que necesitan más agua, irán desapareciendo, en especial tras un incendio», me contaba Maestre. Es todo un revolcón a los paisajes de buena parte de este país. En la franja atlántica, todo indica que el calentamiento y la mayor cantidad de CO_2 en la atmósfera (conservando niveles de humedad relativamente elevados) harán que los bosques de hayas, castaños o robles crezcan más que mengüen.

Piroceno o la edad del fuego

«Tenemos bosque por encima de nuestras posibilidades. Con una superficie forestal que ha ido en aumento, estamos en un momento de transición entre lo que se llama el Antropoceno y el Piroceno, la edad del fuego». Así comenzó una de las entrevistas que más me han abierto los ojos en la preparación de este libro. Las palabras son de Víctor Resco, profesor de Ingeniería Forestal en la Universitat de Lleida. Autor del libro *Ecomitos. Los bulos ecológicos que agravan la crisis ambiental global*, del que hablaré más adelante, Resco me hizo ver en apenas una hora de conversación unos cuantos errores y puntos de partida que yo daba por verdades casi religiosas cuando solo resultan ser sesgos ideológicos, culturales o mero desconocimiento. El primero es la idea de que el paisaje mediterráneo es así porque no puede aspirar a más, que está limitado, como si fuera el hermano pequeño de algo más grande y que, por los motivos que sean, no ha crecido más. Pero si miramos el registro, si se observa cómo era hace 10.000 años o antes de la última glaciación, las cosas cambian. «El paisaje mediterráneo estaba formado en un 60% por ecosistemas abiertos, dehesas, prados. ¿Por qué nosotros tenemos la idea de que el bosque primigenio es cerrado y que ese es el estado más puro de conservación en la naturaleza?», me inquiría Resco.

Con la llegada de los humanos, este paisaje se ha mantenido así. Hemos sido su principal gestor, lo hemos modelado, manteniendo a raya la superficie forestal. «Pero ahora, en el Piroceno, el hombre está abandonando los paisajes. En esta era, el fuego es el principal actor de su gestión». Esta fue la segunda bofetada. Del efecto de los incendios, llevo unas cuantas páginas ya escritas, pero ninguna desde la óptica que me plantea Resco. Para él, hemos creado un problema de exceso de biomasa y «o la gestionamos nosotros, de forma ordenada o la va a gestionar el cambio climático: la gestionará el fuego». Quizá el bosque ya esté empezando a autorregularse. Su expansión no solo era cuestión de conquistar nuevos territorios. En el caso del pinsapo, en el sur, la mayor parte del crecimiento se debe a un aumento de la densidad, del número de árboles por hectárea. En el norte, «hay zonas del Prepirineo donde se ha producido entre un 30 % y un 40 % de mortalidad arbórea», me destacó el profesor. Parte de esta mortandad se debe a la sequía, pero hay otro factor que hasta ahora se me había pasado por alto, salvo quizá en el caso del pinsapo. «Hay mucha competencia entre las plantas. Tenemos la tendencia de atribuir la sequía arbórea al cambio climático, y es verdad que hay un componente importante que es así, pero también es cierto que este abandono rural, este aumento de la superficie de la biomasa, este aumento de la biomasa en sí, está provocando un aumento del estrés vegetal». Era el tercer zasca que recibía en apenas unos minutos. Pero aún vendrían más.

En un trabajo de fin de grado de uno de sus alumnos, pincharon árboles dentro y fuera de un parque natural. Los barrenaron y estudiaron sus anillos de crecimiento. Vieron que los que se encontraban en la zona protegida estaban en el proceso de decaimiento forestal del que hablé más arriba. «Dentro del parque no hay gestión, hay mucho matorral. Fuera, era una zona donde se realizaban quemas prescritas por los bomberos. El año pasado tuvieron que cortar los pinos del centro del parque, porque muchos de ellos habían muerto», me destacó Resco. Así que lo que propone es que se vuelvan a recuperar los usos tradicionales del bosque, aunque ya no sea porque necesitemos la madera para calentarnos o las bellotas para dar de comer a los cerdos que nos alimentarán. Si no, «como pasó en ese lugar protegido, los árboles morirán y avivarán estos megaincendios tan brutales que vemos ahora». Aquí llegó un nuevo meneo, relacionado esta vez con las repoblaciones. Sabía y he escrito anteriormente sobre cómo se reforestaron amplias zonas de mi tierra y el resto del sudeste con pinos, que no era la especie más idónea. Pero Resco va más allá. «Hoy en día uno de los problemas que tiene la restauración después de un incendio es que se hace basándose en el clima pasado. Se están plantando las mismas especies que había para unas condiciones que ya no se dan. Estamos construyendo ecosistemas que son zombis, muertos vivientes que van a desaparecer con el siglo». ¡Buah! Lo de los árboles zombis me parece una metáfora tan potente como descriptiva de uno de los mayores errores que podríamos estar cometiendo. En su opinión, hemos de adaptar la forma en la que se restaura y dejar a un lado los aspectos emocionales. «En todo lo que respecta a la ecología, a las plantas, nos guía mucho una visión romántica de la vida, como que las especies sean nativas. Pero ¿qué significa el concepto de especie nativa cuando el clima está cambiando? Una especie que es de aquí, pero que no está adaptada a las nuevas condiciones de aquí. Creo que ese concepto de la natividad está perdiendo su sentido y su significado cuando el clima está mutando». Me parece un pensamiento revolucionario.

Falta un último zasca. Desde hace al menos una década llevo escribiendo sobre cómo los seres vivos se están adaptando al nuevo estado climático. Algunos son más elásticos que otros, hay especies que son tan universales que, como los humanos, pueden vivir en todo tipo de climas. Pero la tendencia general está siendo la migración en latitud, hacia los polos, o en altitud, montañas arriba. Es la respuesta más esperable y viable, buscar nuevos territorios en los que recuperar las antiguas temperaturas. Pero el profesor Resco me recuerda que para buena parte de la flora esa alternativa puede ser un callejón sin salida. Y puede serlo por un factor clave y que yo había pasado por alto hasta nuestra conversación: el fotoperiodo, la cantidad de luz, más que la de calor. El calentamiento, aunque es relativamente más acusado en determinadas zonas, como el Ártico, la cuenca mediterránea o las cumbres, se traduce en un aumento global de las temperaturas. Pero es un problema de la Tierra. El Sol sigue estando en el mismo sitio y sigue irradiando igual que antes de que creáramos el problema del CO_2. «Nosotros hemos investigado hasta qué punto esto puede ser una barrera para la migración de las especies. Puede ser limitante en el sentido de cuáles nos van a llegar a nosotros», recuerda Resco. Aunque el aumento de la temperatura puede facilitar la venida de arbustos y árboles tropicales, si la especie necesita cantidad de luz, en España vamos hacia un horizonte de 3° o 4° más, pero las horas de sol no van a cambiar. En cuanto a la distribución de árboles autóctonos y su migración al norte, el problema es el mismo. «Las hayas son sensibles al fotoperiodo, lo que quiere decir que su desarrollo fenológico, la salida de las hojas, de las yemas o que, cuando llegue el otoño, las hojas se vayan marchitando, depende del régimen de temperatura, pero también de las señales lumínicas que tenga», me recuerda Resco. No contento con desmontar mi idea de una ley universal de la migración en respuesta al cambio climático, termina por destrozármela con lo siguiente: «Uno pensaría que migras al norte y ya está, ya tienes la misma temperatura que en origen, pero luego hay dos procesos que pueden cambiar. Uno es el régimen lumínico. Y hay otra clave, la distribución de las lluvias, porque no llueve igual en un paisaje mediterráneo que en un entorno de clima templado». Tampoco había pensado en esto de la lluvia. Pero es cierto. Incluso la distribución de las precipitaciones a lo largo del año tampoco es igual.

La conjunción de todas estas diferencias está generando una serie de desequilibrios capaces de auspiciar desajustes ecosistémicos. Resco lo cuenta así: «Si los árboles responden de una manera, los polluelos o insectos que se alimentan de las hojas más tiernas sufrirán esa respuesta de manera diferente a los polluelos que se comen a los insectos. Estos desajustes pueden llegar a desestabilizar cadenas tróficas a lo largo de todo el ecosistema». Al fin algo que confirma mis ideas. Ya lo conté en detalle en el primer capítulo, pero se puede resumir en que la primavera se adelanta, el verano se alarga, el otoño se retrasa y el invierno, si viene, se encoge. Este nuevo patrón climático que ya se ha desplegado en España ha provocado el adelanto de la fenología vegetal. Son datos de toda Europa, pero la salida de las hojas de los árboles caducifolios se ha anticipado siete días desde 1980. En el otro extremo, la caída se ha venido retrasando entre uno y 2,5 días por década y algunos aún más, como sucede con los del Montseny, en Barcelona, que han dilatado la suya hasta en trece días. ¿Se imaginan cuál puede ser el destino de un insecto herbívoro que inicie su vuelo y se encuentre que sus hojas preferidas ya se las ha comido otro? ¿O que las mariposas emerjan de su capullo cuando sus flores hace días que fructificaron? ¿Y que las cigüeñas hayan dejado de emigrar y los osos de la cordillera Cantábrica estén teniendo problemas para disfrutar de una de sus comidas preferidas, las cerezas silvestres, porque sus árboles están, como los ents, yéndose montaña arriba? Sí, todo eso está pasando.

8

Adiós a las mariposas

Camino de la dehesa del Camarate, el bosque encantado del capítulo anterior, íbamos cinco personas subiendo por la ribera del río Alhama de Guadix. Por delante, dando cuenta de que es de aquella sierra, marchaba mi amigo Antonio con su pareja, Fanny. Con ellos, pero costándole, Jesús, otro de mis compañeros de la adolescencia, y más allá, y cerrando el grupo, mi hijo y yo. Uno no está muy en forma y el otro tenía ocho años. Nadie las vio. Nadie se dio cuenta de ellas. Nadie se detuvo a mirarlas. Pero presenciar a dos mariposas en pleno cortejo (supongo que era eso, porque se parecía mucho a un baile de los nuestros, con sus agarres y sus sueltas) me obligó a pararme. Y de pronto me di cuenta. Hacía mucho tiempo, más de cuarenta años, que no contemplaba a dos mariposas juntas. Pasé casi treinta años de mi vida en Madrid y eso no cuenta, allí ni las estrellas salen. Pero seguro que, en las escasas escapadas que hacía al campo, incluso había visto algún lepidóptero. Mas ¿dos juntas? Juraría que no. Le dije a mi hijo que mirara y, sí, lo hizo, pero no les prestó demasiada atención. Sin embargo, a mí ese instante me llevó a mi infancia. No hay nada más dulce, más narcótico, más placentero, dejando a un lado la risa luminosa de mi hijo, que la nostalgia de cuando uno fue niño. Aún vivía en Dalías, así que debería tener diez años o menos. Me veo en un pequeño cerro que había al sur de mi barrio, el de los llamados «pisos nuevos», una combinación de dos edificios de tres plantas (creo que los únicos que había en el pueblo) y cuatro filas de casas de dos haciendo la forma de una E mayúscula, todas de protección oficial. Mis escapadas debían ser los sábados, ya que las recuerdo de mañana. El cerro, que estaba en la parte de abajo del destartalado campo de fútbol, es más bien un cerrito. Entonces para mí era como una enorme montaña, ahora si pasas demasiado rápido con el coche por la carretera ni lo ves. Igual de grande me parecía el trayecto desde casa hasta allí. Me maravilla el concepto de las distancias y los tamaños que se tiene cuando uno es pequeño. No guardan proporción.

Las tardes de los primeros días de septiembre iba a rebuscar almendras en la decena de árboles que había. En aquel tiempo, supongo que la costumbre sigue aunque ya no queden almendros en el cerro, se permitía la rebusca. Como sucede en otras partes de Andalucía (desconozco las costumbres de otras zonas), podías ir a las fincas privadas a por lo que quedara después de la cosecha. Para los frutos que se varean, como almendras y aceitunas, en el pasado debió de ser una forma de llevar algo a casa para los más pobres, para los sin tierra. Para mí y los otros chavales del barrio, era una manera de ganarnos un dinerillo. Los dueños cosechaban en las semanas finales de agosto y detrás íbamos los jóvenes. El tercer domingo de septiembre se acercaba, son las fiestas del Cristo de la Luz y, cuantas más almendras, más fichas para los coches de choque. En aquel aprendiz de montaña, cazaba mariposas. Fue una época en la que me creí entomólogo sin saber qué significaba eso. Las perseguía, me parecían tan frágiles como esquivas. Eran tan bellas de lejos como algo repulsivas de cerca, esa repulsión que nos provoca a la mayoría todo insecto cuando lo tienes a centímetros de los ojos. Las veía detenerse, posarse sobre una flor, como si nunca se fueran a alejar de ella, como principitos con sus rosas. Yo también me detenía a observarlas, con esos colores a veces iridiscentes que rebotaban los rayos del sol. Y, al acercarme, escapaban como el agua entre las manos, como el cabello de mi hijo recién secado de entre los dedos. La captura, cuando lo lograba, era una carnicería. Las cogía como se han cogido siempre las moscas, con la mano ahuecada y rápido, pero no demasiado para evitar provocar un minivendaval que las espantara. Si eran muy grandes, usaba las dos. Pero, por mucho que combara las manos, siempre acaban con sus alas rotas y descoloridas como la cara de un payaso en el funeral de su compañero de risas.

Al final me hice mi primer cazamariposas, completamente artesanal, con tres cañizos (varillas de los cohetes) unidos por alambre y, en el extremo, un trozo de red de pescar alrededor de otro alambre más grueso. Por fin conseguía atraparlas sin destrozarlas. Eso no significa que su destino fuera mejor. Como he dicho, por entonces me estaba iniciando en la entomología (y ahí me quedé, en los inicios) y, lo que es peor, en la taxidermia. Me recuerdo, con diez años, rajándole el abdomen a las pobres mariposas para vaciarlas o, directamente, bañándolas en alcohol medicinal a falta de éter. Después las clavaba con uno de los alfileres de mi madre a un panel de corcho (tardé un tiempo en saber que ese blanco hecho de bolas no era corcho, sino poliestireno expandido). Ahora que lo pienso, me parece de lo más cruel que pudo hacer aquel niño, superando a otras fechorías de esos años (ver la introducción para saber de las atrocidades del terrorista y ecocida infantil que era uno). En descargo de aquel pequeño tengo que decir que Charles Darwin, el padre de la teoría de la evolución, fue en sus años de juventud un taxidermista y, aunque el inglés supiera hacerlo, también tenía que arrancarle las vísceras a todo bicho que se le pusiera por delante e inyectarle éter por todos los orificios que tuviera y nadie piensa que fuera un canalla.

Cada primavera era una locura, un éxtasis, por la cantidad de insectos que había en aquel cerro, en Dalías, y supongo que en casi cualquier punto de la España de aquellos tiempos. Abejorros, abejas, avispas (aún hago distingos morales entre insectos buenos, los dos primeros, e insectos malos, las segundas), moscas, cómo no, guardabalsas (en el resto del país se las conoce como libélulas, pero su nombre local viene de que solían rondar las albercas para el riego). Y en el suelo o entre los matorrales, hormigas, mariquitas, mantis (que entonces me daban pavor con esa cabeza y la posición de sus patas delanteras como sierras..., y todavía hoy me provocan una mezcla de fascinación y miedo), saltamontes marrones, saltamontes grises, saltamontes verdes, escarabajos... Recuerdo que había muchas mariposas, pero muchas de verdad. Ni entonces ni ahora me sé sus nombres, las recuerdo por sus colores y al buscarlas en guías visuales compruebo que había macaones, doradas, mariposas de los cardos, podalirios —una de las más bellas cuando abre sus alas en forma de abanico— o las blancas de la col. No estoy seguro, no soy un experto, no llego ni a aficionado, pero las que vi danzando camino de la dehesa del Camarate creo que eran dos blancas de la col. Le insistí a mi hijo en que las mirara, pero él prefirió tirar piedras al agua. No sabe, no es consciente, de que cuando tenga la edad que ahora tiene su padre habrá aún menos mariposas y es muy probable que algunas de las que yo pinchaba en poliestireno se hayan extinguido para siempre.

En España hay 250 especies de mariposas diurnas y unos cuantos miles de nocturnas (que me perdonen los entomólogos, pero esas criaturas grises o pardas, como los antiguos policías de este país, nunca me han parecido dignas de llevar el nombre de mariposas). La mitad de los lepidópteros diurnos están en Sierra Nevada, en sitios como la dehesa del Camarate, en la ladera norte, en la ribera del río Trevélez, en la sur, o en el puerto de la Ragua, lo que la convierte en el lugar con mayor diversidad de estos insectos. En general, las montañas, por eso de la altura, de que todo es para arriba, por el frío o por lo que sea, son las zonas que menos hemos estropeado los humanos. La ganadería, aunque puntualmente dañina, tiene sus efectos positivos a medio y largo plazo. Sin asentamientos humanos destacados, la mayoría de las mariposas revolotean en las primaveras y veranos del sistema Central, la cordillera Cantábrica, los Pirineos y todas las sierras españolas. Pero, como se recuerda en el manual *Bases técnicas para la conservación de los lepidópteros amenazados en España*, el calentamiento está pegando más duro en la montaña. «Los lepidópteros en su calidad de consumidores primarios son especialmente sensibles a los cambios o modificaciones ambientales, por lo que son excelentes bioindicadores del cambio global», se dice en las primeras páginas. En otras palabras, que las mariposas están entre los primeros que están pagando el aumento de las temperaturas.

LA NIÑA DE SIERRA NEVADA

Revisando ese manual de buenas prácticas, centrado en una decena de especies por únicas y amenazadas, me detuve en una que nunca había visto. Es endémica de la cordillera Penibética y tiene un marcado dimorfismo sexual, en particular en el despliegue de colores de hembras y machos. Las primeras son marrones, con la parte inferior del abdomen y las alas de un tono más claro. Mientras, ellos son grises por abajo. Pero ¡ay!, si la hembra levantara el vuelo vería desde arriba un trozo de cielo donde creía que estaba el macho. Toda su parte superior es de un intenso azul. Desconozco el comportamiento de esta especie, más aún la parte del cortejo, pero apuesto a que ellos se posan a la espera de que ellas los vean por su lado bueno, el azulado. Es bonita hasta en el nombre, la niña de Sierra Nevada (*Polyommatus olgus*). José Miguel Barea, de la Agencia de Medio Ambiente y Agua de Andalucía, me dice que no cree que se haya estudiado. «Que los machos tengan ese color azul es un patrón muy común entre los licénidos [familia a la que pertenece], pero ninguno como el de los de la niña. Es selección sexual, son más atractivos, como sucede con los pavos».

Barea lidera un proyecto con el Observatorio del Cambio Global de Sierra Nevada sobre el estado y el futuro de las mariposas de esta cordillera. Las siguen desde 2008. Pero reconoce que solo tienen suficientes datos a partir de 2012 y le parece algo prematuro sacar conclusiones del impacto del cambio climático en tan poco tiempo. Aun así, han observado que el rango de distribución se está reduciendo por abajo, es decir, desde la base de las montañas, «y las poblaciones tienden a subir», me dice. A pesar de que insiste en que es pronto, sí que destaca que «a las especies más comunes les está yendo bien, pero las especialistas, las únicas o raras, son las que lo están sufriendo». Así que, en las estadísticas, en la gráfica, parece que todo está normal, pero no es así. «Se está produciendo una homogeneización de las comunidades y la montaña está perdiendo su singularidad», añade. Y me pone un ejemplo que me toca de cerca. La apolo (*Parnassius apollo*) es una mariposa grande, de alas blancas y ocelos rojos. Su hábitat preferido son las montañas húmedas y frías, lo que ha hecho que proliferen muchísimas subespecies, casi una por cada montaña. La situación de las del sudeste peninsular es algo más que dramática: «La población de Sierra Nevada está cayendo en picado, la de sierra de María está al borde del precipicio. La de sierra de Baza se extinguió en los años noventa y la de sierra de Gádor [mi sierra] lo hizo en los ochenta». Nunca llegué a ver una apolo.

Otro fenómeno que se está observando es que cada año las mariposas inician el vuelo antes. La mayoría de los insectos, en particular los que tienen metamorfosis completa como los lepidópteros, emergen de sus pupas o estado larvario en primavera, e inician entonces su vida adulta, que dura unas pocas semanas. Eso es el vuelo y es un elemento clave en casi todos los ecosistemas. Durante miles y millones de años, la selección natural favoreció a los insectos herbívoros que sincronizaban su aparición con la brotación de las hojas, los polinizadores con la de las flores y la de los carnívoros cuando todos los demás ya estaban en activo. Lo mismo sucede con otros muchos animales, como los que se aletargan en invierno o con la mayoría de las aves, que hacen coincidir su temporada de cría con el vuelo, cuando hay mayor disponibilidad de comida. Si alguno de los engranajes se atrasa o adelanta, todo el sistema se resiente. Es ya una de las leyes universales del cambio climático. El ascenso lo están haciendo animales de todo pelaje de todo el planeta y, dentro de sus posibilidades y tiempos, las plantas: ir montaña arriba a medida que sube el termómetro.

La crisis de las mariposas no se limita a Sierra Nevada, está sucediendo en todas las montañas de este país, de todos los países. En la primavera de 2023, investigadores de la Universidad Autónoma de Madrid (UAM) y el Museo Nacional de Ciencias Naturales (MNCN-CSIC) publicaron un estudio centrado en el género de las erebias, en su mayoría lepidópteros oscuros, con tonos que van del negro al marrón. En España, se concentran en las montañas del norte, los sistemas Central e Ibérico, la cordillera Cantábrica y los Pirineos. Partiendo de su distribución actual y su fisiología, modelaron dos escenarios climáticos del futuro, uno optimista y otro pesimista. En la península ibérica, hay diecinueve especies de erebias. Los resultados del trabajo muestran una dramática reducción del número de áreas climáticamente favorables para todas. En 2100, la reducida representación que hay en Sierra Nevada no habrá sobrevivido. De hecho, dieciséis de ellas podrían desaparecer por completo en el escenario más drástico del resto de los sistemas montañosos décadas antes de que acabe este siglo. «Incluso para una de las especies más comunes y de distribución más amplia, como es la *Erebia triarius*, se predice una disminución importante de áreas favorables en el futuro», detallaba el investigador del MNCN Rob Wilson cuando publicaron el trabajo. Las que peor lo tienen son las especies que ya ocupan las zonas más elevadas y no pueden subir más para salvarse.

El calor está invalidando estrategias que antes les funcionaban a las mariposas. En un original trabajo publicado a comienzos de 2024, entomólogos de la británica Universidad de Cambridge y del Instituto de Biología Evolutiva (IBE) de Barcelona descubrieron que las mismas especies utilizan diferentes métodos para regular su temperatura corporal según donde estén. En Cataluña, tienden a inclinar sus alas hacia el sol para calentarse a temperaturas más bajas, mientras que en las islas británicas recurren a microclimas cálidos. A medida que sube el termómetro, la estrategia de las catalanas las penaliza, mientras que las del Reino Unido parecen estar entre las poblaciones que van a salir ganando con el cambio climático. «En España, las mariposas pasan mucho más tiempo a su temperatura óptima porque hace más calor, pero también existe un mayor riesgo de sobrecalentamiento», declaró Andrew Bladon, del departamento de zoología de Cambridge y uno de los autores de la investigación. Midieron la temperatura corporal, la del aire y la de las perchas o sitios de reposo de casi 800 mariposas adultas de 23 especies diferentes. Los lepidópteros de ambos países buscan el calor hasta que, a partir de los 22°, empiezan a evitarlo. ¿Dónde habrá más horas por encima de este umbral en los meses de primavera y verano, en el Reino Unido o en España? «Las mariposas, en general, viven unas pocas semanas como adultos y tienen que apresurarse para reproducirse. Me preocupa que, incluso si descubrimos que pueden mantener sus temperaturas corporales de manera notable, podrían estar perdiendo su preciado tiempo evitando los rayos directos del sol cuando hace demasiado calor», recordó Roger Vila, investigador del IBE, cuando hicieron público su trabajo.

No habrá que esperar a que acabe el siglo para ser testigos del desastre. Los Picos de Europa, en la cornisa cantábrica, acogen aún más mariposas que Sierra Nevada. Hasta el 60 % de las especies que hay en España y el 27 % de todas las europeas se pueden ver en unas cuantas rutas por sus montes, incluidas cuatro de las pocas especies específicamente protegidas contra su captura. En agosto de 2023, se publicó un trabajo liderado por Amparo Mora, bióloga del Parque Nacional de los Picos de Europa (el primero de los parques nacionales, protegido desde 1918). Desde 2013, ella y su equipo han estado rastreando la población de lepidópteros que hay desde los 80 metros de altura hasta los 2.000. No cuentan a todas las mariposas, no habría manera. Lo que se hace en estos casos es seleccionar determinadas áreas representativas, que si llano, que si bosque, que si matorral…, y visitarlas periódicamente, en su caso cada diez días entre mayo y septiembre. La temperatura media en los Picos de Europa viene subiendo unos 0,021° al año. No parece mucho, pero eso supone que entre 1979 y 2019 el calor ha aumentado en casi un grado, lo que conlleva un declive de muchas poblaciones. De las 55 especies de las que obtuvieron suficientes observaciones, en 39 no encontraron una tendencia clara, pero siete muestran un descenso moderado y otras ocho uno más acusado. Solo una parecía mantenerse igual. Y da la sensación de que ninguna está ganando con el cambio climático. En porcentaje, el descenso poblacional general fue de un 5,7 % al año durante los nueve que duró la investigación. ¿Desde cuándo están reduciéndose las poblaciones? ¿Hasta cuándo seguirá el colapso demográfico de las mariposas?

Una costra de vida

Cada vez que vamos al campo, estamos matando vida. Por muy ecologista, concienciado o amante de lo silvestre que sea uno, con cada pisada, aplastamos una infinidad de seres vivos y cortocircuitamos ecosistemas en miniatura completos. Soy de los que cree en el valor terapéutico del contacto con la naturaleza, pero los únicos que nos beneficiamos somos nosotros, los humanos. Con respecto al resto de los seres vivos, tengo mis dudas. En ocasiones, cuando me exalto, me oigo defendiendo la idea de que nos deberían prohibir salir al campo, que, igual que hay señales con un círculo rodeando una cerilla tachada prohibiendo hacer fuego, deberían poner otras con un monigote tachado de igual forma. Cuando lean los siguientes párrafos, quizá les contagie mi exaltación.

«Hay más diversidad en los suelos que en un bosque tropical», me decía contundente el biólogo Fernando Maestre, de la Universidad de Alicante. «Es una biodiversidad escondida, que no vemos, que nos costaba mucho estudiar, hasta la llegada de las técnicas de análisis de ADN, a nivel molecular», añadía. Hasta hace muy poco apenas sabíamos sobre los organismos que habitan el sustrato y, «por consiguiente, sobre los cambios ambientales, sobre cómo les está afectando el cambio climático», completaba. Un trabajo publicado en 2019 por la Organización de las Naciones Unidas para la Agricultura y la Alimentación mostró que los primeros 30 centímetros del suelo del planeta contienen prácticamente el doble de carbono que el que existe en toda la atmósfera. Además, después de los océanos, es el segundo sumidero de CO_2, por delante de los propios bosques. Y resulta que buena parte de ese carbono está vivo, forma parte de todos los seres que hay bajo nuestras botas: miles de especies de bacterias, de hongos, de insectos, de nematodos, de tardígrados, por no hablar de lombrices o de mamíferos como los topos. Todos estos seres vivos conforman complejas interacciones, como recuerda Maestre: «Estas comunidades son fundamentales para el reciclaje de nutrientes, el mantenimiento de la fertilidad del suelo o de su estabilidad». Por ejemplo, hay unas cianobacterias que secretan compuestos azucarados que funcionan como un pegamento de la tierra, volviéndola más resistente a la erosión. Como el algodón de azúcar, que se nos queda pegado a los dedos, se adhiere a las partículas del suelo.

Estas cianobacterias forman parte de lo que llaman costra biológica, esa capa superficial del suelo que nos parece yerma, pero en la que hay más vida que granos de arena y roca. «La vamos a encontrar en zonas áridas de todo el mundo, siempre que no estén sometidas a perturbaciones como el pisoteo o el pastoreo, porque, claro, son organismos muy sensibles al aplastamiento», me contaba Maestre. Pero esta fina lámina repleta de bichitos también se halla en entornos menos áridos. «Por ejemplo, hay una costra biológica de musgos impresionante en los bosques boreales, a modo de tapiz, que cubre grandes porciones de suelo. También la vemos en sistemas dunares de la costa atlántica. Es más dominante en zonas áridas porque en ellas el espacio es más abierto al tener menos vegetación», detalla el profesor. La lluvia, generalmente escasa, desencadena la explosión de vida hasta entonces aletargada. «Tras ella, zonas como el desierto de Tabernas, en Almería, la zona de yesos de Aranjuez o Ciempozuelos, en el sur de la Comunidad de Madrid, entre los olivos de Jaén y otros muchos lugares áridos se cubren de manchas de colores. En los espacios que no están ocupados por las plantas perennes, emergerán especies de líquenes, de musgos y de otros microorganismos asociados, como cientos de especies de bacterias y hongos», me detallaba Maestre, descubriéndome un mundo que nunca había visto en los documentales de La 2. Estas costras biológicas son importantes, primero porque muchos de estos organismos son fotosintéticos. Como las plantas, los líquenes hacen fotosíntesis, capturando carbono y liberando oxígeno. También importan porque muchas de las especies, en particular de bacterias y líquenes, fijan en el suelo nitrógeno que le arrebatan a la atmósfera. Este elemento es el principal fertilizante para las plantas. Luego está su capacidad para estabilizar los suelos frente a la erosión. Por último, ejercen otra función en la que jamás habría pensado: sellan el terreno, de modo que cuando llueve canalizan esa agua hacia la vegetación, como si fueran regantes. Maestre me recuerda que, sumado a todo lo anterior, las costras biológicas llevan asociada una microfauna muy variada de invertebrados. La próxima vez que vayan con sus botas de senderista al campo, recuerden que son auténticas máquinas de matar.

Buscando determinar el impacto del calentamiento en estas costras, Maestre y su equipo llevan varios años realizando experimentos de campo en zonas áridas o semiáridas. En Aranjuez estuvieron ocho haciendo ensayos en los que exponían diferentes áreas a déficit hídrico o altas temperaturas. Para ser el centro de la península, allí llueve más bien poco, unos 350 milímetros al año. El 40 % de la zona está cubierta de flora, sobre todo matorral. Pero el otro 60 % es el dominio de la costra, compuesta de comunidades variadas de líquenes, varias especies de musgo y diversos géneros de cianobacterias. Las pruebas empezaron en 2008. Manipularon áreas con calentadores para simular los entre 2° y 3° que se espera que suba la temperatura para la segunda mitad del siglo. En otras, con lo que jugaron fue con la lluvia o su ausencia. Comprobaron que la falta de agua no afectaba especialmente a la biocostra. Sin embargo, en las zonas calentadas observaron un triple efecto: el calentamiento redujo la riqueza, entendida como el número total de especies, en un 35 %; la diversidad, la variedad, en un 25 %, y lo peor, el área cubierta hasta en un 82 %. Los siguientes datos me sorprendieron, pero será por mi ignorancia, que los asociaba a la humedad: la presencia y abundancia de musgo se ve favorecida por el calor, aunque su ritmo de crecimiento resultó ser más bajo que el de la muerte de líquenes, los principales perdedores.

Debajo de la costra, todavía hay más vida. «En estos primeros centímetros es donde más carbono se acumula, donde más nutrientes hay y donde más actividad biológica se produce. Hasta hace no muchos años, no prestábamos mucha atención a un papel especial que ejercen las plantas. Sabemos que hacen la fotosíntesis y fijan carbono, con el que crecen, pero parte lo derivan a las raíces. Aquí es donde no habíamos prestado atención: son el órgano que les permite captar nutrientes, pero también liberar carbono, que es sintetizado y alimenta a toda una comunidad microbiana asociada a las raíces, la rizosfera, cuyo papel es esencial en aspectos claves como la defensa frente a patógenos, la comunicación entre plantas, el reciclaje de la materia orgánica... son unas interacciones muy complejas que estamos empezando a desentrañar, pero que hoy en día sabemos que hacen del suelo algo fundamental».

He querido trasladar entera esta parte de la conversación con Maestre porque destaca la enorme relevancia de algo que casi siempre pasamos por alto. Y de manera literal: es lo que hay bajo nuestros pies.

Ranas ibéricas, de Guatemala a Guatepeor

En los años setenta del siglo pasado, el Instituto para la Conservación de la Naturaleza (Icona) soltó en la Laguna Grande de Peñalara, en el Parque Nacional Sierra de Guadarrama (Madrid), ejemplares de salvelinos o truchas de manantial. En los tramos superiores del Pepe Hernando, un arroyo cercano, liberaron truchas comunes que habían capturado aguas abajo. Podría pensarse ¡qué bien!, una acción restauradora de la biodiversidad. Pues no, fue una ocurrencia, o directamente, una salvajada propia de la ignorancia, la estupidez, el interés, las cosas que se hacían en la dictadura... Lo que sea menos una actuación ecológica. Las truchas de manantial son originarias de América del Norte y en la actualidad se consideran una especie exótica invasora. Lo del Pepe Hernando tampoco fue una genialidad. En la cabecera del arroyo nunca hubo truchas y no las había porque no pueden llegar hasta allí de lo empinado y recortado que está el curso. He buscado los motivos de aquel destrozo, supongo que, como en otros ríos y lagos españoles, se hizo para la pesca deportiva. El resultado fue la práctica desaparición de la rana ibérica del macizo. Tanto las truchas americanas como las nacionales se comían sus renacuajos. Solo quedaron unas pocas en pozas aisladas y un par de tramos del Pepe Hernando. Del arroyo que nace de la laguna, el Peñalara, se extinguieron. En efecto, fue toda una ocurrencia.

Años más tarde hubo una operación de limpieza. Con la autorización y el plan pertinentes, científicos del Instituto Mixto de Investigación en Biodiversidad del CSIC (IMIB-CSIC) como Jaime Bosch subieron a la laguna cada mes de septiembre a pescar. Pero lo hicieron a lo grande, con pesca eléctrica. Al introducir un ánodo y un cátodo en el agua creaban un campo eléctrico que atontaba a los peces. Así retiraron de la circulación casi un millar de truchas de manantial. Las 200 comunes que pescaron tuvieron mejor suerte, ya que las volvieron a soltar arroyo abajo. Eso fue entre 2002 y 2013. En paralelo, a medida que escaseaban los peces, «liberamos más de mil ranas ibéricas», me cuenta Bosch en una historia dramática. Aunque los anfibios se mantienen, no logran que crezca su población. «Lo que estamos viendo es que casi los matamos y ahora viene el cambio climático. En el caso de la rana ibérica se juntaron las dos cosas. Empezaron a reproducirse en 2014. Pero, a la vez, veíamos incluso en las zonas donde no había habido problemas con los peces, en las más altas, que la especie cada vez iba peor. Lo atribuimos al calentamiento. De hecho, el declive se correlaciona con la subida de temperatura del agua, porque estos anfibios necesitan pozas frescas y cada vez hay menos de eso porque también hay menos nieve».

Como las mariposas, quizá incluso un poco más, los anfibios son auténticos centinelas del clima. Son seres de agua y necesitan de la humedad para vivir. Pero tanto los anuros (ranas y sapos) como los caudados (salamandras o tritones) lo están pasando realmente mal. Hay un tercer grupo, el de los cecílidos, que recuerdan a las lombrices, pero solo se encuentran en las zonas tropicales de América. Bosch sube todas las primaveras y veranos a Peñalara desde finales del siglo pasado. De tantos ascensos han salido varios estudios científicos. En uno de ellos, publicado en 2018, se detalló la evolución del estado de una decena de especies de anfibios, tanto ranas como sapos y salamandras. Solo dos redujeron sus efectivos debido al aumento de las temperaturas. Hubo tres que, incluso, crecieron en población. Pero esto tiene truco. «Efectivamente, a algunas especies les ha ido bien, pero ha sido así porque son de zonas más bajas que, al subir la temperatura, lo que están haciendo es ascender. Deberían estar en el pie de la sierra y, por todo lo que se está calentando, arriba ahora tienen las temperaturas que hace cincuenta años tenían más abajo. Llegará un momento que no van a poder subir más». Esta historia me la conozco, ya la vimos con los árboles y con las mariposas. ¿Y qué pasa con los anfibios que están en la cumbre? Pues que no tienen adónde ir. Es el caso de las salamandras. En el norte de España las hay en cotas bajas, casi al nivel del mar, pero necesitan mucha humedad y en latitudes más sureñas solo la obtienen en las cumbres. «Ahora, en el centro de la península ya no tienen a dónde recurrir, y en las zonas bajas no existe suficiente humedad para vivir», alerta Bosch.

Pero no es el calentamiento lo que está diezmando a los anfibios. El calor prepara el terreno, pero quienes los están matando son hongos y virus que proliferan a medida que aumentan las temperaturas. La sinergia entre dos o tres amenazas ya la hemos visto antes, pero aquí el riesgo pasa por provocar la hecatombe de ranas y sapos. Cedo de nuevo el relato a Bosch: «En Peñalara los animales empezaron a morir en el año 1997 de algo que no sabíamos qué era. De hecho, se describió en 1998». Se refiere al *Batrachochytrium dendrobatidis*, hongo quitridio para abreviar. Y más que un hongo es la peste. Recupero aquí un párrafo que escribí en un artículo en *El País* sobre la mortandad que estaba provocando en todo el mundo este demonio: «Hay un hongo que infecta a las ranas hasta pararles el corazón. Coloniza su piel y el animal responde creando más queratina, la proteína básica de la epidermis. Pero lo que consigue es alimentar al hongo, obligando a la rana a crear más. La carrera acaba en una hiperqueratosis, con el anfibio lleno de costras. El problema es que ranas, sapos, tritones o salamandras usan la piel para respirar, como si fuera un pulmón, y acaban ahogándose. Al final de esta alocada carrera, la mayoría muere de un fallo cardiaco». Entonces la noticia era que este engendro se había convertido en el patógeno que más daño había hecho, no a los anfibios, sino a la biodiversidad global en toda la historia. 500 especies de anfibios están en declive y otras 90 ya se han extinguido.

«Cuando nosotros empezamos a encontrar los primeros animales muertos, nadie en el mundo sabía qué demonios era ese hongo —me contaba Bosch, y aquí la historia da un giro—. Pasaron más de diez años e hicimos un estudio de genética muy completo, analizando muestras de todo el mundo, y nos dimos cuenta de que venía de Asia [de Corea, en concreto], que llevaba dando vueltas por el mundo prácticamente un siglo. En algún momento llegó a Peñalara, no sabemos cuándo, pero de lo que nos dimos cuenta después es de que probablemente llegó mucho antes de que empezaran a morir, lo que pasaba es que el efecto era más suave. En estas llegó el cambio climático y empezaron las mortalidades masivas. Pensamos que la introducción fue primero y después se juntó con la subida de la temperatura. ¿Lo entiendes? Con el calentamiento, las especies adaptadas a unas condiciones durante miles o millones de años sienten su sistema inmune comprometido. Es el momento que aprovechan los patógenos para proliferar».

En 2022, investigadores del Consejo Superior de Investigaciones Científicas (CSIC) y la Asociación Herpetológica Española (AHE) analizaron quince brotes de mortalidad anfibia producidos por virus desde 1988. El trabajo encontró que, en la mayoría de los casos estudiados, los decesos de anfibios se debieron a brotes de un virus endémico, y no introducido recientemente. Y el responsable podría ser el aumento de las temperaturas, aunque el mecanismo concreto aún no lo tienen claro. Podría deberse a que el virus gana virulencia con el calor o lo visto con los hongos, que se tratara de una respuesta deficiente del sistema inmune de los anfibios. Sea como sea, Jaime Bosch, coautor de esta investigación, lo dejó claro: «Muchas poblaciones de anfibios se encuentran ya al límite de su capacidad para soportar el aumento de las temperaturas de los últimos años. Por lo que, de seguir al ritmo actual, es previsible que las extinciones de poblaciones y especies de anfibios por enfermedades emergentes se incrementen aún más, provocando una crisis sin precedentes en la biodiversidad del planeta».

Que levanten la mano los que le cortaron la cola a alguna lagartija cuando eran niños (lo siento, urbanitas, en las ciudades hay pocos lacértidos con los que vivir tal experiencia). Aun sabiendo que les vuelve a crecer y que usan esta habilidad para escapar de los depredadores, a los que despistan con la extremidad amputada que no deja de moverse, sajar una parte del cuerpo a un ser vivo es una salvajada. ¿Qué lleva a unos niños, yo el primero, a hacerlo? Creo que tiene que ver con que, a esas edades, todavía no tenemos las suficientes neuronas espejo para contar con la empatía necesaria para saber que eso no se le hace a nadie, por muy reptil que sea. Eso lo sé ahora. Otra cosa que he aprendido, anteayer prácticamente, es que no todos los reptiles están entre los ganadores del cambio climático. Siempre asocié a los lagartos, las serpientes, las culebras, los eslizones, las tortugas o a las salamanquesas de las noches de verano con el calor, así que di por hecho que les iba a venir bien el calentamiento en curso. Pues no.

El herpetólogo Miguel Ángel Carretero me pone el ejemplo de la lagartija de Valverde (*Algyroides marchi*). Se puede decir que es endémica por partida doble. Solo existe en España y, dentro de ella, aguanta nada más que en las sierras y montes de Albacete, Córdoba, Jaén o Murcia. Es un relicto de ambientes del pasado. «Tenemos evidencia ecofisiológica de que es una especie igual de termófila que las demás, pero que pierde agua al doble de velocidad», me cuenta este investigador del Centro de Investigación en Biodiversidad y Recursos Genéticos de la Universidad de Oporto. Esa dualidad quiere decir que busca el calor, pero necesita el agua. En cierto sentido, es un lacértido atlántico perdido en un paisaje mediterráneo. Por eso busca las zonas más sombreadas y junto a las escasas fuentes de agua que encuentra. Con el aumento de las temperaturas, pero sobre todo con la mayor aridez, cada vez tendrá más difícil mantenerse en su óptimo térmico.

En el extremo contrario está la culebra bastarda (*Malpolon monspessulanus*). Presente desde el sur de Francia hasta Marruecos, esta serpiente le está sacando provecho al nuevo clima. Es probable que siga la norma, expandiéndose más al norte y más arriba en las montañas. Pero lo que han descubierto es que, ayudada por el termómetro, está ampliando su periodo de actividad a lo largo del año, retrasando el letargo invernal. Eso significa que tiene más tiempo para aparearse y reproducirse. Un estudio con datos entre 1983 y 2004 halló que, a medida que subía la temperatura en la zona observada (el sudeste ibérico), aumentaba la actividad de la culebra. ¿Cuál es el problema? Este reptil es un depredador y en su dieta tiene a otros reptiles, ¿imaginan cuáles? En efecto, la lagartija de Valverde, que, reducido al mínimo su entorno y limitada su actividad por el riesgo de deshidratación, se ve en la tesitura de tener que escapar de otro animal que tiene más horas para buscarla y comérsela. Está condenada.

La extinción en directo del urogallo

No me perdía ninguno de sus programas. Recuerdo estar sentado en el suelo junto a mis hermanos ante un televisor en blanco y negro, con mi madre detrás, como siempre, bordando. No logro recordar cuándo los emitían, pero debía ser por la noche o durante el fin de semana, porque también estaba mi padre. Me intriga y me da una enorme pena recordar tantas cosas de mi infancia y solo tener dos o tres flashes con su imagen. Lo recuerdo regresar a casa desde el ayuntamiento donde trabajaba mientras nosotros subíamos a las «Graduadas», como se llamaba a la escuela del pueblo. También me acuerdo de una vez que nos llevó a sus tres hijos varones a la peluquería, cual sargento, y ver a mi hermano mayor llorar por el rapado. Y la vez que nos llevó a ver la nieve, cómo me consiguió un plástico que se convirtió en mi mejor trineo. No tengo más recuerdos de él, y eso que ya había cumplido los diez años cuando murió. Sin embargo, de *El hombre y la Tierra*, el programa del naturalista Félix Rodríguez de la Fuente, me acuerdo de tantas cosas. Era oír su acelerada, frenética y setentera melodía, obra del compositor Antón García Abril, autor de las músicas de casi todas las series televisivas de entonces, y quedarme embobado viendo las historias que contaba el amigo Félix. Apenas tengo imágenes en el cerebro de la primera temporada, la de la fauna venezolana, emitida en 1974, pues tenía apenas seis años. Pero claro que me acuerdo de la serie sobre los animales ibéricos, emitida hasta 1981. Cómo olvidar al águila que apresaba a una cabra montesa para llevársela, a duras penas, pero llevársela al fin y al cabo, por el aire. Y el quebrantahuesos tirando creo que era un huevo contra el suelo, ¿o era un alimoche? O de los lobos que rodeaban a Rodríguez de la Fuente. En uno de esos episodios contaba la historia del urogallo, un ave de fascinante cortejo nupcial. Veo ahora que el episodio se llamaba «Al borde de la extinción». Ya lo estaba entonces, pero ha logrado vivir casi 50 años más. Una lástima que el cambio climático le pueda dar la puntilla.

El urogallo occidental (*Tetrao urogallus*) abunda en el norte, en Escandinavia, los países bálticos y Rusia, donde no está ni mucho menos en peligro. Pero en España fue declarado en 2023 como especie en peligro de extinción. De acuerdo con los últimos censos, la población global de urogallos en la península se estima en unos 700 individuos: 292 ejemplares en el eje cantábrico, según datos del Ministerio para la Transición Ecológica (otros cálculos rebajan la cifra a 190) y otros 404 ejemplares en el pirenaico. Se trata de dos subespecies aisladas del resto tras el fin de la última glaciación. Y es que a esta ave le gustan los sitios fríos y de eso cada vez queda menos en España. Hace más de una década, dentro del llamado Plan Nacional de Adaptación al Cambio Climático, se pretendió hacer un inventario de la biodiversidad ibérica. Uno de sus informes tiene el larguísimo nombre de *Impactos, vulnerabilidad y adaptación al cambio climático de la biodiversidad española*. Lo más relevante de este enorme trabajo de centenares de páginas es que realiza una serie de proyecciones de las áreas de distribución potencial de la fauna en función de los distintos escenarios climáticos que se esperan en el futuro. Y el que le pintan los expertos al urogallo no es negro, es lo siguiente. El rango de temperaturas de su distribución en la península varía entre -14,8° y 28,6° y el de las precipitaciones entre 630 y 1.471 milímetros anuales. Ambos parámetros, sobre todo el primero, van a cambiar mucho. El informe pronostica «contracciones en la distribución potencial actual de la especie entre un 99 % y un 100 % en 2041-2070». Me temo que para entonces ya se habrá extinguido. Pero sería injusto y falso echarle la culpa al calentamiento. Puede que quede como la causa inmediata del fallecimiento de la especie, pero al urogallo venimos matándolo desde hace mucho.

Todavía ayer, en 1979, se permitía la caza de urogallos como si fueran perdices y en 1986 se los declaró especie protegida. Eso no los ha salvado. El primer censo en el Pirineo aragonés contabilizó 154 machos. En 2017 solo se encontraron 40. La población cantábrica se ha contraído en un 84 % desde que se prohibió llenarlos de perdigones. Entre las causas que han degenerado en una situación tan crítica, la organización conservacionistas SEO BirdLife destaca la fragmentación de los hábitats donde viven y la creciente presencia de turistas en sus territorios. Seremos amantes de la naturaleza, pero hay animales que se estresan con una gran facilidad en nuestra presencia y más si llevamos perros, que para el ave bien podrían ser lobos o zorros. En 2017, en Benasque, un macho murió debido al estrés después de que más de un turista se dedicara a fotografiarlo mientras llamaba a la hembra en su elaborada ceremonia del cortejo. La proliferación de estaciones de esquí también ha sido señalada como causa del declive más reciente. La ganadería, un factor relevante en el pasado, está dejando de ser un problema por el abandono de las explotaciones. En su lugar, intervienen los ungulados silvestres, como los ciervos, que le disputan el principal elemento de su dieta, los tallos, hojas y frutos del arándano. La verdad es que las propias criaturas tampoco se ayudan mucho a sí mismas: la tasa de reproducción es bajísima. En octubre de 2023, tres científicos de la Estación Biológica de Doñana publicaron en *The Conversation* algunas cifras reveladoras: «A partir de datos de 32 puestas encontradas en el campo, hemos podido observar una reducción del 50% en el número de huevos entre 1950 (cuando la media eran unos diez) y 2020. A esta disminución hay que añadirle una bajísima tasa de puesta y de eclosión y una altísima mortalidad de los polluelos», escriben. Y en estas que llega la crisis climática. Los urogallos ibéricos, dos subespecies, son lo que quedan de amplias poblaciones que había en el norte de la península, cuando hacía frío de verdad, hace unos cuantos milenios. A medida que aumenten las temperaturas y se reduzca la humedad disponible, el calentamiento también será un problema para estos animales. Para salvarlos, la propuesta de Javier Naves, Eloy Revilla Sánchez y Miguel Clavero, los autores del artículo, es radical: el rescate genético. En su opinión, ha llegado el momento de introducir ejemplares del norte de Europa para aumentar la diversidad genética y reducir el elevado nivel de endogamia que tienen tanto los urogallos cantábricos como los pirenaicos. Una mayor variabilidad del genoma tiende a dar mayor plasticidad a las especies ante los cambios en el entorno. Pero eso de mezclarlos, aunque sean subespecies (algo que se empieza a discutir), es tabú entre la mayoría de los conservacionistas.

El lince gana con el cambio

España, su sociedad, sus científicos, sus organizaciones ecologistas y hasta sus políticos pueden sentirse orgullosos. Hemos recuperado especies emblemáticas de la extinción asegurada (o estamos en el camino de lograrlo). En los cielos del Campo de Montiel, los de la sierra de Baza o los de Sierra Morena, se puede ver algo tan majestuoso como los más de dos metros del águila imperial ibérica. Incluso en la Comunidad de Madrid, alejadas de las ciudades, hay 84 parejas. La cifra es más del doble que la del primer censo de la especie, realizado en 1974, y que contabilizó solo 39 en toda la península. Hoy vuelan al menos 1.680 de estas imponentes rapaces. También podemos presumir de la recuperación del oso pardo. Aunque más adelante tocará hablar de los nubarrones climáticos que se ciernen sobre este úrsido, lo cierto es que entre los Pirineos y la cordillera hay una población que supera los 400 animales, diez veces más que dos décadas atrás, cuando los cazadores furtivos aún los mataban con sus perros y escopetas. Y qué decir del lince ibérico. Orgullo de este país, capaz de casi extinguirlo (a comienzos de siglo solo quedaban 94 en dos poblaciones separadas por 300 kilómetros) para después casi salvarlo, con los más de 1.660 ejemplares que se reparten por la mitad de la piel de toro. Hasta aquí los golpes de pecho. En esta tierra no hay más grandes animales, en particular carnívoros, porque los humanos nos hemos encargado de ellos en el pasado. Y nos quedan una buena cantidad de ungulados, como ciervos o corzos, porque los hemos gestionado por intereses cinegéticos. Así que es complicado saber qué le está haciendo el cambio climático a la fauna ibérica, cuando tenemos tan pocos grandes animales. Pero, para los que nos quedan, lo que hay son luces y sombras.

Al lince, si logramos de una vez reducir los atropellos (qué muerte más estúpida para un animal tan único), le espera un futuro brillante. Es una especie tan ibérica, tan mediterránea, que la esperada mediterraneización del país promete devolverle los territorios que los humanos le fuimos arrebatando. Durante milenios, salvo el macizo Galaico y la ladera norte de la cordillera Cantábrica, el resto de la península ibérica era tierra de linces. Los últimos ejemplares de la meseta del Duero y el valle del Ebro o los Montes de Toledo los cazaron a mediados del siglo pasado. De entonces es también la llegada a España de la mixomatosis que acabó con el 90 % de las poblaciones de liebres y conejos silvestres. Y cuando parecía que se recuperaban de esta epidemia, a finales de los años ochenta, la enfermedad hemorrágica del conejo vino a rematarlos. Los linces morían a balazos o de hambre. Solo a finales del siglo, cuando su territorio se partió en dos, Doñana y la zona de Andújar, en Jaén, achicándose cada año más, se inició un ambicioso programa de recuperación que ha llevado hasta las cifras actuales y a que se vean linces en Madrid y en Murcia y se plantee introducirlos en nuevos lugares, como en la Comunitat Valenciana o en Castilla y León, de cuyos montes fueron exterminados a finales del siglo XX. Y el cambio climático está echando una mano. «Las especies que ya tenemos, como el conejo, están muy bien adaptadas. Les gustan estos espacios abiertos», me dice el ecólogo Fernando Maestre, de la Universidad de Alicante. «La presión directa del hombre ejerce un efecto mucho más negativo que el cambio en el clima, con lo que, si les das un poco de espacio como se está viendo ahora, los conejos (pero también ciervos, corzos...) están aumentando de manera exponencial porque se les está persiguiendo mucho menos y también porque muchas zonas se han abandonado», añade. Con que los virus den algo de tregua, la principal fuente de comida del lince está asegurada gracias al calentamiento y el abandono del agro.

Desde su base en la Estación Biológica de Doñana, el investigador del CSIC José Godoy lidera el programa genético del lince ibérico. Una de las bases del éxito de su recuperación estuvo y está en la aportación de frescura genética en la población de Doñana gracias al cruce con ejemplares de Andújar. Ante el nuevo escenario climático, Godoy me decía que «el felino no está entre las especies perdedoras». La clave, de nuevo, es la ley del norte, la posibilidad de ir más arriba en altitud o en latitud. «A otras, por ejemplo las de alta montaña, se les acaban las opciones y no tienen a dónde ir. El lince al menos dispone de esa posibilidad de ir extendiendo su rango hacia el norte, buscando ese clima más favorable», añadía. Pero puede producirse la paradoja de que el sur de España, lo que fuera el refugio de este animal desde el que inició la reconquista, se vuelva demasiado cálido y seco. «Es la gran incógnita relacionada con el cambio climático. ¿Hasta qué punto va a ser necesario migrar? ¿Las especies pueden adaptarse a esos cambios localmente sin cambiar su rango?», se pregunta Godoy. La falta de diversidad genética, el elevado nivel de endogamia (que está llevando a la desaparición al urogallo, por ejemplo) juega en contra de los linces. De ahí que la actual expansión pueda facilitar el aumento de la variabilidad en los genes. «Sabiendo que la diversidad genética es, digamos, el combustible que necesita la selección y la adaptación, su ausencia hace que la supervivencia sea más difícil que la de otras especies», temía. Y acaba recordándome algo de lo que he venido hablando a lo largo de estas páginas: «La adaptación va a ser un reto para todas, incluso las que tienen más diversidad genética, porque los cambios se están produciendo a un ritmo que habría que ver si da la oportunidad a la selección natural de actuar y que terminen adaptándose». Es muy simple: el planeta, y también España, se calienta a un ritmo que la naturaleza no puede seguir.

A finales de 2023 me llegó al buzón de correo una nota de prensa de la Universidad de Granada. Su titular, «Una investigación analiza el impacto del cambio climático sobre el cerezo silvestre y sus efectos en el oso pardo», me recordó que casi dejo fuera de este libro al animal terrestre más grande de la fauna ibérica. Y eso había que solucionarlo. Además, los úrsidos están entre los mamíferos que más pueden verse afectados por la inestabilidad climática: vuelven a la vida con la primavera y regresan al letargo en otoño. Cualquier cambio en la regularidad de las estaciones puede alterar a una población que aún es muy pequeña y frágil. La noticia, asimismo, vuelve a mostrar que los impactos no siempre son directos: más calor, más estrés térmico, peor estado físico... No, lo habitual es que se acumulen los frentes, que al aumento de la temperatura se le sume una reducción de la humedad o que lo que complique la vida de una especie sea lo mal o bien que lleve otra el cambio climático, como vimos que sucede con las ranas y los virus. El caso del oso y los cerezos es muy ilustrativo de estas interdependencias. Como nos demostraron Yogui y Bubu, la pareja de oseznos de dibujos animados del parque Yellowstone que compartieron la infancia de tantas generaciones, estos animales son muy golosos. Y no hay nada más delicioso que unas cerezas maduras. Esta investigación, en la que también intervinieron científicos de la Universidad de Oviedo y miembros de la Fundación Oso Pardo, muestra que los cerezos silvestres, una especie con una gran importancia ecológica en la cordillera Cantábrica, se están desplazando montaña arriba. Estiman que, para finales de siglo, el área potencial de este árbol se habrá reducido de forma acusada. José Vicente López-Bao, del Instituto Mixto de Investigación en Biodiversidad, explicaba en la nota la importancia de este frutal, que va más allá de las guindas que nos puedan poner al pastel: «La relevancia de la cereza para el oso pardo radica en que es el primer fruto carnoso que madura al inicio de la época estival, al comienzo del periodo de hiperfagia, cuando la disponibilidad de otros alimentos es limitada». Durante el verano y primeras semanas de otoño, los osos se atiborran, literalmente, con objeto de acumular la energía necesaria para pasar el invierno. El problema es que «el cerezo es una especie altamente sensible al déficit hídrico y, en consecuencia, al cambio climático», añadía en la misma nota Pedro Álvarez, investigador de la Universidad de Oviedo.

María del Mar Delgado lleva unos cuantos años estudiando a estos grandes mamíferos desde el Instituto Mixto de Investigación en Biodiversidad, un centro conjunto del CSIC, la Universidad de Oviedo y el Principado de Asturias. En 2020 publicó un trabajo junto con otros expertos sobre la salida de las oseras con la primavera. El oso pardo es de los pocos mamíferos que entran en letargo e hibernan durante los meses más fríos del año. Pero entre las poblaciones de la península la hibernación es un fenómeno raro. «En general, en la cordillera Cantábrica y en los Pirineos, las condiciones climáticas no son tan duras como para *obligar* a los osos a entrar en oseras por largos periodos de tiempo. Algunos parece que entran en una fase de medio letargo, pero no de hibernación absoluta», me contaba. La cosa cambia si se trata de una osa que se ha apareado durante el verano. La gestación dura unos 56 días y las crías nacen a finales de enero, en lo peor del invierno. Para los que no les salgan las cuentas, entre estos úrsidos se produce un retraso de varios meses entre el coito en sí y la fecundación efectiva, que se produce ya en la osera. «Solo las hembras que van a parir ese año entran en oseras y, cuando llega la primavera, salen con los oseznos de primer año». Por eso, el destino de la especie tiene tanto que ver con el clima. Es clave retirarse a los refugios con las primeras nieves, cuando empieza a escasear la comida, pero lo es aún más sincronizar la salida con el regreso de la primavera y la vida. El trabajo de Delgado y sus colegas analizó ambos momentos de osas pardas entre 1995 y 2018. Querían ver cómo la temperatura y las precipitaciones modulan ambos momentos. De media, las hembras ibéricas abandonan sus madrigueras con sus crías a finales de abril, en fechas más tempranas que sus congéneres del norte de Europa. Vieron que el régimen de lluvias no afectaba al hábito, pero que, en los años con mayores temperaturas extremas en el mes anterior, sí provocaba un anticipo del inicio de la actividad. «Lo que se está observando es un ligero adelanto en la salida, y se podría esperar un retraso en la entrada debido a otoños más tardíos. Pero hacen falta más datos, a lo largo de más tiempo, para comprender bien los cambios en la fenología», me decía Delgado. Este cambio en un patrón de conducta fundamental puede afectar a la ratio de supervivencia de los oseznos. Si salen demasiado pronto, puede que no haya mucha comida. Además, que ocurra todo antes implica que los pequeños salen menos desarrollados y eso los expone a una triple amenaza: patógenos, depredadores y, sobre todo, machos a los que les estorban en sus anhelos de reproducirse.

En casi todos los capítulos de este libro, tenía claro cómo comenzar (y ya les digo que no es fácil), pero no sabía cómo acabaría la historia. Como en una sesión de jazz o en los espectáculos de Andreu Buenafuente y Berto Romero o de mis anhelados Faemino y Cansado, donde manda la improvisación, el relato me fue llevando hasta un final. Pero en este lo tenía claro, en el de la fauna ibérica, lo quería acabar con Miguel Delibes de Castro. Es uno de los naturalistas más importantes de este país y es puro saber. Deberían clonarlo y enviar una copia a cada colegio, a cada pueblo, al despacho de cada político. La negativa de la comisión del Parlamento de Andalucía, mi tierra, a que él y otros científicos intervinieran como expertos en la tramitación de la ley que pretendía ampliar regadíos junto al Parque Nacional de Doñana en la primavera de 2023 me indignó. Que al final le dejaran hablar un mes más tarde me confirmó que la ley era una mala idea. Su conversación con la ministra para la Transición Ecológica, Teresa Ribera, y el presidente de la Junta, Juanma Moreno, en la firma del acuerdo que va a salvar Doñana fue como un soplo de esperanza, como si la cordura volviera a reinar y la sabiduría de personas como él venciera por una vez a los intereses y al gran depredador que todo humano lleva dentro.

Con Delibes hablé en una ocasión sobre una tendencia que estaba observando y que me dio una idea para un artículo que titulé «Los animales están encogiendo» (pido perdón por una nueva autocita, pero, qué quieren, tendré que recuperar mis artículos sobre el cambio climático para un libro sobre el cambio climático). Lo del encogimiento de la vida tendría varias causas, pero una es el calentamiento en curso. Él me ponía entonces el ejemplo de los ratones de Doñana. Su población, como la de otros pequeños roedores del parque, ha ido menguando en los últimos años. En 1978, cuando los científicos empezaron a poner trampas para calcular las poblaciones, capturaron 300 lirones caretos y 200 ratones de campo. Cuarenta años después ya no hallaron ningún lirón careto, y solo 27 ratones. Igual de llamativo es el hecho de que los pocos que quedan han pasado de tener una media de 30 gramos a sumar apenas 20. Sobre las causas, me decía que una era la climática. Hay una especie de ley natural, la regla de Bergmann, según la cual dentro de la misma especie los animales que habitan en lugares más fríos tienden a ser más grandes que sus congéneres de zonas más cálidas. Doñana, como toda la región, se ha ido calentando en las últimas décadas. «Los ratones ahora hallarían el óptimo con tamaños más pequeños», comentaba el naturalista.

«Cuando te dedicas o te has dedicado a investigar, cuesta mucho hacer afirmaciones rotundas sobre la causalidad. El calentamiento global es muy evidente, pero ¿mi sensación de que antes helaba en Doñana mucho más que ahora es consecuencia de ello? Cuando vivíamos allí pasábamos muchísimo frío; en una ocasión vino unas semanas un ruso que había buscado al yeti en el Himalaya, y enseguida dijo que nunca, en ningún lado, había pasado tanto frío como en Doñana», me contaba Delibes. En su sensación influye que no tenían calefacción y puede ser subjetiva. «Yo viví en el palacio de Doñana permanentemente entre 1972 y 1977. Luego he vuelto días sueltos, o temporadas largas. Mi percepción es que ahora hiela menos y hace menos frío, pero lo cierto es que entonces no había electricidad, teníamos poca agua caliente, estábamos aislados... En aquellos tiempos nuestra mayor ilusión cuando viajábamos un par de días a Sevilla era tomar un baño de agua caliente muy largo, hasta que nos salía el frío de los huesos», rememora. No es solo una impresión personal. Los datos de la estación meteorológica de Almonte Doñana muestran un incremento de las temperaturas desde que hay registros, 1978, a un ritmo de 0,15° por década y se esperan incrementos de otros 0,8° en las próximas. La memoria del parque de 2022 recogía que se marcaron registros históricos tanto de temperatura máxima (46,3°) como de medias anuales (18,53°). Pero es que en la última, la de 2023, se dice que la media anual había vuelto a subir, hasta los 19,3°, y en el verano hubo catorce días con temperaturas superiores a 40°. En cuanto a las precipitaciones, el último ciclo hidrometeorológico, que va desde septiembre de 2022 hasta agosto de 2023, fue muy seco. Doñana lleva ya más de diez años con niveles de precipitación por debajo de la media. Con apenas 330,4 milímetros registrados, este último ciclo es el segundo con menor precipitación anual de la última década tras el de 2021-2022.

Delibes y su sabiduría son más que capaces de terminar este capítulo sin mi intervención: «Los años en que no llovía y la marisma estaba seca en invierno los vivíamos como una tragedia, pero con la seguridad de que eran excepcionales, pues el siguiente se corregiría; ahora son normales, llevamos once o doce años con lluvia por debajo de la media. También ahora hace más calor en verano. Alcornoques que han vivido siglos se están secando, también los sauces en los bordes de las lagunas, y el monte negro (brezales húmedos) se transforma en monte blanco. Aves africanas, como el elanio azul, se han hecho comunes, las abubillas (o parte de ellas) ya no se van en invierno, por no hablar de las cigüeñas; pero, de nuevo, ¿es solo por el cambio en el clima? Los cangrejos rojos lo han cambiado todo, pero no parece que tengan que ver con el calentamiento. Las dunas apenas avanzan hacia el interior, *se han parado*, lo que puede tener que ver con el incremento de vegetación, antes más controlada por carboneros, piñeros... Por supuesto, hay sinergias entre las distintas amenazas; si hace más calor, pueden llegar más especies subtropicales; si llueve menos y se extrae más agua subterránea, los acuíferos descienden o se salinizan; incluso con el aumento de las temperaturas la gente usa más las duchas en la playa y en casa, lo que afecta al acuífero; si no llueve, la marisma no se inunda y las aves no crían; si la sequía debilita los árboles, son más vulnerables a los parásitos y enfermedades; con una Europa más templada las aves invernantes no necesitarán llegar hasta Doñana...».

9

La venganza de la naturaleza

El coronavirus debió ser una cura de humildad para el género humano. Según datos de las Naciones Unidas, entre 2020 y 2021 murieron en el mundo quince millones de personas, quince millones de duelos, quince millones de historias inacabadas, millones de abuelos que no vieron crecer a sus nietos, de padres que no fueron a la boda de sus hijos, de niños que se quedaron sin quienes los besaran a la puerta del colegio. En España hubo más de 120.000 fallecidos. No conozco a nadie de mi entorno que no perdiera a alguien, casi siempre sin poder decirle adiós. Aquel viernes 13 de marzo del maldito veinte veces 20 en el que el presidente del Gobierno, Pedro Sánchez, salió en televisión para anunciar el estado de alarma, estaba en un pueblo de Jaén (creo que era cerca de La Carolina, no lo recuerdo bien). Mi expareja (entonces no tenía el prefijo) andaba buscando una caravana para tunearla y convertirla en una *food truck*. Aún no había entrado en vigor el decreto, lo haría al día siguiente, pero, a la vuelta, las carreteras se veían desiertas. Aquellos días tenía que salir de casa a diario (por una de las causas permitidas) y no veía a nadie en la calle. Más que el decreto y los policías en los cruces, el miedo, un inmenso miedo, nos tenía escondidos en nuestros hogares, con ese temor, casi pavor que se siente ante un enemigo, una amenaza que no puedes ver ni, entonces, hacer frente. De las tantas imágenes y recuerdos que tengo de aquel bienio negro, me vienen a la cabeza dos que vi en televisión, la de un nieto apretando su mano contra el cristal que le impedía recibir los mimos de su abuela o aquella otra de unos ancianos besándose con un grueso plástico entre ellos, como un vulgar preservativo.

El SARS-CoV-2, el causante de tanto dolor, no tuvo su origen en el cambio climático, pero sí en otro fenómeno o conjunto de procesos que lo incluyen llamado cambio global. Casi todas las actividades humanas tienen aristas que van arañando la delicada tela de la naturaleza. El avance de la agricultura y la ganadería durante siglos, el retroceso de bosques y selvas también durante siglos, la urbanización, la persecución de todo lo que se moviera, ya fuera depredador (para eliminar competidores) o depredado (para comérnoslo o arrancarles su piel), nuestra llegada a América desde Europa o a las islas del Pacífico desde Asia, la conquista de los mares y los polos en épicas proezas, nuestras guerras y matanzas..., todo ello, que ejemplifica el ingenio y el dominio humanos, ha arrinconado la esfera natural a una versión muy reducida de lo que fue. Si fuera uno de esos que creen en la Pachamama, en eso de la Madre Tierra, o las ideas de James Lovelock y Lynn Margullis sobre el planeta como un ente autorregulado, Gaia, pensaría que la pandemia de COVID-19 fue una venganza de la naturaleza o, como poco, el penúltimo aviso a los humanos. En realidad, fue la consecuencia de jugar con fuego. Años, décadas y siglos expandiéndonos a costa del entorno provocan encontronazos con resultados no siempre deseados. En esta ocasión, casi todo indica que animales vendidos en un mercado de Wuhan, la zona cero en China, portaban una variante de un virus propio de una o varias especies de murciélagos que encontró una rendija en el sistema inmune humano para colarse y destrozarnos la vida. Que las pocas pruebas que hay apunten a este origen no nos permite descartar del todo la teoría más conspiranoica y, por lo tanto, más atractiva, de la fuga de un siniestro laboratorio (que realmente existe en la ciudad) que investiga con virus.

A los pobres murciélagos les hemos hecho la cruz ya desde las historias del conde Drácula y demás vampiros. De pequeño, los atrapaba en las noches de verano con una tela negra atada a un palo que, al ondearla como una bandera pirata, descolocaba al sistema de sónar del animal, que caía al suelo. Ya entonces, los cogíamos con cuidado, por el lomo, para que no nos mordieran, «que pasan la rabia y muchas cosas malas», nos decían los adultos. Ahora, de mayor, he seguido cazándolos, pero con las palabras, con mis artículos. Años antes de la pandemia, ya les estaba zurrando. En 2014, publiqué uno con el siguiente titular: «Un niño jugando con un murciélago, posible origen de la epidemia de ébola». Aquel año esta temible enfermedad llegó hasta Madrid dentro del cuerpo de dos misioneros españoles contagiados que provenían de Liberia y Sierra Leona. A pesar de las medidas tomadas ante un mal que tiene una de las ratios de letalidad más elevadas, Teresa Romero, auxiliar de enfermería que se ofreció como voluntaria para atenderlos, acabó infectada. Tuvo suerte, estuvo entre el 61 % de enfermos que han superado el mayor brote de esta enfermedad. En 2016 publiqué otro trabajo que colocaba a los quirópteros entre los órdenes de mamíferos con mayores posibilidades de transmitirnos una dolencia. En realidad, no son los primeros, ni los segundos, ni los terceros, ni siquiera los cuartos. Los que más son, por este orden, son los carnívoros, los ungulados y los primates. Pero, por lo que sea, la aversión la concentramos en ratas y murciélagos.

Hasta la inteligencia artificial la tiene tomada con estos mamíferos voladores. En plena pandemia de COVID-19, no dejábamos de publicar artículos sobre el coronavirus. En uno de ellos, unos científicos atiborraron de datos a un sistema de aprendizaje de máquinas para que detectara de dónde podría venir la siguiente amenaza. «Un nuevo coronavirus puede surgir cuando dos cepas diferentes coinfectan a un animal, lo que hace que el material genético viral se recombine», me decía entonces la investigadora del Instituto de Infecciones y Salud Global de la Universidad de Liverpool (Reino Unido) y principal autora del diseño de este sistema de inteligencia artificial, Maya Wardeh. Sin esta recombinación, es improbable que un virus de un animal salte a los humanos, es decir, que se produzca una zoonosis. Para ser eficaces en lo suyo, que es infectar, multiplicarse y volver a infectar, deben afinar su maquinaria. ¿Recuerdan aquello de la espícula del coronavirus? Era con lo que el virus enganchaba y se colaba en las células. Cualquier ligera variación genética en esta parte y nos habríamos escapado. Lo que hicieron

Wardeh y sus colegas fue recopilar los mamíferos que se sabe son huéspedes de al menos un coronavirus. Contabilizaron 876 especies y, de ellas, la mitad contaba con su genoma. Como los humanos, este sistema de inteligencia artificial encontró una acumulación de conexiones en los murciélagos. Es entre los quirópteros donde la posibilidad de recombinación genética es de las más elevadas, seguidos de lejos por roedores y carnívoros.

Aquellos días, desatamos sin querer una especie de caza de brujas contra todos los murciélagos del mundo. Manuel Ansede, compañero del periódico y amigo, publicó un trabajo en el que contaba que se habían encontrado cientos de nuevos coronavirus en varias especies de China y que su análisis genético alertaba de que algunos de ellos tenían «un alto potencial de transmisión entre especies». De nada sirvió que el artículo recogiera las siguientes palabras del zoólogo Javier Juste, de la Estación Biológica de Doñana: «Los beneficios que aportan los murciélagos a los ecosistemas son, de lejos, mucho mayores que los posibles riesgos: polinizan las plantas, controlan las plagas de la agricultura y se comen toneladas de mosquitos que nos transmiten enfermedades, como la malaria, el dengue o el zika». No es que los periodistas mintiéramos, solo pusimos el foco en estos animales. El resto, la estigmatización, forma parte de la condición humana. Preferimos lo simple, vemos el mundo en blanco y negro, queremos respuestas sencillas a problemas complejos y, sobre todo, no nos gusta que nos pongan ante el espejo y buscamos culpables fuera cuando igual están dentro.

Ese espejo que esquivamos no nos va a decir que somos los más bonitos del reino. Y no nos lo va a decir porque somos los que, por nuestra intrusión en la naturaleza, nuestra presencia donde no nos corresponde, nuestra enorme capacidad para encoger y destruir sus hábitats, hemos forzado que decenas de patógenos propios de otros animales hayan acabado saltando a los humanos. Desde el ébola hasta el virus de inmunodeficiencia símica (VIH, ya en nuestro sistema médico), incluyendo algunos tipos de gripe o el propio coronavirus, al menos 142 zoonosis han pasado desde otras especies hasta nosotros, según una investigación publicada en la primavera de 2020. La mayoría de los agentes infecciosos vienen de especies domésticas, pero los más recientes tienen su origen en nuestra intrusión en la naturaleza. «La propagación de virus desde los animales es un efecto directo de nuestras acciones sobre la vida salvaje y sus hábitats», decía entonces la investigadora del Instituto One Health de la Universidad de California, Christine Kreuder. «La consecuencia es que están compartiendo sus virus con nosotros. Estas acciones amenazan la supervivencia de las especies, al tiempo que aumentan el riesgo de propagación», añadía. Lo de One Health («una salud», traducido al español) es un paradigma de hace tiempo, pero que la pandemia puso de moda: la idea central es que no puede haber salud para la humanidad si no la hay para el resto de los habitantes del planeta.

En mayo de 2022, dos años después de lo peor de la pandemia, y cuando ya nadie quería mirar hacia atrás, publiqué uno de mis últimos artículos relacionados, aunque lejanamente, con el coronavirus. Era sobre un trabajo que había visto la luz en la revista científica *Nature*, la más prestigiosa del sector, en el que sus autores analizaban los movimientos de centenares de especies que, como he contado en anteriores capítulos, se están yendo más al norte o montaña arriba. Esta reorganización geográfica de los seres vivos estaría abriendo nuevas vías a la propagación y contagio de los virus. Por un lado, porque pone en contacto a animales que antes no compartían espacio. Por el otro, porque muchos de ellos están emparentados genéticamente, lo que facilita el salto vírico. Como no quiero ni asustar ni abrumar, solo recupero tres datos de aquel trabajo. Primero: al menos trece especies, desde murciélagos hasta gorilas, son huéspedes del virus del ébola. Su distribución geográfica se limita a áreas de la parte occidental de África central, pero se están moviendo a nuevos territorios llevando sus patógenos en el equipaje. El estudio estimó que tendrán hasta 3.695 nuevos contactos con otros mamíferos de nuevas regiones del continente. Segundo: de los movimientos de 3.870 mamíferos estudiados, entre el 96 % y el 98 % compartirán en los próximos cincuenta años espacio con al menos otra especie con la que antes no lo hacían. Y tercero: prevén que se produzcan hasta 316.000 nuevos encuentros entre animales que no coinciden ahora y de ellos podrían emerger hasta 15.311 eventos de transmisión de virus entre una especie y otra. Cuando nos sueltan una retahíla de datos, solemos ser refractarios en el momento en el que superan las dos o tres cifras. Pero no deberíamos, con esto no. La fiebre hemorrágica Crimea-Congo, que solo por el nombre da miedo, el virus del Nilo occidental, el de la encefalitis japonesa, el bacilo *Vibrio vulnificus* (emparentado con el del cólera) o el misterioso virus Usutu se conocían desde hace tiempo, en algunos casos desde inicios del siglo XX. ¿Por qué es ahora, en el primer cuarto del XXI, cuando empieza a haber casos en España, algunos mortales? La respuesta está en el cambio global, cuyo componente más reciente es el climático.

La fiebre amarilla de los esclavos negros

Un viajero llegó a La Carlota (en Córdoba) a finales de agosto. Solo se sabe que se llamaba Juan y que era valenciano. El 2 de septiembre, a los pocos días de alojarse en la posada del pueblo, murió. Lo que lo matara también afectó a los dueños del hospedaje, sus empleados y buena parte de los inquilinos. En los días siguientes, los vecinos de la localidad empezaron a caer enfermos. Pero lo peor vino a partir del 30 de ese mes, cuando la gente comenzó a morir. Las autoridades locales pidieron que se levantara un cordón sanitario en torno a la villa, cosa que se hizo con el despliegue de tropas. Como suele suceder con las medidas de contención de salud pública, el filtro fue más o menos poroso según de quien se tratara. En los primeros días de octubre escaparon del cerco sus dos máximas autoridades, el subdelegado y el alcalde mayor, más otros 200 vecinos. Era entendible. Aunque probablemente propagaran lo que entonces llamaron calenturas malignas o tabardillo, quedarse era una condena de muerte. Entre la llegada del viajero valenciano y marzo del año siguiente murieron más de 150 personas. Teniendo en cuenta que tanto la iglesia como el cementerio quedaron dentro del perímetro cerrado, los fallecidos fuera, en particular los niños, probablemente no fueran registrados. Se estima que en aquel medio año murió el 10% de la población de La Carlota, en muchos casos familias enteras. Finalmente, el 7 de marzo los soldados levantaron el bloqueo, «se hizo salva por los del pueblo, y hubo repique en acción de gracias, y al día siguiente misa con sacramento y procesión por las calles con el Señor de la Misericordia y la Virgen del Rosario», se puede leer en el *Libro 2.° de entierros* del archivo parroquial.

Este drama sucedió en 1800, pero casi nada impide que vuelva a suceder. Todos los elementos que se dieron en La Carlota siguen presentes. Aquel año se desató una epidemia de fiebre amarilla que castigó primero Cádiz (donde acabó con la vida de entre el 15% y el 20% de una población aterrorizada) y después todo el oeste de Andalucía. El mal debió de llegar al puerto gaditano en agosto a bordo de un barco procedente del Caribe español. En América, hacía al menos dos siglos que tenían brotes de lo que llamaban el vómito negro. Entonces se desconocía su origen, aunque se culpaba a algún tipo de miasmas. En aquellos tiempos de la medicina premoderna, la fiebre amarilla y casi todas las enfermedades para las que la ciencia no tenía todavía un argumentario eran explicadas por efluvios malignos habituales en los puertos (y en las aguas estancadas, en la sangre fermentada de los enfermos...). Hubo que esperar a finales del siglo XIX para que el médico y científico hispanocubano Carlos J. Finlay descubriera que el causante era un virus que pasaba de un infectado a otro mediante un vector. Él propuso que eran los mosquitos y acertó. Su idea, que presentó en un congreso científico en Estados Unidos en 1881, fue acogida con frialdad. Hacía solo un par de décadas que Louis Pasteur había planteado su teoría sobre el origen microbiano de las enfermedades infecciosas y apenas un año desde que se postulara que la malaria tenía esta etiología. Lo de las miasmas y la teoría de los cuatro humores, que venía de los griegos, de hacía 2.000 años, aún dominaba las mentes de muchos científicos y la de la inmensa mayoría de los médicos. En el caso de la fiebre amarilla, quedaba por determinar la vía de contagio, la transmisión entre una persona enferma y otra sana.

Finlay realizó varios experimentos en los que llevó mosquitos que él mismo había capturado hasta un hospital de La Habana y se las apañó para que picaran a varios enfermos de fiebre amarilla. En cada uno de los ensayos, esperó un par de días y expuso a otras personas, incluido él mismo, a sus picaduras. Comprobó cómo caían enfermas. Aunque fue el primero que demostró el papel de los mosquitos como vectores, el primero que rellenó los huecos dejados por Pasteur y Robert Koch, los padres de la microbiología, no lo tomaron en serio en aquel congreso y su trabajo fue publicado en una revista científica de segunda. Tiempo después le dieron el Premio Nobel al zoólogo británico Ronald Ross por hacer lo mismo (en su caso, demostrar que los mosquitos eran el vector de la malaria), pero quince años más tarde. La Academia Sueca debería hacérselo mirar.

El científico hispanocubano se equivocó en algunas cosas. Por ejemplo, su explicación de por qué los mosquitos picaban a unas personas y no a otras encajaba con las ideas de la raza de finales del XIX, pero son disparatadas hoy: «Hay que tener en cuenta las preferencias que el mosquito manifiesta hacia determinadas razas e individuos, destacando en particular la inmunidad parcial de la que disfrutan los africanos y la persecución especialmente activa de los miembros de razas del Norte recién llegados a las regiones tropicales de América». Otro de los pocos errores de su teoría fue que se confundió de mosquito. Acusó al *Culex cubensis* y al *Culex mosquito* (denominación en desuso) de ser las especies vectores del virus de la fiebre amarilla cuando, en realidad, es otro mosquito, el *Aedes aegypti*, originario de África, el que transmitía y transmite el mal. Si lo hubiera identificado correctamente y hubiese vinculado ambos hechos, habría llegado a la conclusión (esta vez, cierta) de que el vómito negro había llegado a América con los primeros barcos del comercio de esclavos. Y, después, saltó a Europa a bordo de los galeones españoles para provocar desastres como el de La Carlota en 1800. Los viajes hacia y desde América, primeros ejemplos de aquel cambio global, han sido claves en el trasiego de patógenos y enfermedades de los últimos cinco siglos.

Hoy, en Europa no hay *A. aegypti*, pero no siempre fue así. El *Plan nacional de prevención, vigilancia y control de enfermedades transmitidas por vectores*, publicado en abril de 2023 por el Ministerio de Sanidad, es una guía para autoridades y personal sanitario, pero cuenta la distribución histórica, contiene datos actualizados y hace estimaciones sobre el riesgo esperado por los científicos en un contexto como el actual. Sobre este mosquito recuerda que, aun siendo originario del África subsahariana, se adaptó para colarse en los asentamientos humanos. Estuvo presente en nuestro continente desde principios del siglo XVIII «por importación constante y repetida desde las Américas y de África, causando graves epidemias con centenares de miles de fallecimientos por fiebre amarilla y dengue hasta principios del siglo XX», se puede leer en el documento. Igual que vino desapareció durante la primera mitad del siglo pasado. Hoy se encuentra distribuido por las regiones tropicales y subtropicales de las Américas, África y Asia. Pero más recientemente ha sido detectado en el sudeste de Estados Unidos y el norte de Australia, regiones más parecidas a las del sur europeo. Se va acercando. Ya es residente en la isla portuguesa de Madeira, en mitad del Atlántico. ¿Puede regresar este insecto y, con él, el riesgo de las enfermedades de las que es vector, como la fiebre amarilla o el dengue?

El entomólogo Roger Eritja lleva 40 años estudiando los mosquitos. De ellos, 39 lo hizo como codirector del Servei de Control de Mosquits del Baix Llobregat, en Barcelona. Allí ideaba e implantaba sistemas de detección y control a la vez que analizaba el comportamiento y la ecología de los especímenes urbanos. Lo de la urbanidad tiene su importancia. En España tenemos al *Anopheles atroparvus*, vector de parásitos del género *Plasmodium*, al que pertenece el de la malaria (esta enfermedad fue endémica en nuestro país hasta no hace tanto). La Organización Mundial de la Salud (OMS) nos declaró libres del paludismo en 1964. Se considera que el riesgo de reemergencia es bajo, entre otros motivos por la existencia de un sistema sanitario robusto y porque este mosquito no se lleva bien con las ciudades. Eritja, ahora investigador del Centro de Estudios Avanzados de Blanes (CEAB-CSIC), cree que hay que preocuparse más del *A. aegypti*, el de la fiebre amarilla: «Desconocemos mucho de la historia de esta especie, que ya estuvo presente en todo el Mediterráneo entre los siglos XVII y XX, desapareciendo luego de forma bastante súbita en la primera mitad del siglo pasado. De manera que tampoco está muy claro el análisis de riesgos actuales, que, sin embargo, no es optimista. Está experimentando avances contemporáneos que hacen temer nuevas llegadas, dado que utiliza los medios de transporte humanos y la globalización exactamente igual que el mosquito tigre», me contaba. Y nuestro clima ya no sería obstáculo para su llegada y mantenimiento. «Es cierto que carece de la capacidad de invernar, pero se asume que en gran parte del Mediterráneo esto no es un problema, considerando además que lo vemos ya establecido en latitudes climáticas similares a las nuestras», añadía.

Hay un pariente del *A. aegypti* que preocupa más porque ya está aquí: el *Aedes albopictus* para los científicos, mosquito tigre para los demás. Es el principal vector del virus chikunguña, aunque también puede contagiar el dengue y, raramente, el zika. Llegó a Europa entre unos neumáticos usados en 1979, pero no ha sido hasta este siglo cuando ha ido conquistando todo el Mediterráneo. En 2004 ya estaba en España, en Cataluña, concretamente. Desde entonces, ha ido avanzando por la península año a año. Bajó por el Levante y Murcia hasta Andalucía. También está presente en Aragón, el País Vasco y Madrid, y ya ha llegado hasta el norte de Portugal. Su detección temprana a lo largo de las autopistas da una idea de cómo un insecto que no vuela más allá de 200 metros está llegando tan lejos. «Parece seguir un sistema de dispersión estratificada donde se superponen varios mecanismos, que es bastante habitual en especies invasoras. En el caso del mosquito tigre y otros familiares cercanos se produce, por un lado, una dispersión a corta distancia que genera colonizaciones en forma de mancha, debidas a las propias capacidades de vuelo del insecto en fase adulta. Por otra parte, también se experimentan colonizaciones aisladas a grandes distancias de los núcleos de población ya conocidos, debido principalmente al transporte de fases inmaduras, especialmente los huevos, que viajan en camiones o embarcaciones aprovechando el comercio de mercancías como los neumáticos», me explicaba Eritja. Y, desde esos nuevos focos, van conquistando el entorno.

Aunque en España casi todos somos susceptibles a los virus que puede contagiar el mosquito tigre, aún no se han producido casos autóctonos y los ya capturados y estudiados no portaban ni el del dengue, ni el del zika, ni el chikunguña o el de la fiebre amarilla. Pero, si la propagación de estos insectos sigue en aumento, podría darse la circunstancia de que picaran a varios de los casos importados de alguno de estos virus cuando aún están en fase infectiva (viremia). De ser así, el patógeno podría transferirse, provocando los primeros casos autóctonos y empezando a circular por la península ibérica. Hay otro riesgo añadido que se empieza a estudiar: la llegada de especies exóticas, como el *A. albopictus* o el *A. aegypti*, que podría provocar que alguna de las 24 autóctonas del género *Aedes* también se convierta en vector en el futuro. O, aún menos estudiado: que un virus que en otras regiones usa alguno de estos insectos, todavía escasos en España, aprenda o descubra cómo parasitar a otros más habituales como el mosquito común (*Culex pipiens*). Sería para preocuparse.

Chupasangres al calorcito

Desde que nuestros antepasados llevaron la salmonela a América, que pilló tan desprevenido al sistema inmune de los americanos y que mató a entre el 50 % y el 90 % de la población, según las zonas, el trasiego de patógenos no ha dejado de crecer. Con los esclavos llegarían al continente americano mosquitos y virus como la fiebre amarilla, de la misma manera que el *A. albopictus* llegó a Albania a través de los neumáticos usados. Muchos de los conquistadores que sedujeron a las indígenas americanas (por no decir que las violaron) recibieron la sífilis como regalo, y la trajeron a Europa. El VIH, el ébola o el coronavirus son otros detalles que tenía reservados la naturaleza en nuestra expansión. En buena medida, nuestra historia es la historia de nuestras enfermedades. Con las redes comerciales llegó la peste a Occidente en oleadas desde Oriente. Supongo que, en sentido contrario, como pasó con la salmonela hacia el oeste, también Marco Polo y otros europeos llevarían sus patógenos rumbo al este, pero no he encontrado referencias para contarlo aquí. Lo que sí puedo confirmar es que a las actividades humanas y sus impactos, que han espoleado la emergencia de patógenos, se está uniendo ahora el calentamiento global. El calor está facilitando la universalización de especies antes limitadas a zonas tropicales. El calor está acelerando la fisiología de los vectores y los propios virus o bacterias. Y el calor está creando las condiciones para que lo que antes era inviable sea cada vez más probable.

El cambio climático está originando un aumento medio de las temperaturas anuales. En España, entre 1970 y 2000, subió 1,53°, con un calentamiento mucho más pronunciado en las temperaturas invernales. En paralelo, aunque menos acusado, se ha comprobado un descenso de las precipitaciones, también especialmente en invierno. Una primera consecuencia es la expansión de algunos bichos a nuevos territorios. Es el caso del *Culicoides imicola*, un jején hematófago, pariente cercano de los mosquitos, cuya hembra transmite el virus de la lengua azul, un auténtico quebradero de cabeza para los ganaderos. Su detección en cabras, vacas u ovejas supone la inmovilización del rebaño, cuando no su sacrificio, en particular de las últimas. La mortalidad oscila entre el 2% y el 30%, pero puede alcanzar el 70%. Aunque la existencia de una vacuna está reduciendo su impacto, en paralelo se ha ido extendiendo a medida que aumentaban las temperaturas. Hasta 1960 el mosquito vector solo estaba presente en el sudoeste de la península, pero en 2000 ya había colonizado Baleares y cinco años después llegó a Cataluña. Antes de acabar la primera década del siglo se había instalado en Salamanca y hasta en el sur de Galicia. En noviembre solo estaban libres el valle del Ebro y el País Vasco, aunque con algunos individuos capturados en años anteriores.

Otro chupasangre, para mí tan repulsivo que escribo este párrafo con cara de asco, es la garrapata. Hay unas 900 especies, aunque bastante tengo con hablar de una, la *Ixodes ricinus*, la más habitual en Europa. La describo rápidamente. Antes de comer, es decir, antes de chuparle la sangre a algún animal o a un humano, es como un piojo. Pero, cuando pica, se ceba como si no hubiera un mañana y se infla como aquellas botas de vino hechas con piel de cerdo. No es asquerosa, es lo siguiente. Una vez saciada y con las necesarias proteínas, la hembra pone varios cientos de miles de huevos de los que emergen la temporada siguiente larvas, también hematófagas. Estas se enganchan a aves y, de paso, van expandiéndose. En unos días, pasarán a su última fase previa a la adulta, a la de ninfa, de nuevo aferradas a otro animal, generalmente roedores. Al completar su ciclo, una sola garrapata puede haber picado al menos a cuatro animales de especies o clases diferentes, succionándoles su sangre. Eso sí que es jugar a la ruleta rusa... pero con la salud de los otros. Estos artrópodos son vectores de varios patógenos, como el de la fiebre exantemática mediterránea, la enfermedad de Lyme o la encefalitis por garrapata.

Si no bastara con las preocupaciones que genera la garrapata común, desde hace unos años hay una que viene de fuera, ayudada por el buen tiempo, acercándose cada vez más. Se llama *Hyalomma marginatum*. Que yo sepa no tiene nombre común, se trata de otra garrapata, pero peor. Es un potencial vector de una enfermedad que, solo de nombrarla, asusta: fiebre hemorrágica Crimea-Congo (FHCC). Los primeros casos en humanos fueron anunciados por investigadores soviéticos, de ahí lo de Crimea. Pero se logró aislar por primera vez en el Congo, de ahí... Lo de fiebre hemorrágica recuerda enseguida al ébola, que también se manifiesta así, mediante hemorragias generalizadas. Y, sin ser tan letal, también mata. Está considerada como grave y ambas están englobadas en el llamado grupo 4, el de máximo riesgo biológico. En Europa es endémica en el este, en especial en los Balcanes.

La primera vez que se detectó en España fue en una treintena de ciervos en Cáceres en 2010. Los parásitos que les arrancaron aún con vida fueron llevados al laboratorio de patógenos del Centro de Investigación Biomédica de La Rioja, en el Hospital San Pedro. Allí identificaron a los arácnidos como *Hyalomma lusitinanicum*, propios de la península ibérica, pero menos abundantes que la garrapata común. Es decir, son del mismo género, pero no *H. marginatum*, el principal vector del virus de la FHCC. Además, el misterio (y la preocupación) creció al hacerles una prueba PCR al virus. Enviaron las secuencias al Centro Nacional de Microbiología, en el Instituto de Salud Carlos III, en Madrid, donde comprobaron que tenían un 98 % de similitud genética con muestras del virus de Senegal y Mauritania. Se esperaba que más tarde o más temprano estas garrapatas y este virus entraran en la península ibérica, pero desde los Balcanes. ¿Cómo llegaron desde un territorio del África subsahariana como el senegalés? Por las aves migratorias. Para lo que no hubo respuestas fue para explicar por qué una garrapata ibérica portaba un virus más propio de la *H. marginatum*. Y era algo preocupante.

En agosto de 2016, un madrileño de sesenta y dos años acudió al Hospital Universitario Infanta Leonor, en el barrio de Vallecas, contó a los médicos que llevaba dos días con fiebre alta, dolor abdominal, malestar general, náuseas y diarrea. Tras ingresarlo, empezaron a salirle hematomas y lesiones después de pincharlo para unos análisis. Al día siguiente, tuvieron que ingresarlo rápidamente en la unidad de cuidados intensivos (UCI). Su cuadro incluía coagulopatía severa, más y peores lesiones cutáneas, hematomas y un bajísimo nivel de plaquetas. Al séptimo día de enfermedad, su estado clínico se deterioró rápidamente. «Presentó hematuria macroscópica, empeoramiento de lesiones cutáneas purpúricas y hematomas, insuficiencia hepática fulminante, insuficiencia respiratoria grave, encefalopatía, hipoglucemia y acidosis metabólica grave», dicen los autores del artículo médico, miembros de un grupo de investigación de la enfermedad con sede en Madrid. He tenido que buscar en internet qué eran la mayoría de estas cosas y todas son peor que malas. Le hicieron todas las pruebas de las infecciones sospechosas, pero no encontraron lo que lo estaba matando. Así que al final de la jornada tuvieron que derivarlo a la UCI del Hospital Gregorio Marañón. Se planteaban la necesidad de hacerle un trasplante de riñón para salvarlo. Durante las siguientes 24 horas, el paciente tuvo shock distributivo, insuficiencia renal oligúrica, niveles muy elevados de enzimas hepáticas y acidosis metabólica persistente. Al noveno día, murió. Era el primer caso autóctono de la fiebre hemorrágica Crimea-Congo que sucedía en España. Los familiares dijeron al equipo médico que cuatro días antes de su ingreso, mientras visitaba a unos familiares en San Juan del Molinillo (Ávila), fue a dar un paseo por los campos de alrededor. A la vuelta, se dio cuenta de que tenía una garrapata en la pierna izquierda. Hizo lo que hay que hacer, fue al médico a que se la quitara y le administrara una dosis de doxiciclina, el tratamiento clásico para prevenir infecciones. Pero los antibióticos no pueden hacer nada contra los virus.

El 27 de agosto saltó la alarma en el hospital. Una mujer de cincuenta años empezaba a tener los mismos síntomas que el fallecido. Era una de las enfermeras que lo atendió. En concreto, la que lo entubó y le colocó las vías. En uno de los pinchazos, y dada la patología, sangró abundantemente y, entonces, era el año 2016, los sanitarios no se protegían como hacen en la era pos-COVID. La mujer se contagió, el cuadro anémico se manifestó enseguida, con abundantes hemorragias vaginales. Por fortuna, la muerte previa la salvó a ella. Al cuarto día, sospechando ya que se trataba de la FHCC, la trataron con ribavirina, un antiviral sintético. Cuando habían pasado nueve días dejó de sangrar y dos más tarde empezó a recuperarse. Era el segundo caso autóctono en nuestro país. La necropsia realizada al hombre y los análisis de la enfermera confirmaron que fue el mismo virus el que atacó a ambos. También vieron que era casi idéntico al linaje de origen africano que se había secuenciado en los ciervos de Cáceres unos años antes. El sur de Ávila linda con el nordeste de Cáceres, pero hay 300 kilómetros entre los dos puntos concretos. Motivo para preocuparse. ¿Sigo? En agosto de 2018, falleció otro hombre de setenta y cuatro años tras haber sufrido una picadura de garrapata mientras cazaba en Badajoz. Era de Ávila. Ese mismo año, y mediante un estudio retrospectivo, se descubrió otro caso en la provincia de Salamanca. Todo va encajando, al menos geográficamente. Un estudio publicado en 2020 encontró el virus en garrapatas de tres especies diferentes en tres poblaciones de mamíferos distintos, ciervo común, jabalí y gamo europeo. Para completar la película de miedo, hallaron la presencia de dos linajes diferentes del virus, el balcánico y el africano. Todo indica que, al menos en esa parte del campo español, el virus de la fiebre hemorrágica Crimea-Congo ya ha llegado. En un artículo, Isabel García, investigadora de la Universidad de Castilla-La Mancha y coautora del descubrimiento de los diferentes linajes circulantes, decía: «Sí, el virus circula mucho, pero solo se han producido tres casos fatales en cuatro años. El asunto es serio, sí, pero ni mucho menos alarmante. Sin embargo, convendrá estar atentos y tomar las debidas precauciones».

A comienzos de 2024, José Antonio Oteo era viceconsejero de Salud en el Gobierno de La Rioja. Pero en 2012 investigaba enfermedades infecciosas en el Hospital San Pedro de Logroño. Junto con el «garrapatólogo» de la Universidad de Zaragoza Agustín Estrada, fue el que identificó el virus de la fiebre hemorrágica Crimea-Congo en los ciervos de la finca de Cáceres, la primera vez que ese patógeno era identificado en España. Cuando sucedió la muerte de aquel varón madrileño por FHCC y el contagio de la enfermera, consultaron a Oteo. «Enseguida les dije que investigaran la presencia del virus». Acertó. Desde antes del descubrimiento de los cérvidos, este profesor universitario es un defensor del concepto *One Health*, en el que la salud humana necesita de la animal y de un buen estado ambiental. «Pero tenemos serios problemas en el entorno —me dijo, y añadió alarmado—: Las garrapatas del género *Hyalomma* se alimentan de mamíferos de diferentes tamaños según la fase de su ciclo vital. Algunos, como los conejos, y la población de estos, han estallado, los encuentras por todos lados. Cuando son adultas, lo hacen de ciervos y jabalíes y ya los tenemos hasta en los parques. Ni unos ni otros tienen depredadores». Oteo lo ve claro, «no es posible un enfoque de *One Health* si todo no está en equilibrio». Vuelve aquí el dilema del abandono del agro, que ha facilitado el avance de la naturaleza, pero en un contexto humano que ha eliminado a los depredadores y penaliza cualquier intervención para regular las poblaciones de animales.

Ahora hay que explicar qué está pasando. En el caso de las garrapatas, su mayor periodo de actividad son los meses de mayo a septiembre. Pero la temporada invernal es clave en su ciclo vital, y el aumento de las temperaturas está influyendo. En primer lugar, al reducirse las heladas, los días por debajo de 0°, disminuye la mortalidad invernal. Esto propicia que las primeras generaciones que pasan la estación fría son más grandes, aumentando el número de chupasangres. Además, al ser los inviernos más cortos, se adelanta el inicio de su presencia en las fases intermedias (larva y ninfa), y, con los eternos veranos que estamos teniendo, se retrasa su entrada en letargo. Un efecto no estudiado aún con detalle, pero más que lógico, es el potencial impacto que puede tener este mayor periodo de actividad en el propio virus. Los vectores no son simples portadores. Desde que pican a una persona o animal infectado, el virus evoluciona en su interior hasta que llega a sus glándulas salivares. Es lo que se llama el periodo de incubación extrínseca y su duración es dependiente de la temperatura: a más grados, menor lapso para su replicación. De hecho, de no hacerlo, podría reducir su capacidad para infectar al primero que el artrópodo pique de nuevo.

Por desgracia, lo mismo se puede decir de los mosquitos. A mayor ventana temporal, mayor riesgo de infección. Pero hay algo más. Un trabajo publicado hace unos años sobre el impacto del cambio climático en los vectores en España destacaba algo en lo que no había pensado y puede tener tanta o más relevancia que el hecho de que los mosquitos y las garrapatas conquisten más territorio o dispongan de más tiempo para tener mosquititos y garrapatitas: la velocidad a la que se desarrollan sus ciclos vitales también se ve acelerada notablemente cuando las temperaturas son más elevadas. Es el caso del *A. albopictus*. Si hay disponibilidad de agua, y en las ciudades siempre es así, por mucha sequía en la que estemos, el mosquito tigre puede completar la fase larvaria más rápidamente. Esto provoca que los adultos emerjan antes, que haya mayores densidades de hembras dispuestas a picar, que el número de generaciones poblacionales sea más alto a lo largo del año y, en la práctica, que el riesgo vectorial sea más elevado. Los autores de este trabajo escriben, por ejemplo, que el aumento de la temperatura por encima de 32° produce una mayor tasa de reproducción del mosquito y, por lo tanto, un incremento de su densidad, se acorta el periodo de incubación en su interior y crece la tasa de contacto con el hospedador al haber una mayor frecuencia de picaduras, ya que completan la digestión de forma más rápida. Es como si pudiera chupar más sangre que antes. Hasta dan un dato que asusta: «Algunos modelos de dinámica de estas arbovirosis urbanas como el dengue estiman que el aumento de la temperatura por encima de 32° puede incrementar la capacidad vectorial del mosquito hasta tres veces». No entiendo muy bien lo de la capacidad vectorial, pero tres veces es más que una. Aquí hay que recordar que las hembras de los mosquitos no pican porque sean unas... Como los machos, su dieta básica es el néctar y todo lo azucarado. Pero, a la hora de la ovogénesis, necesitan proteínas, muchas proteínas, para poder producir los huevos. Y nuestra sangre es muy proteica.

Francisco Ruiz es veterinario e investigador del CSIC en el Instituto de Investigación en Recursos Cinegéticos, en la Universidad de Castilla-La Mancha. «Los inviernos fríos son un factor limitante muy grande para la supervivencia de los vectores. Todas las especies que nos están transmitiendo virus como el del Nilo occidental, por ejemplo, son autóctonas, se hallaban aquí antes de que llegase el virus. Pero estaban muy restringidas a zonas de la costa, donde los inviernos son suaves. Ahora encuentran cada vez más condiciones similares en zonas donde antes teníamos -5° o -6°», me dice Ruiz, que vive en Ciudad Real. Como otros investigadores y responsables de salud pública, él también mantiene que la amenaza va en aumento: «Desde inicios del siglo XXI, los brotes de enfermedades emergentes, víricas o bacterianas transmitidas por vectores han aumentado una barbaridad. Por ejemplo, la borreliosis de Lyme [que contagian las garrapatas] ha subido en España un 160% en su tasa de hospitalizaciones en los últimos quince años. Casi todos los casos están asociados con los cambios en las condiciones ambientales», destaca. En lo que también me insiste Ruiz es que es probable que muchos de los virus y otros patógenos se hayan instalado en España antes de lo que pensábamos. «El virus de la fiebre hemorrágica Crimea-Congo llevaba años aquí. Pero de repente en el año 2013, en el 2016, empiezan a surgir casos que no habían aparecido antes, ¿por qué?». Y añade un ejemplo más que él mismo ha investigado, el del virus del Nilo occidental, que ha provocado ya decenas de muertos en la península. En verano de 2023 lideró un trabajo en el que se analizaron muestras serológicas de más de 2.400 ciervos y jabalíes de cuatro zonas del país, Doñana, valle del Guadiana, Sierra Morena y montes de Toledo. El 25% de ellas dieron positivo. Este patógeno tiene una particularidad. Su hospedador original y sus principales víctimas son las aves paseriformes (pajarillos como los gorriones) y los córvidos. De origen africano, en algún momento del pasado saltó a la península infectando a ungulados salvajes, como los gamos, los ciervos o los jabalíes. Pero, por lo que sea, a ellos no les afecta, solo hacen de reservorio. Se cree que fue a partir de ejemplares de estas especies desde donde saltó el virus, primero a caballos y después a los humanos. Los primeros saltos se produjeron en 2010, pero ellos tienen muestras en cérvidos y suidos (grupo al que pertenecen los cerdos domésticos) tomadas en 2005.

«¿Qué está pasando? Para cada patógeno, para cada virus, hay factores y procesos propios, pero también algo común: las condiciones climáticas. Los inviernos más suaves favorecen que, en vez de morirse con la llegada del frío, los mosquitos y las garrapatas aguantan mejor y al año siguiente, claro, hay más. Si están infectados, no se mueren y aguantan infectados hasta la primavera, pueden transmitir mejor el virus», explica Ruiz. Pero, como en tantos impactos, el clima es la guinda de algo más grande: «Si no cambia el patrón de precipitaciones, pero sí lo hace la temperatura, hay disponibilidad de sitios para que se reproduzcan y encima tienen mejores condiciones en el verano para reproducirse más rápido, para desarrollarse más rápido. Al final, aves hay, vacas, ovejas, cabras hay, ciervos y jabalíes hay, y cada vez más. Entonces, tienen asegurado su alimento», añadía.

Ruiz me dejó un regusto amargo al final de la charla. Cuando le pregunté por el futuro, fue claro: «Partimos de asunciones sobre escenarios e interacciones tan complejas como son las de la ecología de un virus o de un patógeno que circula por medio de muchos vectores y en una gran diversidad de vertebrados. Muchas de ellas son simples y no reflejan la complejidad real del ecosistema. O sea, la capacidad predictiva la tenemos muy limitada, hacemos lo mejor que podemos, pero está limitadísima. Así que no sabemos qué va a pasar». Destacó, sin embargo, que estamos teniendo un aliado inesperado, la sequía. Los mosquitos que podrían transmitir el virus del Nilo occidental o, en un futuro, el dengue quieren calorcito, pero necesitan agua. Las garrapatas, por su parte, exigen humedad. La luz purificadora del sol acaba con estos engendros. «Todo depende de las condiciones reinantes. Estos años, por ejemplo, que hemos tenido una sequía tremenda, estamos viendo unas abundancias bajísimas. En algunos sitios del norte de Andalucía, donde no ha llovido nada, notamos unas diferencias brutales en las densidades de garrapatas con respecto a zonas de Ciudad Real, donde ha llovido algo más. Y, claro, si el día de mañana hace muchísimo calor pero no llueve nada, los mosquitos no tendrán sitios donde reproducirse. Si persiste durante quince años, tal y como lo hemos tenido hasta ahora, muchas zonas dejarán de ser favorables para los mosquitos y probablemente para gran cantidad de garrapatas», me contaba. Debe ser lo único bueno que trae la sequía.

10

Calor en el campo

«Estamos en el año 50 antes de Jesucristo. Toda la Galia está ocupada por los romanos... ¿Toda? ¡No! Una aldea poblada por irreductibles galos resiste, todavía y como siempre, al invasor...». Los que hayan disfrutado y aún disfruten de las historietas de Astérix y Obélix sabrán de qué va esto. A los que no, les digo que todos los cómics de estos dos bárbaros empezaban así. En los tiempos de la todopoderosa Roma, había un pueblecito en el norte de la actual Francia que se resistía a su dominio. Contaban con una pócima mágica elaborada por su druida que les daba superpoderes. En El Ejido, desde donde escribo, la pócima mágica es el plástico de los invernaderos. Cuando el resto del planeta vive un calentamiento global, aquí tenemos un enfriamiento local. Desde 1980, mientras en Murcia, Granada o Málaga la temperatura no ha dejado de subir, en el poniente almeriense continúa bajando. Esto se debe a las más de 30.000 hectáreas de invernaderos que funcionan como un espejo, rebotando buena parte de la radiación solar.

Lo habrán visto centenares de veces. Cada vez que se muestra el mapa de la península ibérica en los espacios meteorológicos de los informativos, en el extremo sudeste se ven dos manchas claras, tirando a blanco. Una es la de la nieve de Sierra Nevada, cada año más pequeña. La otra, justo debajo, casi confundiéndose con el mar, es la que forman los miles de invernaderos que cubren toda la llanura al sur de la sierra de Gádor. Cuando nací, en 1968, había unas pocas decenas. La gráfica del *Análisis de la campaña hortofrutícola* que publica la Fundación Cajamar cada año muestra que ya en 1980

—cuando tras la muerte de mi padre dejamos mi primer pueblo, Dalías, para instalarnos en el segundo, El Ejido—, había 6.000 hectáreas invernadas. En 2010, cuando regresé después de casi tres décadas viviendo en mi tercer pueblo, Madrid, ya eran 28.000. Los últimos datos disponibles cifran la superficie ocupada por el plástico en casi 33.000 hectáreas. Sé que este tipo de cultivo tiene mala prensa, una pequeña parte de ella merecida, aunque la mayoría basada en la ignorancia y un prejuicio rayano en la «cienciofobia». Pero no he visto en mi vida tal combinación entre saber de siempre y saber moderno, entre amor a la tierra y la tecnología más avanzada. Los invernaderos ganan con la distancia. Desde el espacio o el cielo son un espectáculo. Verlos desde el avión cada vez que volvía a casa me parecía una muestra del ingenio humano, de nuestra capacidad para modificar el paisaje. A media distancia, el plástico es plástico. Pero en las distancias cortas, una vez dentro de uno de los invernaderos, como el de Melchor, mi amigo del alma, o el de mi tío Antonio, uno se siente en un vergel rebosante de vida. Son un impresionante caso de ciencia aplicada a algo tan antiguo como cultivar. Pero, volvamos a lo que interesa, que la tierra me tira.

Las 32.327 hectáreas de invernaderos que había en 2022 constituyen la mayor superficie invernada del planeta. Y eso impacta en el clima. Han hecho que, desde 1980, la temperatura en lo que se llama el Campo de Dalías (desde Adra hasta Roquetas de Mar y desde Vícar hasta El Ejido) baje 0,3° por década. Sumando los 0,53° de aumento de media en la península, supone una variación neta de 0,83°. La primera vez que supe de esto fue en 2008, cuando escribí un artículo basado en un estudio publicado en una revista científica que hablaba del efecto albedo de los invernaderos. Si han ido alguna vez a una estación de esquí y, cegado por la luz rebotada por la nieve, ha necesitado de unas gafas, ya saben lo que es. Todos los objetos o superficies tienen una determinada capacidad para reflejar una parte de la radiación solar incidente, es decir, de rebotar el calor. En la Antártida y el Ártico hace mucho frío porque en los polos el Sol impacta de forma oblicua. También lo hace porque la acumulación de hielo enfría el aire y el agua del entorno. Pero el albedo aporta un descenso extra. En condiciones normales, la nieve recién caída tiene el factor de reflexión más alto, 0,9 (esto es, que el 90% de la radiación se refleja. Por poner otro ejemplo, el asfalto recién echado no supera el 0,04). «El de un invernadero es como el de la nieve», me dice Pablo Campra, profesor del departamento de agronomía de la Universidad de Almería y autor de aquel estudio. Entonces, comparó las temperaturas registradas por dos estaciones meteorológicas de instituciones oficiales instaladas en medio del mar de plástico con las grabadas en los aeropuertos de Almería, Murcia, Granada y Málaga. Mientras en toda la zona del sudeste español se había reproducido la tendencia al calentamiento global, en el poniente, cual aldea gala, se estaba produciendo un enfriamiento local. La relación fue confirmada usando imágenes espectrales tomadas desde satélites. Además, los autores del trabajo comprobaron que, en los meses de verano, la anomalía se veía reforzada.

En julio, en agosto y hasta en septiembre, los invernaderos se encalan igual que se encalaban antiguamente las casas del Mediterráneo. La lógica es la misma, refrescar. Aunque no es tiempo de cosecha, el verano es el momento de plantar lo que recogerán en el invierno. Pero hace tanto calor, hay tanta luz, que en condiciones normales los plantones se asfixiarían, así que dispersan blanco de España, un pigmento a base de carbonato de cal, sobre las cubiertas, elevando todavía más la reflexión de los rayos solares. Cuando se acerca el otoño, las baldean para dejar entrar toda la luz. Campra ha seguido monitorizando la evolución de las temperaturas, y la tendencia general se ha mantenido, pero con un matiz. «Ahora empieza a notarse más el calentamiento, aunque es menor que el de la región». El motivo podría ser que ya no crece la superficie invernada «y el plástico no puede compensar que las temperaturas sigan subiendo», mantiene el profesor. Hace unos años, partiendo de este descubrimiento, Campra y un grupo de científicos estadounidenses plantearon qué pasaría si los tejados de una ciudad como Madrid fuesen pintados de blanco como si fuera un pueblo mediterráneo más. «En lo peor de una ola de calor, la temperatura podría bajar entre 1° y 2°», asegura. La idea no es descabellada. Ya se han diseñado planes para blanquear tejados en varias ciudades del sudoeste de Estados Unidos, en especial en California. En Israel, urbes como Tel Aviv ya lo hacen. El porcentaje de radiación solar devuelta puede ser hasta del 60 %.

Como el resto de la agricultura en España, los invernaderos de Almería se enfrentan a una serie de problemas comunes. Uno es el del agua. El cuarto capítulo del informe *Impactos y riesgos derivados del cambio climático en España*, publicado en 2021 por el Ministerio para la Transición Ecológica, relata algunos: el aumento de la temperatura está adelantando los eventos fenológicos de la primavera (brotación, fructificación) y retrasando los del otoño. La cosecha es cada vez más temprana. Todo indica que habrá menos agua, pero los cultivos necesitarán más, debido a la mayor evapotranspiración. Se da la paradoja de que amplias zonas del sur tendrán las condiciones ideales para el cultivo de productos tropicales, como ya sucede en las costas de Granada e interior de Málaga. Pero el aguacate, la papaya o la pitaya exigen agua en abundancia y aquí no se esperan tormentas torrenciales como las del trópico. El informe publicado por el ministerio, pero realizado por expertos en todos los ámbitos que trata, recuerda que entre los que lo van a pasar mal están los cultivos herbáceos, los de grano. En los de secano de trigo y cebada de Castilla se van a encontrar con dos tendencias contrapuestas. La mayor concentración de CO_2 se va a convertir en una especie de fertilizante de las gramíneas (tiene un efecto positivo, al aumentar la tasa fotosintética). Pero, claro, esto les dará sed. Y si no llueve, solo acabará provocando estrés en las plantas y los agricultores. En Galicia, sí, en la húmeda Galicia, temen que la producción de maíz y remolacha azucarera se haya reducido a la mitad para finales de siglo.

No va a ser fácil solucionar la siguiente ecuación: los regadíos acaparan el 65 % del agua total disponible, pero dentro de veinticinco años se espera una progresiva reducción de los recursos hídricos de entre el 10 % y el 20 %. Algunos lo van a pasar mal. En Almería he visto cómo miman el agua, cómo se ha perfeccionado el riego por goteo, cómo crece la planta gota a gota. Sé que en los frutales ya empiezan a usarlo y están abandonando el riego a manta. Aún recuerdo cuando era niño ayudar a mi tío José Miguel a regar como lo habían hecho siempre cuando no había invernaderos: abríamos las compuertas de las acequias e inundábamos el bancal, descalzos, y con el agua fresca por las rodillas la dirigías con la azada como un Moisés abriendo el mar Rojo, abriendo unos caballones y cerrando otros por donde ya había pasado. Esta forma de regar, que se sigue practicando en algunas zonas del país, hoy sería considerada en mi tierra un desperdicio, una locura, una estupidez.

Limones siempre verdes

Lo peor para los frutales de hueso (albaricoques, ciruelas, melocotones...) no va a ser tanto la menor disponibilidad de agua ni el calor agobiante cuando madure la fruta. Lo van a llevar mal mucho antes de que florezcan, mucho antes de que fructifiquen, porque mucho antes de la cosecha lo que necesitan es frío. Como sucede con buena parte de la flora silvestre, en especial la caducifolia, de clima templado, estos árboles detienen su crecimiento durante la época más gélida del año para evitar posibles daños por las bajas temperaturas. Para reanudar la actividad y lograr una producción exitosa de frutos, deben acumular frío invernal. Depende de la especie y la variedad, pero es imprescindible. Cerezos y perales requieren, por ejemplo, un mínimo de 500 horas por debajo de un umbral en torno a los 7°. Arándanos, avellanos y ciruelos piden entre 700 y 800. En el grupo de las menos exigentes están la vid y el almendro, con apenas 100 horas. En 2024, salvo unos días a mediados de febrero, no hubo invierno, así que la cosecha fue mala para muchas de las frutas del verano. Un trabajo publicado en 2020 proyectó hacia el futuro la situación actual de inviernos cada vez más suaves para una gran cantidad de variedades y cultivares frutales. No los voy a poner todos, pero por hacernos una idea: a mitad del siglo, el sudoeste y el Levante no van a ser amigables con los manzanos. Podremos seguir disfrutando de la primavera en el valle del Jerte y de sus frutos semanas después, pero los agricultores tienen que empezar ya a cambiar a otras variedades de cerezos, decantándose por unas que no sean tan exigentes en horas de frío.

La producción de ciruelas y almendras no parece que se vaya a ver perjudicada, pero la huerta murciana, que es una de las principales zonas de cultivo de peras, será tierra inhóspita para la mayoría de las variedades que hoy crecen allí.

De Murcia precisamente me llega una historia que desconocía. Junto a la Comunitat Valenciana, es la principal región para el cultivo de los cítricos. Ahora hay variedades para cada estación, pero asocio los inviernos de mi infancia a frutas como las naranjas y los limones (después conocería los pomelos y las limas). No sé de dónde me venía, pero me encantaba la acidez extrema de los segundos, ponerme un gajo en la boca y, como esperando un subidón, masticar mientras cerraba los ojos. Las primeras emociones extremas para un niño. Ahora me entero de que los limoneros de otoño, los que daban las frutas para que niños amantes de las chuches ácidas saciaran sus ansias, cada vez tardan más en amarillear los limones. Me lo cuenta Manuel Erena, del Instituto Murciano de Investigación y Desarrollo Agrario y Medioambiental (Imida). «Después de dos días seguidos en los que la temperatura baja de los 10,5°, empieza el proceso de *desverdización* de los limones». Es un proceso natural de variedades como la lisbon frost, la eureka frost o la fino 49. Con el otoño y la bajada de las temperaturas, se detiene la producción de la clorofila que da ese color al verde limón y se inicia su maduración y amarilleo. En un trabajo publicado hace unos años por Erena y otros investigadores del Imida y la Universidad Miguel Hernández de Alicante sobre el impacto del cambio climático, presentan un futuro que amargará un poco a los amantes del ácido. En condiciones normales, y para estas variedades, el inicio del desverdeo se produce cuando las temperaturas mínimas se mantienen varios días por debajo de los 15° o dos seguidos a los 10,5° y los limones amarillean por completo si el termómetro se queda en los 6°.

En los experimentos que realizaron para esta investigación simularon las condiciones climáticas en tres de los escenarios previstos para finales de siglo (según la concentración de CO_2 en la atmósfera). En los tres, el resultado es el mismo: el desverdeo se retrasa. En el escenario más optimista, en el que dejan de aumentar ya las emisiones de gases de efecto invernadero y sus niveles atmosféricos empiezan a bajar desde 2030, los limones empezarán a amarillear a finales de octubre, cuando hoy lo hacen a mediados. Pero en el peor, en el que seguimos sin hacer nada significativo contra el CO_2, permanecerán verdes en diciembre. Cogerán tonos amarillentos, pero no con toda su viveza. En ese caso, tendrán que meterlos en cámaras frigoríficas para forzar el proceso como ahora hacen los años excepcionalmente malos. Erena me recuerda que tener el fruto hasta dos meses en el árbol acarrea sus peligros. Además del coste económico, de no llevarlos a los mercados en su momento, «cuanto más tiempo en el árbol, mayor riesgo de que una plaga o una helada se lleve por delante el fruto». Por mi edad, no creo que conozca a mis nietos. Como a mí, a mi hijo le gustan las golosinas cuanto más ácidas, mejor para sentir esa sensación chisporroteante. Pero aún no ha probado el agrio de un limón, así que no sé si heredará mis gustos extremos. Lo que me parece más improbable aún es que, en su momento, mi nieto muerda un gajo, entre asustado y emocionado, de un limón naturalmente amarillo.

Bichos contra bichos

Cuando hablé de la venganza de la naturaleza, una de las conclusiones más evidentes y peligrosas fue que la nueva realidad climática va a venirle bien a los patógenos. En general, a los artrópodos les sienta bien el calorcito y, si queda algo de humedad cerca, vivirán en el paraíso. Algo parecido va a pasar con las plagas agrícolas. Se espera que, como con el resto de la fauna, los insectos dañinos ganen nuevos hábitats cada vez más al norte. Además, el aumento de la temperatura acelera sus ciclos vitales, por lo que habrá mayor densidad poblacional. Por ejemplo, se ha observado que el ciclo del escarabajo de la patata se ha adelantado, mientras que las fechas de siembra son las mismas, por lo que el insecto tiene tiempo de completar más generaciones en una misma temporada, con lo que hay más bocas que alimentar. Y con los inviernos más suaves, la tasa de supervivencia para la siguiente temporada será (ya está siendo) mayor. En el informe ministerial mencionado anteriormente se pone el ejemplo de un bicho que, de cerca, da algo de repelús, por no decir miedo: el picudo rojo. Hasta ahora, las temperaturas invernales impedían que estas especies introducidas desde regiones más cálidas se asentaran. A este coleóptero natural del Asia tropical lo habían detectado en palmeras de la península ibérica desde 1993, pero solo en dos años, entre 2004 y 2006, colonizó la totalidad de la región mediterránea. Donde vivo, no hay palmera que no lo tenga y eso que hay campañas continuas para acabar con el gorgojo que las está matando. La lógica dice que, a más plagas, más plaguicidas. Pero hay una alternativa de la que me gusta presumir mucho cuando hablo con gente que no conoce la historia: usar bichos buenos contra bichos malos.

En 2007, una partida de pimientos que tenía niveles de residuos por encima de lo permitido de un pesticida casi acaba con la agricultura de Almería. Lo detectaron en Alemania, el principal mercado de las hortalizas almerienses. Fue la hecatombe. Además del cierre a las importaciones, fue un duro golpe al prestigio de los cultivos intensivos. La tecnificación, la ciencia aplicada, parecía ahora deshumanizar algo tan humano como cultivar la tierra. Sin embargo, los agricultores encontraron en la propia naturaleza la solución. Fue puro instinto de supervivencia, empezaron a dejar de usar pesticidas, plaguicidas, herbicidas y todo lo que llevara el sufijo -cida, encontrando nuevos aliados. Lo llaman lucha biológica, y consiste en llenar de insectos los invernaderos. Eso sí, insectos que consideran beneficiosos. Si uno se acerca a una planta de pimientos o tomates, puede sentirse como Gulliver al observar todo un ecosistema en miniatura. Sobre sus hojas y tallos se producen luchas liliputienses entre bichitos dañinos como las distintas especies de mosca blanca, pulgones o trips y sus depredadores naturales, avispillas, orius o *Amblyseius swirskii*, un ácaro que devora los huevos y larvas de la mosca blanca. Ya en 2008, un año después del desastre, casi la mitad de las hectáreas invernadas contaban con sueltas de insectos auxiliares. Hoy, según datos de un informe de la Fundación Cajamar, 27.000 hectáreas de invernaderos usan el control biológico que, y esto es lo importante, es incompatible con el uso de pesticidas.

En Almería tienen más futuro los entomólogos que los ingenieros químicos. Desde aquí, el control biológico se ha extendido a otras plantaciones, como las de cítricos del Levante. Pero, claro, no es lo mismo un entorno cerrado y controlado como el de un invernadero que los campos abiertos de los olivares de Jaén. Aun así, se están empezando a usar técnicas e insectos auxiliares para combatir a su peor plaga, la mosca del olivo. Investigadores de la Universidad Complutense de Madrid están buscando entre varios escarabajos a posibles depredadores, y un reciente trabajo de la Universidad de Córdoba y la multinacional de la lucha biológica Koppert está estudiando cómo amplificar la acción de un hongo, el *Metarhizium brunneum*, enemigo natural de esta mosca.

Otro problema es el temporal. Los cultivos de invernadero que tienen menor porcentaje de control biológico son los de sandía y melón, es decir, productos de primavera. En el poniente almeriense apenas llueve, las precipitaciones no llegan ni a 250 milímetros al año. La sierra da cobijo y estabilidad climática en la zona de mayor insolación anual de toda Europa. Por eso, la temporada alta de pimientos, pepinos, tomates, berenjenas, judías... no es en verano, sino entre octubre y marzo, cuando el frío en el resto del continente deja las huertas yermas. El general, el invierno ayuda a controlar las poblaciones de plagas. Pero la segunda temporada es la primaveral, para productos de ciclo muy corto, como la sandía y el melón. Su crecimiento coincide con el vuelo de los insectos, y si se apuesta por controlarlos con fauna auxiliar es un todo o nada. Si ganan los primeros, la cosecha está perdida. Por eso, en estas dos frutas, el porcentaje de lucha biológica es menor frente a las del invierno, donde hace años que ya no se usan fitosanitarios. El modelo es exportable al resto de la agricultura, pero el reto va a ser enorme.

El vino ya se está preparando

Si hay dos cultivos que definen a este país son el olivar y la vid. España es el primer productor mundial de aceite y el tercero de vino. Ambas especies llevan milenios sabiendo lo que es el calor y la sequía. Pero es que vamos hacia un nuevo estadio climático. Y todo va a cambiar. En el informe del Ministerio para la Transición Ecológica citado anteriormente, se dan algunos porcentajes basados en estudios realizados con los olivares de Jaén, la mayor extensión contigua de olivos del mundo. Debido a la disminución de precipitaciones, está previsto que los rendimientos bajen un 3,5 % para los irrigados y un 7 % en los de secano en el periodo 2030-2050, es decir, para ya. A finales de siglo, la reducción se espera mayor, del 11 % y el 23 %, respectivamente. El documento destaca algo que ya debería ser obvio: «Esta misma reducción de precipitaciones limitará la potencialidad de la instalación de regadíos como medida para hacer frente a los efectos del cambio climático». Hasta el 40 % de la superficie dedicada a la producción de aceite de oliva se riega y este porcentaje no va a crecer; de hecho, habrá que reducirlo si se quieren conservar los escasos recursos hídricos. Y aunque hubiera agua, la temperatura en algunas zonas va a comprometer la cantidad y calidad del aceite. En general, la temperatura óptima para el crecimiento y desarrollo de los brotes oscila entre 10° y 30°, pero, cuando la temperatura supera los 35°, empiezan a sufrir. El problema es que todo el proceso de crecimiento, floración y fructificación se está adelantando. En una investigación de tres años realizada con árboles de la variedad picual, se sometió a los olivos a temperaturas hasta 4° por encima de las actuales (las que se esperan para finales de siglo en algunos escenarios climáticos) durante todo su ciclo reproductivo. Al cabo de ese tiempo, vieron un menor rendimiento, con aceitunas más pequeñas, menor relación pulpa/hueso y un descenso en la producción de aceite que, además, presentaba menor contenido de antocianinas, lo que afecta a su calidad.

Cuando lo leí, desconocía lo que eran las antocianinas, así que me fui a la Wikipedia: «Son pigmentos hidrosolubles que se hallan en las vacuolas de las células vegetales y que otorgan el color rojo, púrpura o azul a las hojas, flores y frutos». Y estos pigmentos están en las aceitunas, pero también en las uvas y son algo más que colorantes naturales. En el caso del vino, resultan esenciales para obtener un buen caldo y no un simple vinagre con alcohol. Para esta parte de la historia, para conocer el verdadero impacto del cambio climático en el arte de hacer vino, no me basta la Wikipedia. La enciclopedia online es una bendición, pero en este caso prefiero que me cuente el profesor de la Universidad de La Rioja Fernando Martínez de Toda, el primer catedrático de Viticultura que hubo en España. Además de investigador, tiene su propio viñedo y sabe del asunto. Llegué hasta él después de leer un trabajo científico que lideró sobre el impacto del calentamiento en curso sobre dos variedades de uva, la tempranillo y la garnacha, en varias zonas de la denominación de origen riojana. El estudio se realizó entre 2008 y 2018, y en esa década tuvieron años especialmente secos y cálidos y otros más húmedos y fríos. Esto les ayudó a proyectar el futuro del rioja en dos escenarios, uno de bajas y otro de altas emisiones. Aunque la fase de letargo invernal también es importante, se centraron en los cambios en la fase de crecimiento, desarrollo y maduración. Entre abril y octubre, la temperatura máxima esperada en el primero de los futuros subirá hasta 3°. En el peor, se incrementará 5°. En ambos, se espera una reducción de las precipitaciones de entre un 20 % y un 30 %. Las consecuencias fenológicas son radicales: la floración se adelantará, según el escenario, entre cuatro y trece días. En enero, el momento en el que la uva cambia de color hacia la maduración, lo hará hasta dieciocho días antes y la maduración se adelantará en un mes.

«Recuerdo cómo en 1977 se vendimiaba después de Todos los Santos. Si un año lo hacías para el Pilar, era una cosecha temprana. Hoy vendimiamos a mediados de septiembre», me cuenta Martínez de Toda. No hay que esperar a 2100, el cambio se está produciendo ahora o se ha producido ya. Adelantar la vendimia en dos meses no es solo cosechar 60 días antes y ya está. Ese «detalle» lo trastoca todo. «La maduración se produce en agosto, con temperaturas más altas. Esto sube la cantidad de azúcares, lo que sería bueno, pero se produce un desequilibrio de los compuestos fenológicos, un desacople entre los niveles de azúcar y los de las antocianinas». Las uvas se cuecen, casi literalmente. Mientras madura la pulpa a una velocidad, la piel y las semillas lo hacen a otra. «En otros cultivos, como los frutales o el del cereal, solo adelantas la cosecha. Pero la vid no funciona así. Aquí se ponen en peligro el color y el aroma del vino, lo que resulta en caldos más sosos», sigue el catedrático.

¿Significa esto que Martínez de Toda se va a rendir? No, como hicieron los agricultores de Almería con el control biológico, los viticultores ya se están preparando para lo que viene. Él publicó un libro en 2019 que va camino de convertirse en una biblia para todos los que cultivan vides. La obra *Técnicas vitícolas frente al cambio climático* es una guía para adaptarse a los nuevos tiempos. Me recuerda que en el pasado buscaban fórmulas para sacar adelante sus parras en zonas donde no abundaba el sol y su calor. «En la Ribeira Sacra o en el valle del Rin orientaban las cepas hacia el sur. Ahora tendremos que ir cambiándolas hacia el norte». Hay bodegas que están comprando tierras cada vez más altas. Esto puede funcionar en denominaciones cercanas a las montañas, como Somontano, pero en la llanura manchega lo van a tener más complicado. Durante siglos se han propiciado variedades de uva que se adecuaran mejor a la ventana climatológica del verano. La tempranillo se llama así por eso, por su carácter relativamente temprano. De lo que se trata ahora es de aprovechar variedades resistentes a la sequía y el calor, que las hay, o que sean tardías. O, como ya se está haciendo, retrasar la poda en el inicio de la temporada, para postergar así la maduración, devolviéndola otra vez a los días del Pilar o de Todos los Santos. El catedrático y viticultor se despide con el talante con el que cree que hay que enfrentar la nueva realidad climática: «Es otro reto, quizá tengamos menos cantidad y los vinos serán algo distintos, pero seguirán siendo nuestros vinos».

11

Las ciudades, fábricas de calor

En marzo de 2019 logré uno de mis mayores hitos profesionales. La portada de *El País* del domingo 10 llevaba casi a toda página uno de mis artículos sobre el cambio climático. No es fácil, entonces menos aún, que el principal periódico de España saque un tema de este tipo en primera plana si no es una cumbre mundial o un desastre de grandes proporciones. Llevaba ya años escribiendo sobre el calentamiento global, sobre el deshielo del Ártico y sobre la agonía de sus osos polares, sobre cómo los incendios en la selva amazónica aceleran el fin de los glaciares andinos, sobre los peces que están huyendo de los trópicos hacia los polos, sobre los corales que se están ahogando en unas aguas cada vez más calientes, sobre la creciente inestabilidad en la Antártida o sobre el anticiclón de las Azores, que se está moviendo de sitio. Pero parecen temas lejanos, cosas que están pasando muy lejos de aquí y, como si no fuera con nosotros, tendemos a desvincularlos de nuestro día a día. Aunque nos estamos autoengañando y es un tremendo error, ya que todo está conectado, la distancia con el drama es inversamente proporcional al impacto que nos provoca. Lo sabemos con las guerras o con los desastres naturales: cuanto más cerca geográfica o culturalmente, más nos afectan. Apenas nos importan los rohinyás, ni sabemos ubicarlos en el mapa y menos todavía que están siendo víctimas de una limpieza étnica en la que han muerto al menos 700.000 de ellos. Sin embargo, abrimos generosamente nuestras fronteras a todos los ucranianos que quisieron venir. Y no nos conmocionaron igual los terremotos de Turquía y Siria de febrero de 2023 que el de Marruecos en septiembre del mismo año.

Con la crisis climática nos sucede lo mismo. Vemos a un oso desnutrido sobre un trozo de hielo poco más grande que un cubito, decimos ¡ay, pobrecito! y seguimos con lo nuestro. Pero, cuando leemos en la portada de un periódico un artículo titulado «La temperatura en las ciudades españolas ha subido el doble que la media mundial en 50 años», nos preguntaremos enseguida: el doble que en el resto del mundo, y eso ¿por qué? Cuando vemos que tras esta subida térmica se producen fenómenos anómalos como el adelanto de la primavera en los parques o la multiplicación de las olas de calor en mitad del asfalto y el hormigón; cuando descubrimos que estos extremos tienen un coste en forma de peor calidad del aire, problemas de salud y mortalidad en los centros urbanos; y cuando resulta que los muertos son nuestros vecinos, son nuestros ancianos, que caen por decenas cada verano, el problema nos duele más. O debería.

No recuerdo cuándo exactamente, pero un día me llamó Daniele Grasso, un gran experto en periodismo de datos (es de esos a los que les das una fría tabla de Excel y te la convierten en una historia conmovedora), con una oferta que no pude rechazar: los registros de estaciones meteorológicas de 52 ciudades españolas, la mayoría capitales de provincia. Estaba convencido de que había un tesoro que encontrar. De todas había registros desde 1980. Además, de la mayoría podías remontarte a mediados de los años sesenta. Incluso hay tres que te permiten remontarte cien años atrás: de Barcelona se conserva información desde 1925, de San Sebastián desde 1918 y, de Madrid, la decana, desde 1894. Todas las estaciones las opera hoy la Aemet. Las temperaturas las habían reunido en una base de datos única miembros del Observatorio de la Sostenibilidad (OS), una asociación ciudadana que bucea en todo tipo de archivos de información ambiental para preparar informes contra las conciencias acomodadas. Tuve que revisar las temperaturas de todas las ciudades, obteniendo medias anuales. Mi plan era dárselo bien masticado a Daniele para que hiciera sus gráficas y mapas. Me llevó semanas digerir toda la información, destilar todos los datos y, con la ayuda de mi odiado Excel, detectar patrones. Y hallé unos cuantos.

El más evidente es que el termómetro no había dejado de subir en las zonas urbanas desde al menos 1980. Hasta 2018, la temperatura media de las capitales de provincia se había elevado prácticamente 1°, llegando la media anual a los 16,06°. De más de la mitad de las estaciones se conservan datos anteriores, al menos desde los años sesenta. Con este lapso mayor, se ve que el calentamiento acumulado también crece. En Barcelona, Alicante, Madrid y otra treintena de ciudades, el incremento llega hasta los 2°. Alguien podría decir, bueno, pues como en todos lados. Pues no. Eso es lo segundo que llama la atención: existe un diferencial térmico entre las urbes y el resto del país. Las subidas son unas décimas superiores a las registradas por las estaciones que la Aemet tiene fuera de las ciudades. Más aún, doblan las sufridas por el planeta en su conjunto. El fenómeno, además, es generalizado. Lo llaman «efecto isla de calor urbano».

Para el artículo, Daniele Grasso volcó sobre un mapa de España los cambios en la temperatura producidos desde 1980. Recurrió a botones de colores. El verde para las ciudades que habían registrado aumentos modestos, de hasta 1°. El amarillo para los incrementos de hasta 2°. El marrón, para los 3°. De un vistazo se ve como los amarillos y los marrones se concentran en la porción mediterránea. Dejando a un lado Ourense, con su particular topografía, en el fondo de la depresión del río Miño, la decena de ciudades donde más ha subido la temperatura se concentra en el este y el sur de la península. Los verdes solo aparecen en el oeste y el norte, rodeados de puntos como limones. De nuevo, como vengo destacando, estamos ante la creciente *mediterraneización* de la piel de toro.

Los datos del OS permiten recorrer las temperaturas más allá de tres décadas. Aunque carecemos de registros de las 52 ciudades antes de los ochenta, una buena cantidad de ellas están contabilizadas en los setenta, los sesenta y hasta los cincuenta. Escribía en el artículo y repito ahora que, aun siendo una muestra menos representativa del conjunto, es entonces cuando los datos permiten calificar el calentamiento urbano de excepcional. En la treintena de urbes para las que hay registros desde hace medio siglo, el promedio de la temperatura urbana ha aumentado 1,6°. Solo nos podemos remontar más atrás en unos pocos casos. Probablemente no sea representativo, pero, de serlo, el ejemplo de Madrid mostraría que el calentamiento urbano viene de muy lejos: a finales del siglo XIX, la media de la capital de España era de 13,72° (en el lustro 1894-1898). Entre 2014 y 2018, fue de 16,19°, casi 2,5° de aumento y muy cerca de la media nacional de 16,06°.

¿Cuánto es 16,06°? Es el tipo de pregunta que siempre hago cuando estoy preparando un artículo en el que aparecen datos. Sin contexto, sin algo con lo que comparar, uno no sabe qué quiere decir una cifra, por muy detallada que esté. El marco de referencia nos lo da la Aemet. Según sus datos, la media del país del último lustro (2019-2023) fue de 15,08°. Lo de usar quinquenios es para evitar que un año especialmente cálido o frío falsee la comparación. Casi 1° extra de calentamiento urbano es mucho, más cuando hay que tener en cuenta que para obtener este promedio se han usado datos de las estaciones que la agencia tiene repartidas por el país, muchas de ellas en zonas urbanas, lo que puede haber suavizado la diferencia con el global de España. El aumento de las temperaturas de las ciudades españolas en los últimos 50 años casi dobla el experimentado en el global del planeta, estimado en 0,8°. En mi artículo de 2019, recogía datos de un informe del proyecto Berkeley Earth que estimaba que el mercurio había subido una media mundial de 1,5° en los últimos dos siglos y medio. «Es decir, las ciudades españolas han vivido en unas pocas décadas subidas térmicas mayores que las experimentadas por el planeta en un cuarto de milenio», escribía entonces. He revisitado la web de Berkeley Earth para actualizar la información. No he encontrado la referencia a los 250 años, pero 2023 fue el más cálido de la era contemporánea, superando en 1,53° al promedio de los años 1850 a 1900. Fue, por lo tanto, la primera vez que se rebosaba el límite del grado y medio al que se habían comprometido los gobiernos del mundo en el Acuerdo de París de 2015. Aun así, no superan al calentamiento de las urbes españolas.

Islas de calor urbano

Fernando Prieto es el responsable del Observatorio de Sostenibilidad. Lo volví a llamar para actualizar los datos de las ciudades españolas. Me confirmó que el diferencial térmico no se había reducido, todo lo contrario. «Apenas se ha hecho algo para reducirlo. Desde que sacamos aquello hasta ahora, ha sido brutal. O sea, todas las gráficas, si te fijas, todas las ciudades han aumentado. Y presta atención a la del último año. La de 2023 ha sido todavía peor», me contaba mientras me compartía por Zoom mapas y porcentajes de las capitales españolas. En un momento proyectó el mapa de Madrid. Hace ya más de una década que dejé la que fuera mi casa, pero esa forma como de un corazón delimitado por la M-30 no se olvida. El mapa tiene un abanico de tonos desde el amarillo al rojo sangre. «Esto es Madrid, su isla de calor. Pero ves cómo se oscurece en Latina, en Villaverde, en Carabanchel, ¿no? La isla de calor es lo que habría que romper para que realmente mejoraran la temperatura y el confort en las ciudades, porque es que está muriendo gente», me destacó Prieto. «Aunque haga calor en otros barrios, si tienes cuatro habitaciones y hace mucho calor en una, te vas a la otra, o te pones el aire acondicionado. En cambio, en los barrios vulnerables, que son precisamente estos, pasa que hay gente que vive sin ascensor, en edificios antiguos que no cumplen con la normativa climática, que se asan en verano y se hielan en invierno», añadió, y me acordé de mis tiempos de estudiante.

En 1986, sin haber cumplido los dieciocho años, fui a Madrid por segunda vez. La primera había sido un día de parada durante el viaje de estudios del colegio para visitar el zoo por la mañana y el parque de atracciones por la tarde, camino de Salamanca, Ávila y Segovia. Aquella segunda ocasión era para matricularme en Ciencias Políticas, en la Universidad Complutense. Acabé en el campus de la Autónoma, en la otra punta de la ciudad. Aprendidas las lecciones básicas que todo chico de pueblo debía saber en aquellos años, el piso de alquiler que podíamos pagar estaba en Vallecas pueblo. Sin salir de la ciudad, era el punto más lejano posible de Ciudad Universitaria. También era el más económico. Durante mis años universitarios, como hacían muchos otros, dejábamos la casa al acabar el curso y no alquilábamos otra hasta septiembre u octubre. En mis siguientes años de carrera, viví en Puente de Vallecas, en Usera, en Carabanchel, en el paseo de Extremadura y en Aluche. Todos mis alquileres durante la época de estudiante fueron en el sur y sudoeste de la ciudad, zonas más baratas que los barrios ideales para un universitario en Madrid por su cercanía a las facultades, como son Argüelles o Moncloa, pero que se escapaban a mis posibilidades. Salvo Aluche, lleno de bloques de edificios altos rodeados de mucho verde, los demás barrios se hallaban entre los que más rojo sangre presentaban en el mapa que me compartió Prieto. Son zonas de edificios viejos, a veces sin ascensor. Hubo un tiempo en el que vivimos en un quinto. Ya, tenía veintipocos años, pero ¡era un quinto! Además de vetustos, los pisos más económicos eran los superiores, que son los que más se calientan en verano y en los que más frío pasas en invierno. Solo cuando ya trabajaba pude cruzar la invisible frontera e irme al norte de Madrid. De los miles y miles de recuerdos que tengo de entonces, aquí traigo el de muchos ancianos con los que me crucé en las escaleras, tan educados siempre, con ese acento castellano tan perfecto. La mayoría habían venido a la capital cuando jóvenes desde tantos pueblos de las dos Castillas, pero eran ya tan mayores que me olvidaba que había que subir cinco plantas sin ascensor. Son esos viejos los que caen primero en el frente del clima, son los que más mueren en las ciudades.

La revista *The Lancet*, considerada la biblia de las revistas científicas médicas, publicó en abril de 2023 una investigación sobre el exceso de mortalidad provocado por el frío o el calor en las ciudades europeas. El número de fallecidos es mayor en las urbes del este del continente, sobre todo durante las olas de frío. Pero les siguen las mediterráneas, esta vez más por el calor. Al entrar al detalle, por edades, se observa que los mayores tienen muchas más papeletas para que los visite la señora de la guadaña. En una de las gráficas aparece Madrid. Como esperaba, a partir de los 65 años, el riesgo de fallecer por calor aumenta de forma significativa. Lo que no me esperaba era que los viejos madrileños tuviesen hasta un 50 % más de posibilidades de morir que el resto de la población durante los episodios de frío. ¿Cuántos habrán fallecido tras las nevadas de Filomena mientras los demás jugaban a hacer muñecos de nieve? He buscado el dato, pero no lo he encontrado.

Mi colega Daniele Grasso, el periodista de datos, publicó meses más tarde del artículo que hicimos a medias otro centrado en la capital de España. Su título, «El calor va por barrios», lo resume a la perfección. Apoyado en un estudio de investigadores de la Universidad Politécnica de Madrid, el trabajo analizó las temperaturas diurnas y nocturnas en la ciudad durante un día concreto. Las diferencias llegaban a marcar un anillo de altas temperaturas entre el centro y la M-40. La carretera de circunvalación funciona como la línea de costa de la isla. La amplificación térmica se agudizó por la noche. En un barrio podía haber hasta 8° más que en otro. Pero la clave no está solo en la temperatura. Como vengo contando, el cambio climático interacciona con otros problemas (incendios, uso abusivo del suelo, guerras...), agrandando sus efectos. En el caso del calor urbano, el calentamiento atraviesa otras variables, las sociales y económicas. Un ejemplo: casi la mitad de la población con las rentas más bajas vive en las zonas de la capital donde la isla de calor es mayor. También son las áreas con un porcentaje más alto de población migrante y, en especial, de mayores de 65 años. Hasta 300.000 ancianos viven en los barrios más vulnerables, los más acalorados.

Asfalto, hormigón y efecto albedo

El calentamiento global no es uniforme. Hay unas pocas zonas que se están enfriando, como la zona oriental de la Antártida, la parte superior de la atmósfera o el poniente almeriense (tenía que recordarlo). Además, dentro de la tendencia al calentamiento, unas áreas lo llevan peor que otras. El caso más estudiado es el del Polo Norte. En un endiablado proceso, el hielo derretido por el aumento de la temperatura reduce el albedo de la región, rebotando menos los rayos del sol, y las oscuras aguas desheladas capturan mayor cantidad de radiación, lo que eleva de nuevo el termómetro, retroalimentando el desastre. Tal amplificación térmica se está produciendo también a escala regional en Oriente Próximo, Europa central y del este, la región amazónica o el Mediterráneo, aunque aquí los procesos son diferentes. A escala local, lo que está sucediendo con las ciudades españolas no es una excepción. No he tenido ocasión de estudiarlo personalmente, pero la tendencia al calentamiento urbano parece global. Un trabajo publicado en 2022, y apoyado en sensores térmicos de satélites de la NASA que registran las diferentes longitudes de onda rebotadas por la superficie, muestra que entre 2002 y 2021 la temperatura mundial habría subido alrededor de 1°. Pero, en los entornos urbanos, el aumento habría sido de un tercio extra. ¿Qué tienen las ciudades que queman tanto?

En las urbes españolas, como en las del resto del mundo, el papel de las aguas oscuras del océano Ártico atrapando el calor es interpretado por el hormigón y el asfalto. Los materiales con los que están hechas las ciudades tienen un mayor calor específico que el suelo rural y mucho más que la cubierta vegetal. El índice de efecto albedo del gris del hormigón es muy bajo y el del negro del asfalto debe ser un valor negativo. En septiembre de 2023, tras dos de esas olas de calor que se repiten cada vez con mayor frecuencia, las autoridades de París anunciaron un ambicioso proyecto para prepararse ante lo que ya están sufriendo. «Esperamos y prevemos picos de calor muy fuertes, muy elevados, y olas de calor con 50 grados. El clima en París se va a parecer al de una ciudad como Sevilla en el sur de España en los próximos años», declaró Dan Lert, concejal de Transición Ecológica en el consistorio parisino, a la agencia de noticias EFE. Uno de los puntales del plan es levantar el 40 % de las calles para reemplazar el alquitranado por materiales con mayor albedo. Los nuevos pavimentos van a ser drenantes. Son detalles en los que, quienes no sabemos, no caemos. Imaginen una maceta con turba u otro material esponjoso como sustrato y otra con una tierra arcillosa. El resultado será evidente, lo que plantemos en la segunda estará muerto en unos días, aunque sea un cactus. Indagando en las cosas que se están haciendo en París (y que no se replican en España), me encontré con una que recibía el sugerente nombre de «Fraîcheur de Paris». Aunque lo parezca, ese Frescor de París no es un perfume. Es una especie de frigorífico gigante colocado en el subsuelo de la ciudad. Tiene una docena de plantas que bombean el agua del río Sena y, por medio de tuberías, refrescan el subsuelo de edificios destacados. El plan municipal quiere multiplicar la red. No me digan que no es una genialidad, por muy francesa que sea.

Hay muchas otras causas que explicarían por qué las ciudades se calientan más, además del pavimento. La geometría urbana, en especial la del casco viejo, atrapa una mayor radiación solar y frena los vientos que pudieran refrescar el ambiente. Los edificios altos provocan una especie de vórtices que impiden que el aire, recalentado a nivel de calle y que sube por el diferencial de temperatura, escape y lo devuelven de nuevo al suelo. Los rascacielos, con sus cristales oscuros y sus armazones metálicos, se convierten en auténticos acumuladores de calor. En el plan parisino, las autoridades han pedido a los estudios de arquitectura que aporten ideas para solucionar un problema serio: toda la parte histórica de la ciudad, y París tiene muchos siglos de historia acumulados en sus edificios, destaca por sus tejados de zinc. En verano, decía el concejal Lert, el metal alcanza los 80°, suficiente para freír un huevo a baja temperatura. Y, en el caso de las nuevas construcciones, los tejados deberían ser de colores claros. El blanco de las casas mediterráneas empieza a cubrir edificios públicos, como escuelas y bibliotecas. Antes de dejar de mirar a Francia con envidia, dos ejemplos más: el ayuntamiento de la capital gala planea reverdecer la ciudad con hasta 300 nuevas hectáreas de zonas verdes. Entre 2020 y 2026 quería plantar 170.000 árboles. Para 2023, ya llevaban 70.000 de ellos. Aún les queda camino, pero ya es más que la ocurrencia de los maceteros de la presidenta de la Comunidad de Madrid, Isabel Díaz Ayuso.

La ciudad genera además su propio calor. A esta llegan grandes cantidades de energía en forma de electricidad o combustibles que, al usarlos, liberan calorías, es decir, energía térmica. Al calor endógeno se suma el climatológico. Ambos se ven reforzados por las características propias de los entornos urbanos: la falta de viento, bloqueado por los edificios; la falta de vegetación, vital por su evapotranspiración; la concentración de calor en el pavimento, que lo atrapa; los materiales de construcción, que acumulan la radiación; el consumo energético de unas poblaciones en aumento; la propia topografía urbana, que refuerza cada uno de estos factores. Todo esto explica ese extra de temperatura. Por supuesto, las islas de calor existían antes de que se hablara de cambio climático. El problema es que el calentamiento global está amplificando el local. Y más del 50 % de los humanos viven en las ciudades, porcentaje que subirá al 70 % para 2050. En España hace tiempo que superamos esa cifra y la población urbanita ya ronda el 80 %.

David Hidalgo es profesor de la Escuela Técnica Superior de Ingeniería de Edificación de la Universidad de Granada, donde forma parte de un laboratorio que investiga las islas de calor urbanas. «Una ciudad de un millón de habitantes tiene entre 3° y 5° más que las zonas rurales cercanas, especialmente en verano», me cuenta. En 2021, junto con su colega Julián Arco, publicó un trabajo en el que analizaron este efecto en las ocho capitales andaluzas. En todas existía el diferencial, pero vieron que «hay factores que lo modulan, como la existencia de zonas verdes o si se trata de una ciudad costera», comenta. Que la brisa del mar suaviza las temperaturas lo sabe todo el mundo, lo que no sabía yo es que, durante las olas de calor, el viento ya no sopla tierra adentro, sino en dirección contraria, con lo que, en estos episodios, no hay brisa que valga. Otra cosa que descubrí leyendo su estudio es que el calentamiento extra urbano varía a lo largo del día: «Por la mañana, los edificios altos sombrean la ciudad, impidiendo buena parte de la radiación solar, lo que provoca de hecho un efecto de enfriamiento (en comparación con el área rural más cercana). Pero, a partir del mediodía, se va calentando hasta llegar a un máximo térmico entre las 8 de la tarde y las 11.30 de la noche», me detalla Hidalgo. Es el caso de las ocho urbes del sur: mientras por la mañana hace fresquito, hasta 0,76° menos que en los entornos rurales más cercanos, la cosa se invierte al caer el sol. Entonces la amplificación es de +1,29°. Hay una tercera cosa que aprendí: más que islas de calor, las ciudades son archipiélagos, con unas partes más acaloradas que otras. Entre estas, las zonas industriales. Por su concentración de empresas, de personas, de vehículos, de sistemas de refrigeración a lo grande..., allí hace más calor que en los barrios de casas bajas, con sus refrescantes jardines. «Lo mismo sucede con las zonas compactas, donde los edificios están muy juntos, como en el centro, y donde puede haber un par de árboles en cada calle», cuenta el profesor.

Para mi artículo de 2019 contacté con el catedrático de Geografía Física de la Universidad de Barcelona Javier Martín Vide, que lleva décadas estudiando el fenómeno de las islas de calor urbanas y fue responsable del Grupo de Expertos en Cambio Climático de Cataluña. Para él, la clave está en la demografía: «En 1965 y hasta entrados los ochenta, Madrid y Barcelona, o mejor, ambas áreas metropolitanas, crecían, aumentando, por lo tanto, la intensidad de sus islas de calor, lo que explicaría esa diferencia. Desde hace algún tiempo, ya no crecen», me explicaba entonces en referencia a sus temperaturas, más altas que las de la media española. Lo volví a llamar cuando empecé a escribir este libro. No cree que, como mantienen otros, el cambio climático amplifique el diferencial térmico entre ciudad y periferia. «Si no aumenta la población, no aumenta su intensidad —me dice—. Pero, como se parte de temperaturas más altas, sus efectos sí son mayores: mayor número de noches tropicales o tórridas, por encima de los 25° y, sobre todo, un mayor efecto sobre la salud». Me recuerda un trabajo del ISGlobal de Barcelona que demostró cómo, durante las olas de calor, el exceso de mortalidad entre personas con condiciones preexistentes era de un 20%. Entre estas condiciones, están los que tienen problemas cardiacos, los que sufren algún cáncer, los enfermos mentales... Para Martín Vide, hace 30 años las islas de calor de Madrid o Barcelona eran algo anecdótico. «Hoy las califico de riesgo climático».

¿Qué hacemos?, le pregunto al profesor. «Empezaron aquí en Barcelona, pero en poco tiempo los habrá en casi todas las ciudades españolas», me contesta. Se refiere a la red de refugios climáticos que el consistorio barcelonés activa ya cada verano. En esencia, son los distintos edificios públicos que, sin dejar de realizar su función, reservan un espacio refrigerado para, simplemente, estar. La lista de actuaciones, recuerda Martín Vide, es larga y no se necesita levantar todas las calles. En California, por ejemplo, están pintando el asfalto con colores más claros. Otras alternativas nada revolucionarias entran en el marco de lo que llaman reverdecer las ciudades. Plantar árboles allí donde se pueda, si hace falta, recurrir a las macetas de Ayuso, «tejados verdes, paredes verdes, calles verdes... Encalar como se hacía con las casas del Mediterráneo», menciona. Y lo argumenta con un experimento doméstico que hizo una vez. Tiene una casa de verano en Carboneras (en el extremo norte del Parque Natural Cabo de Gata y con una de las playas más bonitas de Almería, la de los Muertos). «En una ocasión, con un termómetro de infrarrojos, medí la temperatura del aire, que marcó 33°. Después, lo acerqué a la puerta de color marrón oscuro, se disparó hasta los 53°. Cuando lo puse junto a la pared, no ya encalada, pero sí pintada de blanco, bajó de nuevo a los 33°». Hay que amar el blanco, nos va la vida en ello y es literal.

12

El calor mata, literalmente

Soy un apasionado de la demografía. De niño, me encantaba la geografía, daba igual que fueran los ríos de España o las capitales del mundo. Cogía algún tomo de la enciclopedia de Larousse o la Salvat (en casa teníamos las dos, gracias de nuevo, papá, por los tebeos y los libros de consulta) y pasaba con él tantas horas como con las viñetas de *El Jabato* o *El capitán Trueno*. Hoy me sorprendo jugando con mi hijo a adivinar de qué país es cada bandera, pero me temo que no vamos a compartir pasión. Una de las ramas que más juego da a una persona curiosa es la geografía humana, en especial la rama demográfica. Y no hay mejor sitio para saciar esa hambre de conocimiento que la página web del Instituto Nacional de Estadística (INE). Se tarda nada en aprender, en habituarse a usar su base de datos, y una vez que se logra es una máquina de contar verdades. Aquí se puede ver que la invasión de inmigrantes que amenaza con borrar nuestra cultura, con la que algunos nos quieren asustar, no es tal. Aquí se pueden consultar, sin filtros, las denuncias, y lo que es más importante, las condenas por violencia de género. Dejando a un lado 2020 y 2021, los de la pandemia, el número no ha parado de subir y hace años que no bajamos de las 30.000 en ambos apartados. Asimismo, en esta web se puede constatar cómo los delitos contra la libertad y la identidad sexual han ido aumentando (dejando a un lado, de nuevo, 2020). Otros datos son más difíciles de interpretar, como las condenas por delitos contra la flora y fauna (también los animales domésticos), que se han triplicado desde 2013. No debe resultar sencillo averiguar si el incremento se debe a que se cometen más atentados ambientales o a que se denuncian y se persiguen más. El corazón de un archivo demográfico es la población, sus movimientos naturales, los nacimientos y defunciones de cada año, los matrimonios (hay datos desde ¡1858!), las personas que vienen y las que se van... ¿Qué impacto está teniendo la nueva realidad climática en estos parámetros? O, al revés, ¿qué factores demográficos espolean el calentamiento?

El crecimiento explosivo de habitantes en el primer mundo durante los dos últimos siglos está detrás de la mayor parte de las emisiones de CO_2 del pasado y buena parte del presente. Pero, sin olvidar nuestra responsabilidad histórica, hace tiempo que el número de españoles no sube de forma significativa. Así que no es porque aquí cada vez seamos más. El problema es lo que consumimos per cápita. Mayor juego da analizar cómo afecta el nuevo clima a la demografía española. Habrá más, pero me vienen a la mente tres posibles impactos. El primero es que la natalidad puede estar descendiendo por la creciente angustia climática. Esta posibilidad la veremos más adelante, en la parte final del libro, pero estoy en posición de avanzar que, en España, no da la impresión de que estemos preocupados hasta el punto de no querer traer niños al mundo por temor a la distopía. El segundo, un fenómeno que ha tenido mucha prensa en lo que va de siglo: es el de los migrantes que no son ni refugiados políticos ni económicos, los desplazados por los extremos meteorológicos. De nuevo, se verá con mayor profundidad unas páginas más adelante, para ya aviso que los movimientos migratorios no presentan una señal clara: por cada estudio que asegura que los del sur invadirán el norte empujados por el calor, hay otro trabajo certificando que las migraciones serán más regionales y dentro de los mismos países. Una tercera casilla de la base de datos del INE sí está alterándose a causa del clima. Es la de las defunciones.

Mueren más españoles en invierno que en verano. Los últimos datos de los que dispone el INE son los de 2021, año en el que fallecieron 450.687 personas. Dado el tamaño de la muestra, deberían tener una distribución similar a lo largo de los doce meses del año, de unos 37.550, pero no es así. En enero murieron 52.147, el segundo mes con mayor número de decesos fue diciembre (no es invierno astronómico, pero sí meteorológico), y el tercero, febrero. ¿Qué diferencia ese trimestre del resto? Exacto, el frío. Parece que las bajas temperaturas atraen a la parca. Pero no debe tratarse solo de eso. Las semanas de Navidad no suelen ser las más gélidas y, sin embargo, son las más letales. La falta de luz solar, el estado anímico provocado por esas fechas e incluso las vacaciones del personal sanitario deben tener su parte de responsabilidad. En la temporada invernal, el descenso térmico se alía con patógenos como el de la gripe para llevarse a unos cuantos. Además, está la pobreza energética. Si hay que elegir entre comprar harina o pagar la calefacción, la decisión está clara. Me apunté una frase que dijo una vez el epidemiólogo de la Universidad de Oxford Christopher Dye cuando era director de estrategia de la OMS: «El cambio climático no crea nuevas enfermedades, sino que amplifica y redistribuye las ya existentes».

Dye se refería a las enfermedades en sentido clásico, pero su frase vale en general para todas las circunstancias que agravan las condiciones de partida. A las patologías sanitarias, hay que añadir las socioeconómicas, como el nivel de ingresos, la soledad, el lugar de residencia... Uno de los fenómenos que puede amplificarse debido al clima tiene un nombre algo siniestro. Se llama el efecto cosecha, y hacer alusión a las guadañas en este contexto ya sabemos todos qué significa. Este concepto lo oí por primera vez durante la pandemia de coronavirus. Muchos mayores en sus últimos meses o personas con patologías de mal pronóstico murieron antes de lo que les tocaba por culpa del virus. Iban a morir, pero el SARS-CoV-2 adelantó la fecha. En los meses de invierno sucede algo similar: la guadaña siega más en enero o en febrero que en la primavera o en septiembre, habitualmente el mes con menor tasa de mortalidad en España. Fuera de la estación invernal, solo hay otro momento en el que el número de fallecidos suele superar la media: agosto y, algunas veces, julio. De nuevo el clima, en este caso el aumento del mercurio, como espoleta. No se trata aquí de las muertes por golpe de calor, que, habiéndolas, son las menos. Las altas temperaturas tienen también un efecto indirecto. En lo que va de siglo, el número de fallecidos durante el verano no ha dejado de aumentar. Y seguirá haciéndolo.

El informe *Impactos y riesgos derivados del cambio climático en España*, publicado en 2021 y que ya se ha citado, recogía una serie de proyecciones de las muertes relacionadas con el calor para las décadas que vienen. En este tipo de cálculos, que dependen de lo que hagamos con los niveles de CO_2, se suelen plantear varios escenarios según las emisiones. En el más optimista, en el que las reducimos de forma significativa desde ya y logramos una tasa neutra (esto es, que lo emitido por los humanos es igual a lo que el sistema Tierra puede capturar), para mediados de siglo morirán al año 16.000 personas más, y la cifra bajaría a 10.000 a finales de la centuria. Sin embargo, de no hacer nada, los números serán muy diferentes: en 2050, la mortalidad anual habrá crecido hasta las 27.000 bajas y, para 2100, perderemos a 43.000 españoles de más con respecto a las cifras actuales. Como se esperan inviernos más suaves, la temporada de frío será más benévola (ya lo está siendo) y los decesos se concentrarán en el estío. ¿Seguiremos perdiendo a más seres queridos en Navidad que en agosto? Probablemente no.

Fisiología del calor

37°. Décima arriba o abajo, esa es la temperatura óptima del cuerpo humano, medio grado menos en la piel. Generamos calor solo con respirar. Nuestras células se encargan de crearlo durante su metabolismo. En el proceso de convertir los nutrientes en energía, se libera calor. Somos centrales térmicas con patas. Como mamíferos, hay que mantener esos 37° constantes. La propia comida y la bebida nos ayudan a ello. Si hay grandes diferencias con el exterior, tiritamos, nos tapamos, sudamos y nos quitamos ropa. Los humanos contamos con un sofisticado sistema termorregulador que empieza en lo más profundo del cerebro, en el hipotálamo, y acaba en la piel, con la dilatación de finísimos capilares que refrescan así la sangre. Cuando hace calor, si la diferencia entre la temperatura interna y la externa empieza a aumentar, un elemento central de este sistema entra en juego: es el momento de sudar. El cuerpo puede evaporar sudor a través de cuatro millones de glándulas sudoríparas, que permiten que el calor se transfiera al exterior como vapor de agua desde la piel y (algo que he aprendido preparando este libro) también por las vías respiratorias. Si nuestro organismo no es capaz de seguir aportando refrigerante (más agua) al circuito y el diferencial con la temperatura exterior sigue agrandándose, se puede producir una hipertermia. El calor excesivo puede alterar nuestras funciones vitales si somos incapaces de compensar esa diferencia, cortocircuitando este sistema termorregulador. A partir de los 38,3°, y si no se combate cada nuevo incremento, aparecerán el sofoco, las taquicardias, la fatiga, los mareos, el dolor de cabeza, la hipotensión, la confusión, los delirios, las convulsiones y, al final, el coma. Son todos los ingredientes, *in crescendo*, de un golpe de calor.

La clave es no alejarse de aquel óptimo térmico, de aquellos 37°. Pero con temperaturas cada vez más altas y con olas de calor cada vez más frecuentes, cada vez más duraderas y cada vez más intensas, el objetivo se complica. En esas circunstancias, un individuo sano puede manejar oscilaciones del termómetro interno de hasta 3°. El problema es que otras muchas personas no. En algunos casos, como en el de los niños, es por pura inconsciencia. Su sistema termorregulador aún no está desarrollado por completo, de ahí que te digan que no tienen sed cuando los estás viendo acalorados. En algunas personas con enfermedades crónicas, los mecanismos que de forma refleja regulan su temperatura interna pueden no funcionar como deberían. Pero lo peor sucede con las personas mayores, que son la población más vulnerable en estas situaciones. Además de los achaques propios de la edad, tienen reducida la sensación de calor y, con ella, la de tener sed. Esto facilita su deshidratación sin que se den cuenta. Además, buena parte de sus glándulas sudoríparas hace tiempo que dejaron de responder y su capacidad de vasodilatación capilar ha disminuido por la edad. Por si esto fuera poco, la capacidad de termólisis se reduce en aquellos con diabetes o enfermedades neurodegenerativas.

Todo lo anterior se refiere a la parte refleja del sistema termorregulador, la que funciona independientemente de nuestra voluntad, de forma inconsciente. La que nos hace taparnos si sentimos frío mientras dormimos o la que licua el plasma sanguíneo para facilitar la disipación de calor. Pero si, además, muchos de ellos padecen demencia o alzhéimer, no les será fácil recordar si bebieron un vaso de agua ni mantener otras conductas que mitiguen el impacto de los extremos térmicos. Para terminar con esta parte tan triste y amarga, la mayor parte de los viejos de este país viven solos, sin un mínimo soporte de seguridad que los alerte de la canícula. Están entre las principales víctimas del efecto de la isla de calor urbana. Hace años que se jubilaron, así que podrían no disponer de una tregua gracias al aire acondicionado del trabajo, e igual su pensión no les permite tenerlo (o encenderlo) en casa. También es muy probable que, como comenté en el capítulo anterior sobre las ciudades, muchos vivan en edificios antiguos en el centro urbano, en el centro de la isla de calor urbana. Por eso, la inmensa mayoría de los miles de europeos que murieron en el verano de 2003 fueron ancianos.

La mortífera ola de calor de 2003

Recuerdo muy bien aquel agosto de 2003. No contaré aquí los detalles, son demasiado personales y no le interesan a nadie, pero, durante lo que debía ser una agradable travesía por un río del norte, se desató una tormenta dentro de mí. El calor pesaba toneladas y acabó rompiéndome por dentro. Lo pagaron los que me acompañaban, a los que mostré esa parte fea que todos llevamos dentro. No recuerdo el día, solo que fue uno de los peores de mi vida. Por supuesto, y como bien decía hace unas páginas Dye, el directivo de la OMS, el problema ya lo llevaba dentro, pero los 42° de aquel mediodía lo arrastraron hasta la superficie. Como dentro de mí, fuera, en toda Europa, se produjo el desastre. Fue la tormenta perfecta para que el diablo se paseara por la tierra.

El anticiclón de las Azores no se movió de su sitio durante la última semana de julio y las dos primeras de agosto de 2003. Y otra zona de muy altas presiones, lo que llaman anticiclón de bloqueo, se ancló en los cielos sobre Europa occidental desde finales de julio hasta mediados de agosto. Entre ambos bloquearon cualquier entrada de humedad o frescor desde el Atlántico o el norte del continente. Eso dejó el paso libre a los vientos cálidos africanos que subían desde el sur. En muchos lugares que nunca habían visto el mercurio tan envalentonado, las temperaturas alcanzaron cotas por encima de los 40° y así se mantuvieron durante días. En consecuencia, se desataron olas de incendios en Portugal, España, Italia, Francia, Alemania, Hungría, Polonia... En los Alpes, los glaciares perdieron tres metros de grosor en unas pocas jornadas, doblando el mayor deshielo registrado durante una ola de calor hasta entonces. En el país galo, quizá el más afectado, los supermercados tuvieron problemas para llenar sus estantes de carne, leche y huevos. Los animales murieron por millones. A su paso por Serbia, el Danubio nunca había ido tan bajo desde que existen registros. El escaso nivel del agua dejó al descubierto bombas y hasta tanques sumergidos desde la Segunda Guerra Mundial. En el Reino Unido, algunas vías de tren se deformaron por el calor y el asfalto de las carreteras se fundió, según recoge un documento de la Met Office, la Aemet británica. En el sur de Portugal tuvieron la máxima del periodo, con 47,8°, el 1 de agosto. En la localidad siciliana de Catenanuova llegaron hasta los 46°. En el sudeste francés, hasta los 44,1°. En Alemania superaron los 40° y en Brogdale (una aldea británica cercana a Kent) los termómetros marcaron 38,5°. En el Reino Unido nunca se había registrado tal extremo. En toda Europa, los vendedores de ventiladores y aire acondicionado hicieron su agosto en agosto de 2003.

Lo peor fueron los muertos. Aunque hay divergencias en el número exacto, debieron oscilar entre 70.000 y 80.000. Hay que decir que no tiene que ser fácil calcular este tipo de mortalidad. La provocada directamente por un golpe de calor es una pequeñísima parte del total. La mayoría de los fallecimientos se deben a que las temperaturas extremas llevan al límite a muchas personas que tienen su salud comprometida por otros factores, como la edad o patologías previas. En estos casos, el certificado de defunción no recoge el agravante térmico. Además, el envejecimiento de la población complica aún más hacer estimaciones fiables, ya que el mayor número de decesos en una sociedad envejecida enmascara el impacto real del calor. Así que, para estimarlo, se parte de la tasa de mortalidad de un intervalo determinado (los fallecimientos en los meses de verano de los pasados diez años, por ejemplo) para detectar un exceso de muertos.

En todo caso, según las valoraciones, el parte de bajas del verano de 2003 lo lideraron Italia (cerca de 20.000 fallecidos), Francia (15.000) y Alemania (9.000). En cuarto lugar, estuvieron los 6.595 españoles que perdieron la vida por aquella ola de calor, más otros 141 que lo hicieron por golpes de ídem. En la península ibérica los valores absolutos fueron mayores que en la mayoría del resto de Europa y, sin embargo, el número de decesos fue más discreto. La única explicación a este fenómeno es la mayor aclimatación a las temperaturas extremas en nuestro país. Es lo que llaman cultura del calor, de la que saben tanto en Córdoba, Sevilla y todo el valle del Guadalquivir, pero también en el este mediterráneo, valle del Ebro, Madrid y Castilla-La Mancha. Esto lo confirman los datos de la Istat, el Istituto Nazionale di Statistica de Italia. En el país transalpino, según sus datos, fallecieron 19.787 italianos de más entre julio y septiembre. Lo interesante aquí es que, proporcionalmente, los muertos durante la ola de calor se concentraron en las regiones y ciudades al norte de Roma, las menos mediterráneas y con, se supone, menor cultura del calor.

En el territorio español, se llegó a los 45° en varias zonas de Andalucía y Extremadura. A las máximas diurnas, también se sumaron noches y noches sin bajar de los 25°. Hubo lugares, como la ciudad de Córdoba, cuya máxima se mantuvo constante por encima de los 40° durante más de dos semanas. Un trabajo publicado el año siguiente, basado en los datos de las capitales de provincias (y después extrapolado al conjunto del país), estimó un exceso de mortalidad en España durante el verano de 2003 de un 10%. Pero algunas ciudades, como Alicante o Tarragona, doblaron ese porcentaje y otras, como Teruel, Girona o Lleida, superaron el 15%. Hay otro dato que ahora puede parecer obvio, pero entonces no lo era tanto: la práctica totalidad del exceso de fallecimientos se produjo entre los mayores de 70 años. Como la COVID-19, el calor se ceba con los de mayor edad.

¿Más calor y menos muertos?

Aquella ola de calor en la que nos dejaron entre 70.000 y 80.000 personas sirvió para algo. En Europa se dieron cuenta de que no estaban preparados para esas temperaturas. Ni sus casas ni sus sistemas asistenciales lo estaban. En muchos países, entre ellos España, se implantaron planes de adaptación y sistemas de alerta de cara al verano siguiente. El del Gobierno español se llamó Plan de acciones preventivas contra los efectos de las temperaturas excesivas y se sigue llamando prácticamente igual. Más allá de las medidas concretas, lo que destaca es la instauración de un sistema dotado de una serie de mecanismos de actuación, desde consejos a alertas, informado por una red de recogida de datos para detectar el riesgo antes de que se produzca la ola de calor en sí. Es uno de los mejores ejemplos de adaptación a la nueva realidad climática. En el plan de 2023, por ejemplo, se determinaban los umbrales para activar las posibles intervenciones. Para saber cuándo actuar, en este y anteriores planes, se parte de la combinación de series temporales de mortalidad y temperaturas provinciales. Al cruzarlas, se puede cifrar el nivel mínimo de mortalidad, el momento previo a que aumenten las muertes. En el propio texto explicativo del plan se justifica esta necesidad: «La elección del umbral crítico es crucial para la efectividad del sistema de alerta, pues un umbral demasiado bajo traería pérdidas económicas para la sociedad y disminuiría la receptividad de la población y profesionales de salud. Por esta razón, la definición de temperatura crítica para lanzar las alertas debe basarse en estudios epidemiológicos locales que tengan en cuenta el contexto climático, geográfico y sociodemográfico de la localización».

Otro de los resultados de aquel primer plan es MoMo, acrónimo del sistema de monitorización de la mortalidad diaria por todas las causas que opera el Centro Nacional de Epidemiología, en el Instituto de Salud Carlos III (ISCIII). MoMo vigila todas las muertes para poder detectar anomalías. Con sus datos diarios, desde hace un par de décadas permite estudiar la evolución de la mortalidad en España. Y hay un dato que cuesta entender al principio: según los informes MoMo, cada verano el número de fallecidos relacionados con la temperatura está descendiendo. No se disponen de datos anteriores a 2015, pero a partir de 2017 se observa una tendencia a la baja del exceso de mortalidad. Por ejemplo, en 2018, fallecieron 380 personas menos de las que el sistema predijo. Entre 2019 y 2021, el porcentaje, aunque positivo, nunca superó el 2 %. Una investigación publicada en 2019 de dos investigadores del ISCIII con respecto a la relación entre el cambio climático y la mortalidad cifró el descenso de las bajas por olas de calor en España. Según sus cálculos, en la década previa, el porcentaje de fallecimientos por temperaturas extremas pasó del 14 % al 1 %. ¿Cómo explicar esto si, en ese mismo lapso de tiempo, han aumentado las olas de calor? Los investigadores de la Escuela Nacional de Sanidad del ISCIII Julio Díaz y Cristina Linares explican que este descenso no tiene una sola causa. Los planes de prevención ante altas temperaturas, diversos factores de carácter socioeconómico, las mejoras en los servicios sanitarios y la consolidación en los hogares de tecnologías como los aparatos de aire acondicionado están entre las razones de este descenso: «Es lo que se denomina la cultura del calor, un conjunto de factores que nos permiten adaptarnos a las altas temperaturas», dijeron entonces.

A mí me cuesta entenderlo, pero no tengo argumentos para contradecir sus datos. Otro trabajo con información a muy largo plazo parece confirmar la tendencia. Se trata de un estudio publicado en 2023 que usó los fallecimientos entre 1979 y 2019 (catorce millones de españoles) para mostrar cómo la población se está adaptando a unas temperaturas cada vez más extremas. La base de este trabajo es la misma, el diferencial de mortalidad entre un periodo determinado y un intervalo precedente que sea representativo, cruzado con los datos de temperatura. Según sus resultados, la mortalidad debida al frío se redujo en casi tres veces. Sin embargo, la relacionada con el calor extremo solo desciende en la última década, que es, precisamente, la que concentra tanto el aumento térmico lineal como las subidas abruptas, las olas de calor.

Para explicar lo que parece una paradoja es preciso recuperar una idea mencionada anteriormente, la del umbral mínimo de mortalidad, la temperatura a partir de la cual empiezan a aumentar las muertes. En los dos estudios mencionados han detectado que este umbral ha subido en las últimas décadas más rápido de lo que lo ha hecho el termómetro. Por ejemplo, en la investigación de Julio Díaz y Cristina Linares se muestra cómo la temperatura máxima diaria en verano se ha elevado unos 0,4° cada década desde 1983. Pero el umbral a partir del cual el calor mata también se ha movido, en su caso, unos 0,6° por década. «Cada vez hace falta más calor para que la gente muera», declaró Díaz a *El País*. Sin embargo, aquel umbral varía (y mucho) en función de la geografía. Córdoba, Lugo o Huelva disfrutan de un umbral mínimo de mortalidad más alto. En la zona tibia aparecen Valencia, Barcelona o Badajoz. Las que se encuentran aún lejos de llegar a su zona de adaptación son, por este orden, Valladolid, Ciudad Real y Pontevedra. Aquí tienen margen para potenciar su cultura del calor. El problema es que no podemos saber si la sociedad española seguirá ajustándose al ritmo que aumentan las temperaturas. La lista de deseos es muy larga: aire acondicionado (alimentado por energías sostenibles) para todos, protocolos de actuación en caso de olas de calor, refugios climáticos, mejora de las condiciones de vida de los ancianos con rentas bajas… «Nos hemos adaptado, pero hay que mantener este ritmo durante los próximos 80 años. Ese es el reto, si no queremos que nos coma la subida de la temperatura», advertía Díaz. Soy de los que confía en que al final encontraremos la manera de amoldarnos al calor que venga. Pero habrá que trabajárselo.

13

Turismo, el alma económica de España

Les voy a contar una historia. La de mi primera vez. No es exhibicionismo o falta de pudor, creo que es relevante para valorar lo que viene después de la confesión. Si los cálculos no me fallan, debió ser en el verano de 1984. Tendría quince o dieciséis años. Los cumplo en julio, así que no estoy seguro. Estábamos mi amigo Melchor y yo en la discoteca La Pirámide de Almerimar, una urbanización entonces turística que pertenece a El Ejido, en Almería. Ahora es la primera residencia de muchos ejidenses y la segunda de otra buena parte (y eso que entre una y otra localidad distan menos de ocho kilómetros, somos así; ¿a quién no le gusta vivir junto al mar?). Eso ha frenado el potencial de desarrollo turístico, porque la zona es más cara. Además, la inversión local se concentra en los invernaderos y toda la industria que los rodea. Pero volvamos a mi primera vez. Estaba bailando, me encantaba bailar. Entonces todos los adolescentes queríamos ser John Travolta en *Fiebre del sábado noche* o *Grease*, y nosotros nos creíamos bailarines de *break dance*. Y sucedió, la vi, me vio, una chica inglesa. El tiempo ha borrado su cara y su nombre de mi memoria, pero ha respetado la sensación de que era bellísima. Con esa piel blanca asalmonada propia de los guiris que se creen que el Sol se va a acabar mañana. Algo debió ver en mí que le hizo gracia. Después supe que era la camiseta que llevaba, con la frase impresa en inglés «Don't drink water, the fucking fish pee in it» (No bebas agua, se mean en ella los jodidos peces). Fue con la excusa de comentarla como empezó a hablar conmigo. Pero ¡ay!, yo era producto de un sistema educativo que creía que la *lingua franca* seguía siendo el francés y, más allá de un *hello* o un *good morning*, no tenía ni idea de la lengua de Shakespeare. Ahí estuvo salvador mi amigo Melchor. Él sí que sabía inglés y allí nos ven, sentados los tres, con él traduciendo el juego de la conquista y la seducción.

Recuerdo que dijo que era de Ipswich. Es una ciudad mediana del sudeste de Inglaterra, muy cercana a la costa. Entonces era relativamente conocida, yo había oído hablar de ella. El equipo de fútbol de la ciudad, el Ipswich Town, había sido campeón de la Copa de la UEFA unos años atrás. Ya les digo que sí, que tres son multitud. Así que, sin saber ella nada de español y yo de inglés, sin necesitar ya ningún idioma, dejamos a Melchor en la discoteca, y nos fuimos a la playa, a la arena, al agua, a la brisa, a la noche, a las estrellas, al suelo y, finalmente, de nuevo al cielo. Amanecía cuando volvíamos cogidos de la mano. La busqué al día siguiente, profundamente enamorado. Pero ella tenía otros planes, había venido para quince días y quería exprimirlos. No tardé mucho en superar el desengaño del segundo día, pero jamás olvidaré la luminosidad del primero, de aquella noche en la playa. Es muy probable que las nietas y nietos de aquella joven de piel blanca virada al rojo por la luz de mi tierra ya no vengan a Andalucía a pasar sus vacaciones de julio o agosto de 2050 o 2060. Puede que sigan viajando a España, pero a las playas de Cantabria o Asturias. Incluso es probable que se queden en su país y se bañen en las aguas cada vez más cálidas de Clacton-on-Sea, villa costera a apenas diecinueve millas de Ipswich. Es lo que les espera con el calor creciente a las zonas turísticas de este país, que son unas cuantas.

El turismo es hoy el motor que mueve España. Según los últimos datos de Exceltur, los de 2023, el sector generó 186.596 millones de euros, una contribución a la economía nacional del 12,8 % del producto interior bruto (PIB). Para hacerse una idea de lo que eso significa, la industria turística fue la principal responsable del crecimiento económico real de nuestro país. Por sí sola, acaparó el 70,8 % del crecimiento del PIB de ese año. Y, en cuanto al empleo, se crearon 95.224 puestos más que en 2022, lo que acercó la cifra de empleados de hotel, camareros de chiringuitos, vendedores en tiendas de recuerdos, vigilantes de la playa… a los tres millones de profesionales. Pero tiempo atrás fue algo más que una máquina de hacer dinero. En los años sesenta, setenta y primeros ochenta del siglo pasado, el turismo no era solo el creciente sostén de la economía española, fue el principal agente de cambio social, la luz que coloreó una España gris, el agua que se coló por las rendijas de una sociedad triste, castrada y paleta para derribarla, la pólvora y el fuego que acabaron con los ninots en los que se habían convertido los dueños de aquel tiempo. La modernidad no vino con los jóvenes de la élite española que viajaban a Londres o estudiaban fuera. Eran modernos, sí, pero se la quedaban para ellos.

Hace unos años, colaboré en un proyecto tan ambicioso como, visto en la distancia, loco. Y acabó más que bien. Unidad Editorial, la empresa editora de *El Mundo*, inició en otoño de 2005 un nuevo coleccionable. Es una de las prácticas editoriales más asentadas: aprovechar el final del verano, el mes de septiembre, el de los nuevos propósitos (en esto creo que gana a enero), para sacar colecciones. Una buena idea que genera monstruos. Que si vajillas que había que completar tenedor a tenedor, que si la maqueta de algún barco que nunca terminabas, que si una compilación de CD de música pop española (para los más jóvenes: son discos compactos, donde se grababan las canciones)… Pero esta vez apostaron a lo grande por algo diferente. Liderados por Juan Carlos Laviana, uno de los responsables del periódico, reunieron a un equipo de colaboradores, expertos, historiadores y periodistas como yo para lanzar *La guerra civil española mes a mes*. Se iban a cumplir 70 años de la contienda y apostaron por un producto serio. A mí me tocó hacer el tomo correspondiente a noviembre del 36, *La batalla de Madrid*.

No soy objetivo, pero creo que fue el mes clave: Franco, en su camino hacia la capital, impuso al general Varela, que mandaba en las fuerzas que se rebelaron en África, que se desviara para socorrer al comandante militar de Toledo, refugiado en el Alcázar y rodeado de fuerzas gubernamentales. Eso dio tiempo a las autoridades republicanas a reorganizarse y a que se recibieran los primeros envíos de material de guerra soviético y, sobre todo, los primeros efectivos de las Brigadas Internacionales. Además de levantar la moral y el ánimo de resistencia en los madrileños, para cuando llegaron las primeras avanzadillas de Varela a la zona sudoeste de la capital, a la Casa de Campo, se encontraron con una defensa que salvó a la República o, como pensamos muchos, alargó innecesariamente el enfrentamiento entre los españoles y afianzó el poder del Generalísimo. Me dijeron que, de los primeros tomos, se vendieron más de 200.000 ejemplares. Un exitazo. Al otoño siguiente, el de 2006, quisieron repetirlo con un nuevo coleccionable, *Franquismo año a año. Lo que se contaba y ocultaba durante la dictadura.* Aunque el producto era igual de serio y bien hecho, no funcionó tan bien. Pudo deberse a la fatiga, a que nadie quería recordar los tiempos de Franco o a que con la colección de la Guerra Civil se había llenado la estantería. El caso es que las ventas no fueron tan buenas. En esta obra yo me encargué (o me encargaron) de hacer el tomo de 1960 y el inicio de la era del turismo. Les incluyo aquí las primeras líneas. Ya no debe de vivir demasiada gente que fuera testigo de lo que supuso aquello:

> Todavía en 1958, el Ministerio de Gobernación recuerda mediante anuncios en la prensa la obligada observancia de las buenas costumbres en el vestir en las playas españolas. Pero la oleada de turistas y los cambios que provoca ya nadie los puede parar. Si en 1950 apenas llegan 750.000 turistas, en 1960 se superan ya los seis millones de visitantes.

En 2023, fueron 85,1 millones. Nada ni nadie permanece inmutable ante tal contacto.

Los turistas, con sus supuestas ligeras costumbres, las mujeres que caminaban solas, la vestimenta, la música con la que bailaban, sus ganas de vivir, los dos primeros hombres que yo vi besarse (cuando aquí se señalaba a los maricones como corruptores de niños)... fueron modernizando este país. Los que vivíamos en la costa lo mamábamos constantemente, como sucedía con los que residían cerca de la frontera francesa. Pero con el inicio del turismo nacional, con la llegada en los minúsculos SEAT 600 o Simca 1000 desde Madrid, desde toda Castilla, desde Aragón a las playas del Levante o del sur, donde se mezclaban con ingleses, alemanes, italianos, suecos..., el virus de la modernidad se fue propagando por todo el país. A Almerimar, entonces una urbanización con tres hoteles y dos apartahoteles cien por cien para guiris, además de un camping para los surferos, vinieron los Immaculate Fools en 1985, el año de su primer disco, cuando ni siquiera habían pasado por Madrid o Barcelona. Venían de gira por toda la costa desde Valencia. Fue mi primer concierto de un grupo internacional y el de la mayoría de los que estábamos allí. Ya en la segunda parte de los años ochenta, los españoles pudimos tomar el relevo y llevar a nuestro país a los albores de este siglo. Pero antes fue el turismo, un turismo que cambió España y un turismo que la puede volver a cambiar.

La Comisión Europea creó hace tiempo un organismo para estudiar a fondo los retos por venir, el Centro Común de Investigación (JRC, por sus siglas en inglés). Tiene sedes en varias ciudades europeas, entre ellas Sevilla. Cuenta con su propia plantilla de científicos de alto nivel, pero suele reclutar a investigadores de prestigio en sus ámbitos respectivos ajenos a la institución. En verano de 2023 publicó un informe llamado *Impacto regional del cambio climático en la demanda turística europea*. De su lectura saqué tres conclusiones. Primera, como ya están haciendo los animales y hasta las plantas, los turistas se irán al norte. Y, si vuelven a la misma zona, cada vez serán menos los que lo hagan en verano y más los que elijan la primavera y el otoño. Segunda, el aumento de las temperaturas en curso va a darle un verdadero revolcón al turismo en Europa. Y tercera, ese revolcón va a ser muy duro para casi todas las zonas más turísticas de España.

El esfuerzo del informe es imponente. Abarca 269 regiones de la Unión Europea. Partieron del llamado índice climático de turismo (TCI), que es un agregado de diversas variables meteorológicas creado en los años ochenta del siglo pasado. Incluye parámetros como el confort térmico (medido en temperatura media y humedad), que supone la mitad del indicador; la lluvia caída, que pesa un 20 %, las horas de sol (o ausencia de nubes), otro 20 %, y la velocidad media del viento, el 10 % restante. Este TCI es la versión numérica de lo que siempre se ha llamado buen tiempo. Vaya por delante que creo que ese índice se ha quedado algo obsoleto. Puede que los fuertes vientos fueran antes una desventaja. Pero ¿qué sería de Tarifa y el turismo windsurfero y kitesurfero sin ellos? También las nubes, una molestia en el pasado, ahora se agradecen cada vez más en agosto. Dejando a un lado esta objeción, el estudio proyecta todas estas variables hacia el futuro, hacia la línea temporal de 2100, usando varios escenarios climáticos previstos. Dos son los comprometidos en el Acuerdo de París de 2015: no exceder los 2° de aumento de las temperaturas respecto de las que hacían en tiempos preindustriales, y hacer todo lo posible para dejar el aumento en menos aún, en 1,5°. Este último ya es imposible, en 2023 alcanzamos esa temperatura media global. El primero, que es vinculante, exige una reducción de las emisiones que no estamos logrando. Los otros dos escenarios planteados, los peores, son más probables y dibujan un mundo con los termómetros con tres o cuatro grados más.

Las playas mediterráneas, entre las peor paradas

El TCI va de 0 a 100, con el rango entre 90 y 100 definido como ideal y el de 0 a 9 como imposible. Históricamente, se ha observado una correlación entre cambios en el índice climático y la afluencia de turistas. Durante el periodo precedente a la proyección, entre 2000 y 2019, el informe recuerda que España, Italia y Francia fueron, por ese orden, los principales destinos. Salvo las cordilleras, toda la península ibérica, la italiana y la mayor parte del hexágono galo superaban un TCI medio de 80. Lo mismo sucedía con la costa dálmata, Grecia, la mayor parte de Rumanía y el sudeste de Bulgaria. También vieron que, en la mayoría de las regiones, el índice variaba según las estaciones, siendo el invierno la peor época para viajar. Canarias fue de las pocas que mantuvo el indicador muy alto todo el año. Viven en una eterna primavera. Entre los lugares con peores puntuaciones estaban casi toda Irlanda, Escocia, la franja costera del norte de Europa y la totalidad de los países nórdicos y bálticos.

Un mapa de colores destaca en la página quince del informe. Cuanto más oscuro es, más cerca del imposible del TCI. En 2019, se concentraban en el norte, mientras que los más amarillos y soleados se hallaban al sur. Pues en unas décadas habrá que darles la vuelta a las tonalidades, ya que los malos destinos serán buenos en poquísimo tiempo. Las playas del norte europeo, desde Dinamarca hasta las costas bálticas, podrían convertirse en grandes lugares para las vacaciones en los meses de verano. Por supuesto, los viajeros seguirán llegando a Almerimar, Marbella o Torrevieja, pero de forma creciente se quedarán más arriba. En los escenarios en los que la temperatura solo cambia 1,5° y 2°, apenas habrá ligeros descensos de llegada a las regiones mediterráneas. Incluso el peor pronóstico del mercurio (4° más) no será equivalente al fin del turismo. De hecho, habrá una explosión del sector. Según las estimaciones del JRC, el 80 % de las regiones recibirán más visitantes. Pero el sur de Portugal, el de España, toda nuestra costa mediterránea (salvo la Costa Brava), la mitad sur de Italia, las islas y casi toda la Grecia continental, Chipre... perderán hasta un 9,1 % de viajeros al año. Ojo, es la media anual, pero será en los meses de verano en los que el descenso será más acusado, rozando un tercio del total. Los autores del trabajo esperan que parte de esas pernoctaciones se desplacen a los meses adyacentes, mayo, junio, septiembre, octubre. Ahí es donde, dicen, deberán hacer hincapié los responsables del sector, para desestacionalizar las llegadas. Lo que se precisan, entonces, son cambios culturales de envergadura, como pedir (y dar) las vacaciones fuera de lo que hoy es temporada alta.

No hace falta esperar a 2080 o 2100 para ver estas variaciones. Ya están sucediendo. CaixaBank Research es la división de prospectiva (futurología de la buena) de la entidad bancaria, y en enero de 2024 publicó un interesantísimo trabajo. Usando los datos anonimizados de millones de pagos hechos con tarjetas tanto extranjeras como nacionales en sus TPV desplegados por los comercios, bares o restaurantes de las quinientas localidades más pobladas de España, analizaron las diferencias de gasto entre los meses de julio y agosto de 2019 y los de 2023. No es un margen muy amplio, pero aun así vieron diferencias relacionadas con la temperatura.

Tras plasmarlas en un mapa, los cambios fueron evidentes. «La imagen muestra cómo la costa atlántica tiene un crecimiento muy positivo, mientras que este es mucho menor en la parte sur de la costa mediterránea. Destaca también un buen comportamiento del turismo rural», escriben los autores del análisis. Dentro del mismo año también observaron diferencias destacadas: mientras que el gasto turístico en 2023 creció cerca de un 45 % en los municipios menos cálidos, en los que tuvieron temperaturas medias más elevadas solo aumentó en torno al 25-35 %. Hubo otros resultados que venían a confirmar lo detectado en el informe del JRC: que los destinos costeros son más vulnerables. Al comparar por tipo de turismo (de playa, urbano o rural), percibieron que el uso de las tarjetas creció más en la costa y en ciudades con subidas del mercurio más moderadas al comparar entre los dos años. Donde no vieron cambios es en el campo. «El efecto relativamente pequeño de las temperaturas sobre el gasto en el turismo rural es sorprendente... De hecho, no podemos descartar que el impacto esté subestimado debido al boom del turismo rural durante la pandemia, que ha llevado a un crecimiento persistente del turismo rural, particularmente en zonas cercanas a Madrid, generalmente con temperaturas altas», justifican. Esperan que, en unos años, el calor también repercuta en los viajes de interior.

El diseño de la investigación permitió afinar más a los investigadores de CaixaBank Research, hasta el punto de ver el impacto de las olas de calor en el uso del dinero de plástico. El verano de 2023 contabilizó 24 días de estos eventos extremos. Lo que hicieron fue analizar la sensibilidad del gasto turístico a un aumento de la temperatura con respecto de la media de esos días en el pasado diario. Vieron que, para la misma ciudad, por cada grado que la temperatura subió en los meses de julio y agosto, se produjo una bajada del 0,27 % del gasto entre las 12 y las 17 horas, las más calurosas, y una subida del 0,14 % a partir de las diez de la noche y hasta el amanecer. En el resto de la jornada no hubo grandes diferencias. El informe ahonda más, y desmenuza a qué se destinó ese dinero. Las caídas más destacadas se producen en el gasto discrecional, en particular en los restaurantes (-0,16 % de facturación por cada grado que el termómetro se aleja de la media), el ocio (-0,34 %) y los supermercados (-0,13 %). El único sector analizado que se beneficia de las oleadas de calor son las farmacias, que facturan un 0,06 % más. Intrigante.

Al norte o en otoño

Preparando este libro, encontré un artículo en *El Diario Vasco* publicado en 2017. Me llamó la atención por el titular y por las cifras que daba. «Había más turistas hace un siglo», se llamaba el reportaje. ¿En serio hubo un tiempo pasado en el que una ciudad, zona, rincón, cueva tuvo más viajeros que la España de los 85,1 millones de turistas? Pues sí, las ciudades de la cornisa cantábrica, desde San Sebastián hasta A Coruña, pasando por Santander, tuvieron su edad dorada entre finales del siglo pasado y los años previos a la Guerra Civil. El periódico recuerda el impacto que tuvo la realeza de entonces. Todo empezó en 1845, «cuando la reina Isabel II comenzó la tradición, dejando atrás sus veranos en Aranjuez, de darse "unos baños de ola" en San Sebastián». Instalaron en la playa de La Concha una caseta que, mediante unos raíles y unos bueyes, acercaban a la soberana a la orilla para tomar el baño. Al Parador Real se habían unido ya 55 alojamientos turísticos en 1885, entre hoteles, fondas o casas de huéspedes. Desde la regencia de María Cristina, iniciada ese año, y la construcción del palacio de Miramar, la familia real peregrinó religiosamente cada estación estival a la ciudad vasca hasta la llegada de la República. Durante casi un siglo, las clases más adineradas veranearon en el norte. La democratización, el turismo de masas no llegaría hasta los años sesenta del siglo XX.

El trabajo periodístico arroja unos datos que son los que dan base al artículo, pero que me costó creer al principio: «San Sebastián tenía 35.583 habitantes en 1901, año en que superó la cifra del millón de pernoctaciones. En 1915 la estancia promedio de los turistas en los alojamientos era de 7 días (hoy apenas llega a 2 días)». En el mismo medio, en una noticia de enero de 2023 que hacía balance de la temporada anterior, se cuenta que llegaron a Donosti 862.872 personas que no pasaron más de dos días en una de las urbes más bellas de este país. Las cifras de A Coruña (466.000 en 2022) y Santander (422.000 el mismo año) palidecen frente a las casi diez millones de pernoctaciones que registraron los 140 hoteles de la capital del turismo levantino. Todo indica que, como apuntaba el informe del JRC mencionado anteriormente, el norte de España vivirá un nuevo boom turístico. Hasta comienzos de siglo, el verano empezaba bien entrado julio y, como me decían en A Coruña, «acaba a mediados de agosto, con las primeras lluvias». Pero eso ya ha cambiado. En los últimos 50 años, el verano climatológico se ha alargado en un mes en la ciudad gallega. Aún son anécdotas, excepciones a la norma, pero las noticias sobre turistas extranjeros que se compran una casa en el norte, como llevan décadas haciendo en Málaga o Alicante, son cada vez más frecuentes. Lo bueno de todo esto es que tendrán la rara oportunidad de no repetir los mismos errores que cometimos en el sur.

Hay muchos animales que, ante el envite del calor, buscan nuevos entornos sin moverse de su posición. Las mariposas de Sierra Nevada o los anfibios de la cordillera Central se están adaptando yendo montaña arriba. Los animales turísticos harán lo mismo, solo que sustituyendo el frescor de las alturas por los meses más frescos. Sobre el papel, sería una situación cercana a lo ideal. Uno de los mayores problemas turísticos, en especial el de sol y playa, es su estacionalidad. O todo en julio y agosto o nada el resto del año. Eso genera muchas de lo que llaman externalidades: trabajos temporales precarios, desgaste de las infraestructuras por uso discontinuo, presión sobre los recursos, servicios públicos que pasan de infrautilizados a superados… No hay mejor negocio (y no lo digo solo en el sentido económico) que una temporada media que se prolongue todo el año. Podríamos modelar un futuro probable, pero ya lo tenemos aquí con el caso de las islas Canarias. Un trabajo similar en sus objetivos que el que hizo el JRC para toda Europa proyectó el impacto del turismo en el archipiélago. Su punto de partida es muy particular: el 40 % del empleo y el 35 % de su PIB dependen de este sector y no tienen el problema de la estacionalidad. Sí, sus mejores meses son julio y agosto, y los peores, diciembre y enero, pero la diferencia es tan pequeña que, en sentido estricto, allí no hay ni temporada alta ni temporada baja. La variación se debe al hecho ajeno de que la mayoría de los mortales tienen vacaciones solo en verano. Según sus proyecciones, en las zonas del sur de Gran Canaria y Tenerife, los principales centros turísticos, en julio y agosto, podrían perder el calificativo de días excelentes hasta dos semanas. Pero lo que pierden en verano lo ganan en invierno. Además, esperan que de un pico de turistas en el verano se pase a dos, uno en primavera y el otro en otoño. Los autores del estudio solo temen una cosa: el efecto disuasorio que pueda ejercer la mejora de las condiciones climáticas en el Reino Unido y Alemania, el origen de la mayor parte de sus visitantes.

Adiós a la nieve

Nunca me gustaron especialmente los deportes de invierno. No sé esquiar, ni siquiera con una tabla de *snowboard*. Tampoco disfruto especialmente viéndolos en televisión. Parece algo lógico, siendo de Almería, pero en este punto conviene señalar que cada vez que salgo de casa veo (salvo en verano, por razones obvias) la nieve coronando Sierra Nevada, y eso que nos separan 160 kilómetros de distancia. Dos de mis mejores recuerdos, de esos que me llevaré a la tumba, tienen que ver con la nieve. Uno es el de un domingo o festivo de finales de los años setenta en que mis dos hermanos y yo viajamos con mi padre a la estación granadina. Ninguno de los tres vive ya, eso hace el recuerdo más profundo y emotivo. El otro es más gozoso, pero igual de melancólico. Mientras media España sufría las consecuencias de la borrasca Filomena, llevé a mi hijo, que entonces tenía cinco años, a Calar Alto, donde está el observatorio. No son unas montañas muy elevadas, poco más de 2.100 metros, pero al estar en el interior de Almería, cuando nieva, si el sol no aprieta, dura varios días. Sentir la emoción de mi hijo al ver la nieve, tan blanca entre los pinos, disfrutar su disfrute al tocarla, entre sorprendido y maravillado, verlo deslizarse con el trineo ladera abajo, riendo y gritando «¡Mira, papá, mira!» no tuvo precio.

Lamentablemente serán las escapadas a la nieve las que más sufran el calor en este país. He buscado y rebuscado informes, estudios y expertos que pintaran un futuro menos negro para el turismo blanco. Pero no tuve suerte.

En los Pirineos, que concentran la mayor oferta turística para el esquí, la temporada no ha dejado de menguar. Desde que empezó el siglo se ha ido posponiendo la fecha de inicio, con retrasos de hasta 55 días en las estaciones más bajas, y entre 5 y 30 días en las altas. La innivación artificial, además de conllevar un alto coste económico y ambiental, no te garantiza nada si no hace suficiente frío. Se prevé una reducción de la nieve de hasta un 60 % ya para 2050. Algo parecido se espera en Sierra Nevada. Caerá menos, más torrencial y más concentrada en el tiempo. La web del Observatorio de Cambio Global de Sierra Nevada se abre con una sucesión de imágenes de las montañas desde el espacio. Muestran la mayor extensión nival anual desde 1985 y hasta 2023. Hay años en que la superficie cubierta supera el 25 % de toda el área. Pero llama la atención la sima de 2005. Aquel año se iban a celebrar los campeonatos mundiales de esquí allí, pero cayó tan poca nieve, cubriendo solo un 2 % del área potencial, que tuvieron que suspenderlos días antes de su inauguración. En menos de medio siglo, el sistema Penibético ha visto cómo se reducía su superficie nevada en un 50 % y puede que pierda la mayor parte de la que conserva para cuando acabe esta centuria. Yo, si fuera aficionado, no me compraría unos esquíes nuevos. Toca adaptarse, la adaptación es lo que nos queda. Las estaciones ya están reorientando su negocio. Voy a poner un ejemplo que no es de España, pero marca el camino: en el complejo de Chamonix, en Francia, a los pies del Mont Blanc, el 40 % de los ingresos por los remontes ya se producen en verano. El turismo de montaña y naturaleza, con el alargamiento de la temporada estival, podría salvar al de nieve de invierno. Qué cosas.

14

No mires arriba

> Crió, pues, Dios, al hombre a imagen suya: a imagen de Dios le crió; criólos varón y hembra.
>
> Y echóles Dios su bendición y dijo: Creced y multiplicaos, y henchid la tierra, y enseñoreaos de ella, y dominad a los peces del mar y a las aves del cielo y a todos los animales que se mueven sobre la tierra.
>
> Génesis 2:27,28

Ese es el problema. Nos creímos y creemos los protagonistas de la creación, nos tomamos muy en serio las recomendaciones del creador. Tanto que somos los responsables de mucho más que un cambio climático. Los descendientes de Adán y Eva, de Caín y Abel, somos en realidad los causantes de un cambio global, poliédrico, del que el calentamiento es una de sus caras. La sexta extinción masiva lleva tiempo en marcha, algunos la remontan a la era de los descubrimientos, en los siglos XV y XVI. Las cinco anteriores las provocaron fenómenos naturales tan extremos como un meteorito de doce kilómetros, gigantescas erupciones volcánicas o hasta una explosión estelar. La humanidad tiene ahora el poder de una supernova. Hemos cometido la mayor blasfemia que, según los creyentes, se puede cometer: creernos todopoderosos, quitar a Dios de su trono para ocuparlo nosotros. Hemos tardado algo más de siete días, pero en los últimos 10.000 años hemos modificado el paisaje casi o más que él. En apenas cinco siglos, una parte de nosotros, los occidentales, colonizamos el resto del planeta y exportamos nuestra ambición depredadora de la naturaleza. Apenas hace una centuria que aprendimos a iluminar con electricidad y ya hemos oscurecido el cielo. Después descubrimos cómo descomponer la materia, liberando tal cantidad de energía que, parafraseando a Robert Oppenheimer, el creador de la bomba atómica, «nos hemos convertido en muerte, los destructores de mundos».

Pero lo que debe preocuparnos es otro explosivo de lento impacto. El cambio climático en curso lleva décadas destruyendo esta tierra. No es literal, claro. El planeta seguirá, la vida seguirá, nosotros seguiremos, pero ¿por qué demonios tenemos que dejarle tal problema a los que vienen detrás? ¿Con qué derecho les hemos cambiado tanto su hogar? La crisis climática está modificando la Tierra hasta el punto de que ya no será la misma Tierra. Siendo dioses, como somos, podemos llegar al siguiente cruce, a la siguiente rotonda, y darnos la vuelta, empezar a desandar el camino y a deshacer el mal que hemos hecho, manteniendo lo mucho bueno que también hicimos. Solo hay que volver a creer, esta vez no en un ente sobrenatural, sino en nosotros mismos, en nuestra ciencia y en nuestra capacidad de llevar a cabo grandes cosas. Pero para eso, insisto, hay que empezar creyendo.

¿Dónde están los negacionistas?

España se ha librado por ahora del negacionismo climático. Ya es un paso. Las distintas encuestas que se vienen haciendo revelan que, para la inmensa mayoría de nuestros vecinos, entre el 70 % y el 90 %, el cambio es evidente, como lo es que su principal causa sean las acciones humanas. Un trabajo del Real Instituto Elcano publicado en enero de 2024 muestra que la emergencia climática es, para los ciudadanos de este país, la segunda mayor amenaza a la que se enfrenta el mundo. La primera es la guerra, un miedo azuzado por los conflictos de Ucrania y Gaza que en realidad se trata de una preocupación coyuntural. Otra encuesta, esta de la Fundación Española para la Ciencia y Tecnología (Fecyt) dada conocer en la primavera de 2023, detectó que la mitad de la población opina que es un problema muy grave. Casi dos tercios de los preguntados ven clara la responsabilidad humana. Y solo una minoría, el 5,8 %, señala que se debe a procesos naturales. Sin embargo, el número de escépticos climáticos subió en un 10 % respecto a la misma encuesta realizada en 2020. Otro sondeo de Sigma 2 para la Fundación AXA de 2023 solo encontró a un 14 % de españoles que negaran la existencia del cambio climático. Habrá que ver qué sucede en los próximos años, cuando se empiecen a tomar decisiones para lidiar con la crisis que viene.

Qué quieren que les diga, seré un integrista, un exaltado, un *calentólogo*, como nos llaman los negacionistas, pero 14 de cada 100 españoles me siguen pareciendo demasiados. Está claro que no me han leído en la última década o no creen lo que he escrito (a mí o a cualquiera de los periodistas que llevan incluso más años que yo hablando de esto). Es una de las características de este tiempo. Todos tenemos un altavoz de parecidas dimensiones. Da igual que grite más, mi voz no se va a oír mejor; el ruido es tal que los datos, los argumentos no llegan. O, peor, son considerados también ruido. Sin querer ser pedante, aunque algo sí que lo soy, si hablamos de escribir sobre el cambio climático, creo que sé algo. Yo no vendo zapatos, tampoco sé hacer casas y jamás podría conducir un camión frigorífico. Yo cuento cosas que me cuentan los que de verdad saben.

Voy a hacer un breve resumen de cómo desarrollamos nuestra labor los periodistas científicos. Vaya por delante que buena parte del trabajo nos lo entregan hecho. La forma en la que los científicos dan a conocer sus descubrimientos y avances me parece una de las más honestas y eficaces que hay: publican los resultados de sus investigaciones en revistas científicas, incluyendo el cómo, los métodos y los materiales que han usado para obtenerlos. Vamos, que no se guardan nada. Se someten al escrutinio de sus colegas, al de los que saben de lo suyo y pueden objetarlos (y ya les digo que cuando huelen sangre son tiburones). Así es como avanza la ciencia moderna. El sistema es tan bueno, está tan basado en el prestigio, que hay quienes buscan atajos para publicar sus trabajos sea como sea. Pero esa es otra historia. Para amplificar su contenido, lo que hacen las revistas científicas como *Nature*, *Science*, *Cell*... es adelantarnos el *paper*, la investigación, a los periodistas especializados unos días antes de publicarla. Esa decisión tiene como objeto causar un mayor impacto en el público en general. Con esos días de adelanto y bajo el compromiso de no contar nada antes del fin del embargo de la revista, nos dan tiempo para prepararnos, para leerlo (en ocasiones hasta tres veces, si el tema es de los difíciles), para consultar con expertos en ese campo si el hallazgo realmente es para tanto...

Soy incapaz de decir cuántos estudios sobre cambio climático, cuántos trabajos sobre el calentamiento de los glaciares, cuántas investigaciones sobre los movimientos de las especies en respuesta al calentamiento he podido leer. No son solo los textos de los que finalmente he publicado una noticia o reportaje, también están los otros relacionados, los de consulta y documentación. Y, por supuesto, los que se quedaron en el camino. Por cada *paper* del que hago una noticia, he leído al menos uno o dos que al final no me convencieron. No porque fueran malos (no tengo esa capacidad para valorarlos), sino porque igual eran demasiado especializados, no iban a interesar a mucha gente o, como sucede a veces, ni con la ayuda de expertos o los propios autores los he llegado a entender. Y (esto también vale como consejo vital) si algo no lo entiendes, es mejor que no intentes contarlo. A los miles de páginas sobre la emergencia climática que he debido leer habría que sumar otros tantos miles de correos que habré intercambiado y los centenares de horas de entrevistas necesarias para escribir los casi mil artículos que he publicado en *El País* desde 2014. No todos esos trabajos se han centrado en el cambio climático (me habría vuelto loco o convertido en un activista de esos que echa pintura a los leones del Congreso o se pringa las manos de un pegamento instantáneo que después no hay quien se quite), pero calculo, no me he puesto a contarlos, que entre la cuarta parte o un tercio eran de temática ambiental. Y no he hecho más porque a veces temes cansar a tus lectores, generando una especie de fatiga climática. Es tal el acopio de datos, la cantidad de pruebas, el número de testimonios acumulados en este tiempo que el hecho de que aún haya un 14% de españoles que nieguen lo que está pasando y que está ocurriendo por culpa de acciones humanas me parece intelectualmente inadmisible. Será que soy un soberbio.

«Hay dos tipos de negacionismos climáticos —me contaba el politólogo de la Universidad Carlos III de Madrid, Lluís Orriols. Y me detallaba—: Hay uno climático que es una enmienda a la totalidad. Es decir, no existe el fenómeno o si existe forma parte de procesos naturales. Se da en países como Estados Unidos. Pero, en muchos otros, no está tan estructurado en torno a la negación en sí, sino en el rechazo de las medidas que hay que tomar para frenarlo. No es tanto la existencia, sino cuestiones como la predisposición a actuar. Por lo tanto, son dos niveles. El más extremo no está presente en España». Sin embargo, coincidía conmigo en que existe un riesgo de que se produzca un *cleavage*, una brecha, entre los unos y los otros, entre ellos y nosotros, entre los tuyos y los míos. Tradicionalmente, la clase o la propiedad fueron los primeros aglomerantes ideológicos. Pero, con la modernización y creciente complejidad de las sociedades, empezaron a aparecer nuevos divisores del cuerpo social. Izquierda o derecha, creyentes frente a ateos (o peor, creyentes de una religión *versus* los de otra, como los chiíes y los suníes) o campo y ciudad. Y luego vienen ya las divisiones propias de cada lugar. Por ejemplo, en países como el nuestro también nos contamos por nacionalistas centrales o periféricos... «El riesgo está ahí. Creo que, en España, la cuestión climática está cristalizando, aún no tenemos posiciones bien definidas. De hecho, estamos en construcción», mantiene Orriols.

Un *cleavage* y bien profundo es el que hay entre Mateo, mi mejor amigo durante décadas, y yo. Nos conocimos en el primer año del BUP (Bachillerato Unificado Polivalente) en 1982, el año del mundial de fútbol, el primer amago de modernidad de este país. El profesor de música nos invitaba a compartir en clase nuestros discos y yo me llevé uno del cantautor cubano Silvio Rodríguez. No recuerdo si lo conocía o es que le gustó aquella vez. Desde entonces fuimos casi inseparables. Al acabar la secundaria, nos fuimos juntos a estudiar a Madrid, a la misma facultad, la de Ciencias Políticas y Sociología, y a vivir al mismo piso. Aquel curso de 1986-1987 fue de esos para recordar. Estuvimos más días de huelga que con clases. Pasamos más tiempo de manifestaciones que estudiando. Nos manifestábamos contra una reforma educativa de las tantas que ha habido. Entonces el ministro era José María Maravall, con Felipe González como presidente. Por una de esas coincidencias, años después lo tuve de profesor (a Maravall) y fueron tantas sus ausencias que nos aprobó la asignatura todos. Lo que sí recuerdo era su exquisita educación. La de cosas que le dijimos en las calles. Una mañana de febrero vi volver a Mateo con la cara desencajada, y no era por el frío (que lo hacía), del Puente de Vallecas, donde vivíamos en un semisótano por el que Servicios Sociales podría haber encarcelado a la dueña. La revista *Cambio 16*, entonces leída por decenas de miles de personas, había publicado una foto de su cara a toda página, de arriba abajo y de izquierda a derecha, a todo color. Lo retrataron con sus ya menguantes cabellos, un pendiente en la oreja y la mirada entre iracunda y esperanzada con respecto al futuro, como en aquellos carteles soviéticos. El titular era de los que asustan a las madres: «¿Por qué se rebelan?». Pero la madre de Mateo no se amedrentaba fácilmente, menuda era. Poco le faltó para coger el tren, el expreso de Renfe que tardaba diez horas, y llevarse a su hijo de las orejas de vuelta a Almería, andando. ¿Saben la lección de democracia que aprendí de aquellos tiempos? Que las porras de la policía están diseñadas de tal manera que te pueden tener toda una semana sin poder mover los brazos, pero son elegantes, no dejan ni una marca. Sin embargo, creo que fue clave para que, al año siguiente, los sindicatos de clase, los de izquierdas, hicieran la mayor huelga general que ha habido en este país, la del 14-D, en 1988.

Con los años, cada uno llevó su vida. Solíamos vernos, unas temporadas más, otras menos. Mateo tuvo una época muy viajera y el que aquí escribe es más sedentario. Al final, cuarenta años después, nos volvimos a encontrar en El Ejido, donde todo empezó. Pero ya no era el mismo, supongo que yo tampoco. No es de Vox, es más allá de Vox. Niega la problemática de género, que haya una violencia específica contra las mujeres. Cree, no, está seguro de que Europa y España, nuestra cultura, están amenazadas por la invasión magrebí musulmana. No me dijo el motivo, o no lo recuerdo, pero no se vacunó contra el coronavirus. No es que se le pasara o le diera pereza, fue un rechazo activo. Y, por supuesto, niega el cambio climático. A comienzos de siglo negaba su existencia. Más tarde moduló su posición. Ahora no lo niega, pero considera que se debe a la variabilidad natural del clima y no a que llevemos doscientos años atiborrando a la atmósfera de CO_2. Así que los encontronazos estaban asegurados y, si las discusiones eran después de la cena y del vino (ya se sabe lo que hace el alcohol), nos lanzábamos argumentos el uno al otro cada vez más gruesos. Lo que peor llevo es la sorpresa. Una posición como la suya la podría esperar de alguien no muy formado o de un interesado. Pero de una persona con título universitario, viajada y muy leída, probablemente más que yo, no lo puedo entender. Algo se me escapa. Igual me equivoco, pero la acumulación de datos y evidencias es tal que sería como si cogieras a un terraplanista, lo subieras a un globo, lo echaras a volar («ale, ve a comprobarlo tú mismo»...) y volviera insistiendo en que la Tierra es plana. ¿Qué mecanismos psicológicos son los que intervienen en la negación?

«En psicología se hablaría de disonancia cognitiva», recuerda Orriols. Ese término lo descubrí hace años gracias a una investigación que me encogió el alma. Un grupo de politólogos analizó el voto al partido neonazi Alternativa para Alemania (AfD) en las zonas donde hubo campos de concentración (la mayoría acabaron siendo de exterminio) durante la época de Hitler. Se podría esperar que el recuerdo del Holocausto fuera vacuna suficiente para combatir el virus nazi. Pero se encontraron todo lo contrario. En comparación con las regiones vecinas que no habían albergado campos, el porcentaje del voto a aquel partido resultó mayor. Según los autores, apoyar a la ultraderecha sirve para reconciliarse con el pasado. Lo que decía, escalofriante. «Cuando las personas tienen unas creencias, unos hábitos, unos intereses que colisionan con la información que reciben, que es inconsistente con sus posiciones, les genera un malestar interior. Ese malestar es como tener sed o hambre, lo tienes que atajar. ¿Cómo atajas la disonancia cognitiva? Tienes dos formas. Una es cambiar tu manera de pensar, tus creencias, tus hábitos. La otra es negar la información que recibes. Ambas te reducen la disonancia. Lo que pasa es que negar esa información que te viene de fuera es mucho más fácil, mucho menos costoso, que alterar tu forma de pensar. Y es por eso que nos encontramos a mucha gente que es negacionista en muchas cosas que afectan a sus intereses», me explicaba Orriols. No sé qué pasará a corto plazo con Mateo y conmigo, pero sé cómo acabaremos: discutiendo, ya ancianos, desdentados, apoyados en la pared de la residencia, al sol de invierno.

Ecofatiga, indiferencia y angustia climática

Me reí mucho con la película *No mires arriba* (*Don't Look Up*, 2021). Sé que es irregular, pero capta muy bien todas las posibles reacciones ante un evento que amenaza con provocar el fin del mundo. Para los que no la hayan visto, cuenta la historia de dos científicos (interpretados por Leonardo DiCaprio y Jennifer Lawrence) que descubren que un cometa va a impactar con la Tierra. Se lo cuentan a los políticos, a la prensa, a la gente por las redes sociales y solo encuentran indiferencia. Al escucharlos, la presidenta de Estados Unidos les dice: «¿Sabe cuántas reuniones catastróficas he tenido en los dos últimos años?», mientras un consejero, creo que su jefe de Estado Mayor (que resulta ser su hijo), echa la cabeza para atrás con desgana, gesto que acompaña en el argumento: «La sequía, la hambruna, el agujero ese de ozono... ¡Qué aburrimiento! Es la ecofatiga. De tanto hablar que viene el lobo, que viene el lobo, muchas personas ya no creen a los Pedros que lo vamos pregonando. Bueno, no es que no nos crean, es que miran hacia abajo». Es un mecanismo psicológico de defensa que tiene el ser humano, el mismo que te protege del impacto *in crescendo* del dolor, el mismo que te hace desconectar de las noticias e imágenes que vienen de una guerra, el mismo, o muy similar, al de las drogas, que para obtener el mismo efecto, el mismo colocón de la vez anterior, debes aumentar la dosis. Hasta en mi trabajo yo mismo he sentido que la ecofatiga me anda rondando. La noticia o el nuevo estudio sobre *nosecuál* nuevo efecto del cambio climático en *nosedónde* debe ser realmente espectacular, realmente dramático. Como si estuviéramos en el Circo del Sol, donde el siguiente número tiene la obligación de superar al anterior. Si no, me puede la pereza. De hecho, ahora escribo menos de estos temas que en el pasado, y eso que la amenaza ha ido a más. No creo que sea pesimismo y tampoco es indiferencia. Es cansancio, un cansancio muy relacionado con la larga distancia que hay entre la situación en la que nos encontramos y hacia la que deberíamos ir para evitar las aristas de lo que viene. Pero entonces me acuerdo de Ron Perlman (el genial Salvatore, el monje lisiado de *El nombre de la rosa*), que en *No mires arriba* interpreta a un astronauta machote estilo vaquero dispuesto a sacrificarse para salvar a la humanidad. En uno de los momentos finales del metraje, cuando el fin del mundo es inminente, sale al jardín de su casa, mira hacia el cielo, saca un revólver y, mientras dispara, le grita al cometa: «¡No me alcanzarás vivo!». Es tan absurdo, tan hilarante, que me vengo arriba.

La indiferencia también puede deberse a un cálculo racional. Lo explica muy bien el profesor de la Universidad de Duke (Estados Unidos) Jedediah Purdy en su libro *After Nature: A Politics for the Anthropocene* (publicado en 2015, y en traducción al español algo así como «Después de la naturaleza: una política para el Antropoceno») cuando escribe sobre la responsabilidad y la disposición a hacer algo. Él habla de su país, pero se puede extrapolar al nuestro: «Para una nación como Estados Unidos, con poco menos del 5 por ciento de la población mundial, asumir el costo de reestructurar la economía nacional para reducir las emisiones de gases de efecto invernadero tendría la lógica fiscal de la ayuda exterior: el 95 por ciento de los beneficios iría a los no estadounidenses». Peor aún, «la mayoría de los beneficios irían a parar a los no estadounidenses que ni siquiera han nacido todavía». Contra esa realidad, contra esa distancia geográfica y temporal, es difícil llamar a la acción. Lo más sencillo, lo más fácil, es no mirar arriba y creernos eso de que no merece la pena el esfuerzo. «En cierto modo, este es el peor problema. Los países pueden unirse para resolver problemas compartidos... Sin embargo, si imagináramos a las generaciones como si fueran negociadores en las conversaciones sobre el clima, descubriríamos que la única realmente presente en la mesa es siempre la generación actual: la que asumirá todos los costos de hacer algo para solucionar el problema, y no reciben casi ninguno de los beneficios. Entendido en términos estrictos de interés propio, siempre puede parecer racional que los vivos vendan a sus descendientes», escribe Purdy. Es una lógica demoledora. Pero ¿estamos dispuestos a vender a los que vendrán después de nosotros?

Hay un tercer grupo de negacionistas (o lo habrá) que sí merecen ser escuchados. Son los perdedores del cambio climático. Creo que fue al comienzo, cuando recurrí a la comparación al hablar de los herreros de caballos y la llegada del motor de combustión. También pasó con los artesanos en los inicios de la Revolución Industrial. Orriols, el politólogo de la Universidad Carlos III, tiene claro que los habrá. «Son grandes cambios, claro que hay ganadores y perdedores. Habrá *backlashes*, oposición y reacciones negativas. Toda revolución genera una contrarrevolución», dice. Sé que los habitantes del Pacífico perderán por la subida del nivel del mar debido al deshielo. Supongo que los inuits o los yupiks verán su modo de vida puesto del revés. Pero ¿en España? «Pues todos aquellos que tengan una relación directa con los cambios en marcha, todo lo que tenga que ver con la subida de las temperaturas y, por lo tanto, las sequías y la falta de agua. Habrá una guerra del agua», teme el investigador. En la misma línea se mueve Manuel Arias Maldonado, profesor de la Universidad de Málaga. Hace unos años leí uno de sus libros, *Antropoceno. La política en la era humana*, que, sin tener al cambio climático como elemento central, sí que partía del cambio global para contar las dinámicas que están protagonizando este siglo. «Hay perdedores de dos tipos: quienes sufren en mayor medida los efectos negativos del calentamiento; y quienes sufren en mayor medida los costes derivados de las políticas de mitigación y adaptación a él», me dice.

Los sectores menos urbanizados, los más ruralizados, en general, van a estar entre los perdedores. Y será por partida doble. Por un lado, debido al impacto directo en su medio de vida (la agricultura) y en su entorno (incendios). Por el otro, porque algunas de las medidas para adaptarse a la nueva realidad les pueden hacer daño. El problema del agua promete darnos más de un disgusto en el futuro. «En todos esos territorios donde ahora vemos expresiones de la España vacía, veremos cómo el cambio climático provocará una interacción entre despoblación, falta de servicios e incapacidad de los estados para amortiguar los costes que los ciudadanos van a sufrir del cambio climático. Por lo tanto, sí, va a haber perdedores específicos y esos perdedores van a expresarse políticamente. No solo va a haber partidos verdes más urbanitas, que van a luchar contra el cambio climático y en favor de la transición ecológica, habrá también expresiones políticas de los perdedores de este gran cambio», augura Orriols.

En 2022 leí en *El País* uno de esos artículos que te deja un poso contradictorio. Al principio, pensé: «Menuda estupidez». Pero después me dije que quién era yo para juzgarlos. Era la historia de una pareja que había decidido no traer hijos a este mundo que estamos dejando. En términos objetivos, varios estudios han mostrado que el planeta necesita que haya menos humanos (no solo que consuman menos). Pero una cosa son las frías investigaciones y otra bien diferente negarse a uno mismo lo que (como padre) considero que es la mejor experiencia que se puede tener en nuestra absurda vida. Sus razones son respetables: «no sería honesta si no confesara que por mucho tiempo alimenté esa decisión tomada amorosamente junto a mi pareja con la fantasía de que, además, así estábamos haciendo algo realmente coherente y relevante por esta tierra que amamos tanto». Amar a la Tierra hasta el punto de no tener un hijo debe ser mucho amarla. Pero esa angustia climática no va conmigo. Lo que me interesa de este caso, que supongo muy minoritario, es la vertiente emocional del cambio climático. Creo que se merecería más reflexión en el espacio público, que podamos profundizar en ello. Estoy convencido de que no tardaremos en ver psicólogos que venden sus terapias climáticas. El fenómeno es tan nuevo que Orriols me confiesa que en España se está empezando aún a estudiarlo. Junto con sus colegas de la Universidad Carlos III de Madrid, Juan Fernández y Paloma Abril, está investigando la dimensión emocional de la crisis climática. Aún no han publicado su trabajo, pero me adelantan unos datos: hasta el 15 % de los españoles están sufriendo algo así como ecomiedo. El porcentaje sube al 20 % en el caso de la ansiedad climática.

Y TÚ, ¿QUÉ ESTÁS DISPUESTO A HACER?

Confieso que cuando empecé a escribir este libro había pensado reservar el último capítulo para echar la bronca a los lectores. Además de que a todas luces se adivinaba una mala estrategia comercial, varios de los expertos con los que he hablado a lo largo de esta investigación (y cuando digo varios, digo más de tres y de cuatro y de cinco) me advirtieron de que corría el riesgo de desenfocar el problema si echaba encima de cada persona el peso de la crisis climática, si buscaba la solución en cada uno de los españoles. Eso me recordó a los distintos experimentos (sobre todo en el laboratorio) que tratan de modificar el clima del planeta. Lo llaman geoingeniería y hay muchas ideas, algunas realmente disparatadas, como la que propone colocar espejos gigantes en el espacio para reducir la radiación solar. La propuesta tiene mucha física detrás. Se trataría de llevarlos, poco a poco, hasta uno de los puntos Lagrange que hay entre la Tierra y el Sol. En estos puntos, las distintas fuerzas gravitatorias se anulan, llegando al equilibrio, lo que permitiría dejar como flotando los espejos. Otra muy reciente planteaba dispersar partículas en la parte más baja de la estratosfera para deshidratar la atmósfera. Hay otras iniciativas más factibles, como la captura directa del CO_2 desde el aire para enterrarlo bajo tierra. La principal crítica que se hace de estas ideas es que despistan del objetivo principal: antes que curar el clima, mejor será dejar de estropearlo (va mejor otro verbo, pero me lo guardo, no hace falta que lo escriba).

Aun así, aunque lo que pongamos sean tiritas, aunque sean parches, aunque nosotros no hayamos sido los que hemos roto el juguete, ¿qué tal si hacemos algo? Cada español emitió en 2022 una media de siete toneladas de CO_2. Ya sabemos lo que mienten las medias aritméticas. Esa cifra iguala la responsabilidad de las grandes petroleras —que, con cada euro que ganan, calientan el planeta— con el que ni siquiera tiene carnet de conducir. Cada día llevo a mi hijo al colegio, y lo hago en el coche. Al llegar, rara es la mañana que no me cruzo con dos personas que realmente son muy diferentes entre sí. Ambas practican la neutralidad en las emisiones. Uno es guiri, quizá holandés (es muy alto y ya se sabe lo que gustan las bicicletas en las tierras bajas). Lleva a su hija en una de ellas. La otra es una mujer magrebí que vive en mi barrio. La veo bajar con uno de esos vehículos que parecen un triciclo, pero impulsado por ella, como un carrito. Bajo una capota, en una especie de carrito, transporta a sus dos hijos hasta el colegío. Y ya les digo que vivimos encima de una cuesta que ni el Tourmalet en el Tour de Francia. Para ir, bien, pero para regresar... Si ella lo hace, si él lo hace, ¿por qué no lo hacemos los demás? El transporte por carretera, y el vehículo privado en particular, fueron responsables del 28,1 % del total del inventario de emisiones de 2022, según los datos oficiales. Recuerdo cómo un amigo, profesor de Tecnología en Secundaria, me decía apenas hace un lustro que no era buena idea comprar un coche eléctrico. Es un mito, un bulo. Lo malo es que funciona. En 2023, según la Asociación de Fabricantes de Automóviles de Europa, supusieron el 5,4 % del total de ventas en España. Si se les suman los híbridos, el porcentaje sube al 15 %. A estas alturas todos sabemos que sin el contexto adecuado esto no dice nada. Puede parecer una cifra modesta, pero buena. De hecho, va en ascenso. Pero si la ponemos al lado de los datos de Noruega, damos vergüenza. En el país nórdico, una de las mayores potencias petroleras del mundo, el 82,3 % de los coches vendidos en 2023 fueron cien por cien eléctricos. De aquí a 2035, cuando se dejarán de comercializar los vehículos que no sean cero emisiones, aún nos da tiempo de arrimar el hombro.

En 2018 escribí un artículo con un titular radical: «Hazte vegano si quieres salvar el planeta». El subtítulo incorporaba los datos esenciales: la producción de alimentos de origen animal multiplica por diez el impacto ambiental de los vegetales. He de confesar que me costó escribir un titular así. ¡Soy carnívoro! ¡De los que la quieren poco hecha!, y si es posible con unas gotas de mostaza de Dijon.

Pero los datos no engañan. El estudio del que se nutría aquel texto, publicado originalmente en *Science*, era de los mejores que yo he visto (y, por aquello de la disonancia cognitiva, ya les digo que las investigaciones que van contra uno las reviso de arriba abajo en busca de flancos débiles). Analizaron el coste ambiental que tiene producir, transportar, comerciar y consumir los 40 principales productos que aportan el 90 % de las necesidades mundiales de proteínas y calorías, y después entrevistaron a un centenar de expertos con el fin de rebatir sus conclusiones. Los resultados globales de la investigación son abrumadores: la producción de alimentos ocupa el 43 % de la tierra del planeta y es responsable del 26 % de las emisiones de gases de efecto invernadero. Traslado aquí las declaraciones de uno de los autores, Joseph Poore, de la Universidad de Oxford (Reino Unido), que, por su contundencia, te dejan sin nada más que decir: «La carne de menor impacto crea un 360 % más de emisiones de gases de efecto invernadero, un 3.200 % más de acidificación, un 970 % más de eutrofización y usa un 230 % más de tierra que una plantación media de soja para tofu por gramo de proteína». Ahora lo que hace falta es hacer más atractivo el chuletón de tofu.

Un año antes, en 2017, escribí otro artículo con un titular aún más radical (quizá, con el tiempo, me estoy volviendo conservador). Decía así: «Hazte vegetariano, deja el coche y ten menos hijos si quieres luchar contra el cambio climático». Más allá de lo drástico que parece, el trabajo recogía una serie de medidas y acciones que todos podríamos implementar para revertir el cambio climático. Dramáticamente, la decisión personal que tiene un mayor impacto ambiental es la de tener un hijo (hoy no concibo cómo pude escribir aquello criando un bebé de veinte meses). Pero hay otras menos extremas. La siguiente en la lista es vivir sin coche. Con la alternativa eléctrica, ya no va a hacer falta. La tercera acción personal de mayor impacto sería dejar de realizar vuelos internacionales, aunque también los nacionales de corta duración son un auténtico atentado ambiental. El cuarto es asequible: comprar energía verde. España puede presumir de encenderse ya con hasta un 70 % de fuentes renovables. Hay más, pero mencionaré una última, ya comentada antes: una dieta esencialmente vegetariana. Personalmente, no he renunciado a la carne, pero sí he reducido su consumo. Sumadas, todas estas acciones, todas ellas factibles si nos ponemos, podrían reducir hasta en un 90 % nuestras emisiones. No las de las grandes empresas, ni las de las cementeras, ni las de las energéticas, ni siquiera las del vecino. Las nuestras, con la esperanza de no llegar al horizonte planteado por los científicos para final de siglo: el aumento de 2° antes de que comience el siglo XXII. Por razones biológicas yo no lo veré. Me habré ido antes de que alguien me pueda reprochar lo aquí escrito. Pero, si nos lo proponemos, será mi hijo (quién sabe, quizá también el suyo, o la suya) el que, cuando se acuerde de su padre, cuando vuelva a las páginas de este libro que le dedico, piense en voz baja: «Papá, te equivocaste, lo logramos».

Bibliografía

Introducción

Criado, Miguel Ángel, «El campo español se está quedando sin pájaros», *El País*, 29 de septiembre de 2019.

—, «Los insectos están adelantando su vuelo por el cambio climático», *El País*, 27 de diciembre de 2019.

—, «En 30 años, la mitad de nieve y más calor: así afectará el cambio climático al esquí en los Pirineos», *El País*, 26 de febrero de 2023.

Duchenne, F., *et al.*, «Phenological shifts alter the seasonal structure of pollinator assemblages in Europe», *Nature Ecology & Evolution*, <https://doi.org/10.1038/s41559-019-1062-4>.

Mariposas diurnas de Andalucía, <https://www.facebook.com/groups/1443746415870924/>.

Proyecto Fenológico Paneuropeo, <www.pep725.eu>.

VV. AA., *Programa de seguimiento de avifauna*, 2018, SEO Bird-Life.

1. Cuando España fue el norte de África

2022, el año más cálido en España, Aemet.

«El avance implacable del verano en España: análisis sobre su progresivo alargamiento», Aemetblog, <https://aemetblog.es/>.

Arellano, B., *et al.*, «Global Warming in Spanish Cities 1971-2022», conferencia en la asamblea general de la Unión Europea de Geociencias 2023.

Aupí, V., *El triángulo de hielo. Estudio climático del polo frío español*, Dobleuve Comunicación.

Callahan, C. W., *et al.*, «Globally unequal effect of extreme heat on economic growth», *Science Advances*, DOI: 10.1126/sciadv.add3726.

Criado, Miguel Ángel, «¿Por qué los árboles reverdecen cada vez antes?», *El País*, 27 de diciembre de 2017.

—, «La megaola de calor de 2017 convirtió la península Ibérica en el norte de África», *El País*, 13 de marzo de 2018.

Díaz-Poso, A., *et al.*, «Spatio-temporal evolution of heat waves severity and expansion across the Iberian Peninsula and Balearic islands», *Environmental Research*, <https://doi.org/10.1016/j.envres.2022.114864>.

García-Herrera, R., «A Review of the European Summer Heat Wave of 2003», *Critical Reviews in Environmental Science and Technology*, DOI: 10.1080/10643380802238137.

García-León, D., *et al.*, «Current and projected regional economic impacts of heatwaves in Europe», *Nature Communications*, <https://doi.org/10.1038/s41467-021-26050-z>.

Gilabert, J., *et al.*, «Abating heat waves in a coastal Mediterranean city: What can cool roofs and vegetation contribute?», *Urban Climate*, <https://doi.org/10.1016/j.uclim.2021.100863>.

Informe sobre la borrasca Filomena y la ola de frío, Aemet.

Olas de calor en España desde 1975, documento actualizado en octubre de 2023, Aemetblog, <https://aemetblog.es/2020/06/25/olas-de-calor-en-espana-desde-1975-2/>.

Olas de frío en España desde 1975, Aemet.

Rodríguez Ballesteros, C., «¿Son los veranos en España cada vez más largos?», *Mapas y gráficos climatológicos*, <https://climaenmapas.blogspot.com/p/durverano.html>.

Romanello, M., *et al.*, «The 2021 report of the Lancet Countdown on health and climate change: code red for a healthy future», *The Lancet*, <https://doi.org/10.1016/S0140-6736(2101787-6>.

Thompson, V., «The most at-risk regions in the world for high-impact heatwaves», *Nature Communications*, <https://doi.org/10.1038/s41467-023-37554-1>.

VV. AA., «AR6 Synthesis Report: Climate Change 2023», Grupo Intergubernamental de Expertos sobre el Cambio Climático de las Naciones Unidas, IPCC.

Watts, Nick, *et al.*, «The 2020 report of The Lancet Countdown on health and climate change: responding to converging crises», *The Lancet*, <https://doi.org/10.1016/S0140-6736(2032290-X>.

2. Una brevísima historia del clima de 12.000 años

Alberola, A., *Los cambios climáticos. La Pequeña Edad de Hielo en España*, Madrid, Cátedra, 2014.

Büntgen, U., «Cooling and societal change during the Late Antique Little Ice Age from 536 to around 660 AD», *Nature Geosciencies*, DOI: 10.1038/NGEO2652.

Camuera, J., «Drought as a possible contributor to the Visigothic Kingdom crisis and Islamic expansion in the Iberian Peninsula», *Nature Communications*, <https://doi.org/10.1038/s41467-023-41367-7>.

Carrión, J. S., «Holocene environmental change in a montane region of southern Europe with a long history of human settlement». *Quaternary Science Reviews*, DOI: 10.1016/j.quascirev.2007.03.013.

Cline, E. H., *1177 a. C. El año en que la civilización se derrumbó*, Barcelona, Crítica, 2015.

Criado, Miguel Ángel, «Una pequeña edad de hielo pudo cambiar la historia de la Antigüedad», *El País*, 8 de febrero de 2016.

—, «La agricultura también empezó con las lentejas», *El País*, 7 de diciembre de 2016.

—, «La megaerupción en Indonesia que quedó grabada en árboles del Pirineo», *El País*, 12 de enero de 2018.

—, «La megasequía de 60 años que venció a todo un imperio», *El País*, 12 de diciembre de 2019.

—, «Una erupción volcánica remató a la República romana», *El País*, 23 de julio de 2020.

—, «Una sequía extrema dio la puntilla a uno de los mayores imperios de la Antigüedad», *El País*, 8 de febrero de 2023.

—, «Unas puntas de 54.000 años sugieren que los 'sapiens' ya disparaban flechas cuando contactaron con los neandertales», *El País,* 22 de febrero de 2023.

—, «Un evento de frío extremo acabó con los primeros pobladores de la península Ibérica», *El País*, 10 de agosto de 2023.

Domínguez, N. y L. Almodóvar, «Monte Perdido: uno de los últimos glaciares de España se está derrumbando», *El País*, 10 de agosto de 2022.

Drake, B. L., «Changes in North Atlantic Oscillation drove population migrations and the collapse of the Western Roman Empire», *Scientific Reports*, DOI: 10.1038/s41598-017-01289-z.

Franco. F., *Tractado de la nieve y del uso della*, Biblioteca Nacional de España.

Gázquez-Sánchez, F., *et al.*, «Roman water management impacted the hydrological functioning of wetlands during drought periods», *Scientific Reports*, <https://doi.org/10.1038/s41598-023-46010-5>.

Gibbons, A., «Eruption made 536 'the worst year to be alive'», *Science*, DOI: 10.1126/science.362.6416.733.

González-Sampériz, P., *et al.*, «Environmental and climate change in the southern Central Pyrenees since the Last Glacial Maximum: A view from the lake records», *Catena*, <http://dx.doi.org/10.1016/j.catena.2016.07.041>.

Hakenbeck, S., *et al.*, «The role of drought during the Hunnic incursions into central-east Europe in the 4th and 5th c. CE», *Journal of Roman Archaeology*, DOI: 10.1017/S1047759422000332.

Harper, K., *El fatal destino de Roma. Cambio climático y enfermedad en el fin de un imperio*, Barcelona, Crítica, 2021.

Hsun-Ming Hu., «Stalagmite-Inferred Climate in the Western Mediterranean during the Roman Warm Period», *Climate*, <https://doi.org/10.3390/cli10070093>.

Jiménez-Moreno, G., *et al.*, «Holocene summer temperature reconstruction based on a chironomid record from Sierra Nevada, southern Spain», *Quaternary Science Reviews*, <https://doi.org/10.1016/j.quascirev.2023.108343>.

Knipper, C., *et al.*, «Reconstructing Bronze Age diets and farming strategies at the early Bronze Age sites of La Bastida and Gatas (southeast Iberia) using stable isotope analysis», *PLoS ONE*, <https://doi.org/10.1371/journal.pone.0229398>.

López Pereira, J. E. (ed. y trad.), «Continuatio Isidoriana Hispana. Crónica Mozárabe de 754», *Revista de Estudios Latinos*.

Martín, A. y C. de la Rosa, «La polémica médica en torno al consumo de agua fría en la España Moderna», *Dynamis*, <http://dx.doi.org/10.4321/S0211-95362018000200006>.

Martín-Puertas, C., *et al.*, «Arid and Humid Phases in Southern Spain during the Last 4000 Years: The Zoñar Lake Record, Córdoba», *The Holocene*, <https://doi.org/10.1177/0959683608093533>.

—, *et al.*, «Late Holocene climate variability in the southwestern Mediterranean region: an integrated marine and terrestrial geochemical approach», *Climate of the past*, DOI: 10.5194/cp-6-807-2010.

McCormick, M., *et al.*, «Climate change during and after the Roman Empire: Reconstructing the past from scientific and historical evidence», *Journal of Interdisciplinary History*.

Mengmeng, L., «Holocene climates of the Iberian Peninsula: pollen-based reconstructions of changes in the west-east gradient of temperature and moisture», *Climate of Past*, <https://doi.org/10.5194/cp-19-803-2023>.

Moreno, A., *et al.*, «The case of a southern European glacier which survived Roman and medieval warm periods but is disappearing under recent warming», *The Cryosphere*, <https://doi.org/10.5194/tc-15-1157-2021>.

—, *et al.*, «The Medieval Climate Anomaly in the Iberian Peninsula reconstructed from marine and lake records», *Quaternary Science Reviews*, DOI: 10.1016/j.quascirev.2012.04.007.

Sánchez-López, G., «East Atlantic (EA) and North Atlantic Oscillation (NAO) interplay over the Iberian Peninsula for the last two millennia», conferencia en el congreso de la Unión Americana de Geofísica, otoño de 2016.

Sanz de la Higuera, F. J., «Nieve y bebidas frías en la España del Antiguo Régimen. ¿Un consumo con oportunidades similares?», DOI: https://doi.org/10.17811/cesxviii.33.2023.435-460.

Tarrats, P., «Chironomid-inferred Holocene temperature reconstruction in Basa de la Mora Lake (Central Pyrenees)», *The Holocene*, <https://doi.org/10.1177/09596836187886>.

Tristán, R., «Un colapso ecológico acabó con la cultura argárica del Sudeste ibérico», *El Mundo*, 28 de noviembre de 2007.

VV. AA., *Clima en España: pasado, presente y futuro. Informe de evaluación del cambio climático regional*, CLIVAR España.

3. El gas que enfría la cerveza y calienta el planeta

«Emissions Gap Report 2023: Broken Record – Temperatures hit new highs, yet world fails to cut emissions (again)», Programa de las Naciones Unidas para el Medio Ambiente.

«GHG emissions of all world countries 2023 report», Emissions Database for Global Atmospheric Research (EDGAR), Joint Research Centre, Comisión Europea.

«La concentración de gases de efecto invernadero batió récord en 2022, según la ONU», Teletipo AFP, 5 de noviembre de 2023.

Arrhenius, S., «On the Influence of Carbonic Acid in the Air upon the Temperature of the Ground», *The London, Edinburgh, and Dublin Philosophical Magazine and Journal of Science*, abril de 1896.

Cave, D., «His Pacific Island Was Swallowed by Rising Seas. So He Moved to a New One», *The New York Times*, 26 de julio de 2018.

Criado, Miguel Ángel, «El agujero de la capa de ozono da una lección para el cambio climático», *El País*, 26 de mayo de 2015.

—, «El deshielo provocado por el calentamiento global aumenta el calentamiento global», *El País*, 27 de octubre de 2020.

Cuevas, E., «El Observatorio de Izaña registra un nuevo récord en la concentración atmosférica de CO_2», Centro de Investigación Atmosférica de Izaña, Aemet.

De Miguel, R. y M. Planelles, «103 países se comprometen a reducir esta década un 30 % sus emisiones de metano, el gas responsable del 25 % del calentamiento», *El País*, 2 de noviembre de 2021.

Friedlingstein, P., *et al.*, «Global Carbon Budget 2023», *Earth System Science Data*, <https://doi.org/10.5194/essd-15-5301-2023>.

Lobillo, E., «El cambio climático es ya imparable e irreversible», *Cinco Días*, 3 de diciembre de 2019.

Martín, B., «Menos eructos de vacas para frenar el cambio climático», *El País*, 13 de octubre de 2019.

Planelles, M., «Radiografía de 171 años de gases de efecto invernadero:

de los responsables históricos de la crisis climática a los mayores emisores ahora», *El País*, 20 de noviembre de 2023.

Prentice, I. C., *et al.*, *The Carbon Cycle and Atmospheric Carbon Dioxide*, tercer informe de evaluación del IPCC.

The Cenozoic CO_2 Proxy I Project Consortium, «Toward a Cenozoic history of atmospheric CO_2», *Science*, DOI: 10.1126/science.adi5177.

4. El anticiclón de las Azores se está moviendo de sitio

El suelo, la tierra y el cambio climático, Agencia Europea de Medio Ambiente.

Criado, Miguel Ángel, «La sexta gran extinción está en marcha», *El País*, 19 de junio de 2015.

—, «Media España está a menos de un kilómetro de una carretera», *El País*, 11 de julio de 2016.

—, «El sistema circulatorio del planeta se debilita», *El País*, 12 de abril de 2018.

—, «La civilización humana tiene cimientos de arena», *El País*, 29 de agosto de 2021.

—, «El anticiclón de las Azores se está expandiendo e intensificando», *El País*, 4 de julio de 2022.

—, «La principal corriente oceánica que regula el clima muestra señales de colapso», *El País*, 25 de julio de 2023.

—, «Así fue la tormenta geomagnética más intensa jamás registrada, que llevó auroras hasta al sur de Canarias en 1872», *El País*, 6 de diciembre de 2023.

Hernández, A., «A 2,000-year Bayesian NAO reconstruction from the Iberian Peninsula», *Scientific Reports*, <https://doi.org/10.1038/s41598-020-71372-5>.

Kingston, D., «European-Scale Drought: Understanding Connections between Atmospheric Circulation and Meteorological Drought Indices», *Journal of Climate*, <https://doi.org/10.1175/JCLI-D-14-00001.1>.

Moffa-Sánchez, P., *et al.*, «North Atlantic variability and its links to European climate over the last 3000 years», *Nature Communications*, <https://doi.org/10.1038/s41467-017-01884-8>.

Obregón, C., «El origen del Sol y la Luna (según los inuit y los mayas)», <https://literaturaymundomaya.blogspot.com/>.

Sánchez-López, G., *et al.*, «Climate reconstruction for the last two millennia in central Iberia: The role of East Atlantic (EA), North Atlantic Oscillation (NAO) and their interplay over the Iberian Peninsula», *Quaternary Science Reviews*.

5. Una fuente, tres pueblos y sequía para todos

«Las sequías en España. Radiografía de los últimos 318 años», Plataforma SINC, 27 de junio de 2016.

State of the Climate in Europe 2021, Organización Meteorológica Mundial.

Andrade, C., «Climate Change Projections of Aridity Conditions in the Iberian Peninsula», *Water*, <https://doi.org/10.3390/w13152035>.

Criado, Miguel Ángel, «El sur de España se desertizará si no se reducen las emisiones», *El País*, 28 de octubre de 2016.

—, «Bienvenidos a la era de los extremos climáticos», *El País*, 3 de febrero de 2019.

—, «Las emisiones humanas provocan sequías más frecuentes, intensas y generalizadas desde 1900», *El País*, 5 de mayo de 2019.

—, «Así se convierte la tierra en un desierto», *El País*, 14 de febrero de 2020.

—, «Las sequías 'flash' se están desatando por todo el planeta», *El País*, 13 de abril de 2023.

—, «El aire de Europa es el más seco de los últimos 400 años», *El País*, 27 de diciembre de 2023.

González, A., «Los bosques flotantes. Gestión de los montes por parte de la Armada», *Revista General de la Marina*.

Mediero, Luis, «Detection and attribution of trends in magnitude, frequency and timing of floods in Spain», *Journal of Hydrology*, <https://doi.org/10.1016/j.jhydrol.2014.06.040>.

Revista de Montes, tomo III, 1879.

Rohde, M., «Floods and droughts are intensifying globally», *Nature Water*, <https://doi.org/10.1038/s44221-023-00047-y>.

Suárez-Gutiérrez, L., *et al.*, «Extreme heat and drought typical of an end-of-century climate could occur over Europe soon and repeatedly»,

Communications Earth & Environment, <https://doi.org/10.1038/s43247-023-01075-y>.

Treydte, K., «Recent human-induced atmospheric drying across Europe unprecedented in the last 400 years», *Nature Geoscience*, <https://doi.org/10.1038/s41561-023-01335-8>.

6. Arde España

Estudio de evaluación de los recursos forestales mundiales por sensores remotos, informe de la Organización de las Naciones Unidas para la Alimentación y la Agricultura, mayo de 2022.

«Incendios forestales, en datos, estadísticas y cifras», *EP Data*, 23 de octubre de 2023.

Los incendios forestales en España, años 1968 a 2021, Ministerio para la Transición Ecológica y el Reto Demográfico.

«Más de 2,32 Mha de superficie agrícola abandonada y sin aprovechamiento en España», *Agronegocios*, 31 de octubre de 2019.

«Riotinto 2004: dieciséis años de un incendio que empobreció a toda una comarca», *Diario de Huelva*, 27 de julio de 2020.

Álvarez, C., «Incendios de sexta generación: fuegos con capacidad para modificar la meteorología», *El País*, 13 de septiembre de 2021.

Andreoni, M., «It's always fire season now», *The New York Times*, 6 de noviembre de 2023.

Ayars, J., *et al.*, «The 2020 to 2021 California megafires and their impacts on wildlife habitat», *PNAS*, <https://doi.org/10.1073/pnas.2312909120>.

Calvo. L., «Post-fire natural regeneration of a Pinus pinaster forest in NW Spain», *Plant Ecology*, DOI: 10.1007/s11258-007-9362-1.

Cornwall, W., «Burning forests now means fewer mega-fires later. But who's gonna light the match?», *Anthropocene Magazine*, 22 de noviembre de 2023.

Criado, Miguel Ángel, «El cambio climático avivará los incendios en la selva amazónica», *El País*, 10 de enero de 2020.

—, «El humo de los incendios reabre el agujero en la capa de ozono», *El País*, 8 de marzo de 2023.

—, «Lo que antes era un conato ahora son 4.000 hectáreas quemadas», *El País*, 15 de marzo de 2023.

—, «Un grado más de temperatura puede aumentar el área quemada en un 222 %», *El País*, 28 de junio de 2023.

F. C., «Berrocal, el pueblo al que un incendió quemó todo su futuro», *Huelva Información*, 24 de julio de 2022.

Herrero, A. y M. A. Zavala, *Los bosques y la biodiversidad frente al cambio climático. Impactos, vulnerabilidad y adaptación en España*, Ministerio de Agricultura, Alimentación y Medio Ambiente.

MacCarthy, J., *et al.*, «The Latest Data Confirms: Forest Fires Are Getting Worse», *Insights*, World Resources Institute.

Resco, V., *et al.*, «Hemos identificado las verdaderas causas de la última ola de megaincendios en Europa», *The Conversation*, 30 de noviembre de 2022.

Rodríguez, M., *et al.*, «Drivers and implications of the extreme 2022 wildfire season in Southwest Europe», *Science of the Total Environment*, <https://doi.org/10.1016/j.scitotenv.2022.160320>.

Santamarta, J. C., L. E. Hernández-Gutiérrez y M. P. Arraiza (eds.), *Riesgos naturales y cambio climático*, Colegio de Ingenieros de Montes.

Sanz, J. e Y. Clemente, «Los 10 mayores incendios forestales de España. ¿Qué fue de estos desastres ambientales?», *El País*, 21 de agosto de 2023.

Turco, M., «Anthropogenic climate change impacts exacerbate summer forest fires in California», *PNAS*, <https://doi.org/10.1073/pnas.2213815120>.

Wang, Z., *et al.*, «Severe Global Environmental Issues Caused by Canada's Record-Breaking Wildfires in 2023», *Advances in Atmospheric Sciences*, <https://doi.org/10.1007/s00376-023-3241-0>.

7. España, tierra inhóspita para los árboles

Cuarto inventario forestal, Ministerio para la Transición Ecológica y el Reto Demográfico.

«Doñana hace balance del 2023: sequía, altas temperaturas y claros declives de especies», nota de prensa, Estación Biológica de Doñana, Consejo Superior de Investigaciones Científicas.

«Investigadores del MNCN demuestran que fomentar la diversidad arbórea ayuda a mitigar los efectos de la sequía», nota de prensa del Museo Nacional de Ciencias Naturales, 3 de diciembre de 2023.

Plan forestal español 2022-2032, Ministerio para la Transición Ecológica y el Reto Demográfico.

Cerrillo, A., «El otoño se retrasa», *La Vanguardia*, 6 de octubre de 2015.

Criado, Miguel Ángel, «Un dibujo de Humboldt de hace 200 años prueba el cambio climático», *El País*, 14 de septiembre de 2015.

—, «El cambio climático adelanta cada año más la primavera», *El País*, 12 de octubre de 2015.

—, «Los últimos abetos del Mediterráneo, amenazados por el cambio climático», *El País*, 7 de noviembre de 2017.

—, «¿Por qué los árboles reverdecen cada vez antes?», *El País*, 27 de diciembre de 2017.

—, «Los árboles son cada vez más jóvenes y pequeños», *El País*, 28 de mayo de 2020.

—, «El cambio climático también trastorna a los bosques del norte», *El País*, 23 de febrero de 2021.

—, «Los árboles se están muriendo cada vez antes», *El País*, 18 de mayo de 2022.

De la Torre, J. R., *et al.*, «Gestión y conservación de los pinsapares andaluces», *Monografías Forestales Andaluzas*.

Essl, F., «Drivers of the relative richness of naturalized and invasive plant species on Earth», *AoB Plants*, <https://doi.org/10.1093/aobpla/plz051>.

Felicísimo, A., *et al.*, *Impactos, vulnerabilidad y adaptación al cambio climático de la biodiversidad española. Flora y vegetación*, Consejo Superior de Investigaciones Científicas.

Gallusci, P., «Deep inside the epigenetic memories of stressed plants», *Trends in plant science*, <https://doi.org/10.1016/j.tplants.2022.09.004>.

Gibbens, S., «Cómo el cambio climático altera el follaje otoñal, el caso de Estados Unidos», *National Geographic*, 2 de octubre de 2023.

Gómez, J. E. y M. Calle, «Dehesa del Camarate. El color del bosque encantado», *Waste Magazine*.

Herrero, A. y M. A. Zavala (eds.), *Los bosques y la biodiversidad frente al cambio climático. Impactos, vulnerabilidad y adaptación en España*, Ministerio de Agricultura, Alimentación y Medio Ambiente.

Hogan, J. A., «Climate change determines the sign of productivity trends in US forests», *PNAS*, <https://doi.org/10.1073/pnas.2311132121>.

López, A., «El cambio climático está acabando con los colores del otoño», *National Geographic*, 7 de octubre de 2021.

Madrona, T., «La Dehesa del Camarate, entre sotanas y espadas», <www.sierraysol.com>.

Pemán, J., I. Iriarte y F. J. Lario (eds.), *La restauración forestal de España: 75 años de una ilusión*, Sociedad Española de Ciencias Forestales y Ministerio de Agricultura.

Sánchez, N., «Sierra Bermeja rebrota del fuego», *El País*, 13 de octubre de 2023.

Sánchez, R., «Climate extremes and predicted warming threaten Mediterranean Holocene firs forests refugia», *PNAS*, <https://doi.org/10.1073/pnas.1708109114>.

—, *Distribución potencial de pinsapo (*Abies pinsapo Boiss.*) en el Parque Natural Sierra de Grazalema*, trabajo de final de carrera, Universidad de Córdoba.

—, «La sequía y la gestión histórica como factores del decaimiento forestal en las repoblaciones del sur peninsular», en *Los bosques y la biodiversidad frente al cambio climático. Impactos, vulnerabilidad y adaptación en España*, Ministerio de Agricultura, Alimentación y Medio Ambiente.

Soto, D., «Historia del pinsapar de Grazalema», *Cuadernos de la Sociedad Española de Ciencias Forestales*, 8 (septiembre de 1999).

8. Adiós a las mariposas

Programa de seguimiento de procesos naturales en el Espacio Natural de Doñana 2022, Estación Biológica de Doñana, Consejo Superior de Investigaciones Científicas.

Araújo, M., *et al.*, «Impactos, vulnerabilidad y adaptación al cambio climático de la biodiversidad española», Museo Nacional de Ciencias Naturales y Consejo Superior de Investigaciones Científicas.

Bosch, J., *et al.*, «Climate change and outbreaks of amphibian chytridiomycosis in a montane area of Central Spain; is there a link?», *Proceedings of Royal Society B*, DOI: 10.1098/rspb.2006.3713.

—, *et al.*, «Long-term monitoring of an amphibian community after a climate change- and infectious disease-driven species extirpation», *Global Change Ecology*, DOI: 10.1111/gcb.14092.

—, *et al.*, «Eradication of introduced fish allows successful recovery of a stream-dwelling amphibian», *PLoS ONE*, DOI: 10.1371/journal.pone.0216204.

Carretero, M., «Functional ecology of mediterranean lizards has conservation», *Naturalist. Sicil.*, <https://doi.org/10.5281/zenodo.6784720>.

Colom, P., «Mariposas y cambio climático: adaptarse o morir», *The Conversation*, 2 de octubre de 2022.

Criado, Miguel Ángel, «Y no volverán las oscuras golondrinas», *El País*, 3 de noviembre de 2013.

—, «Los peces emigran al norte para escapar del cambio climático», *El País*, 30 de mayo de 2018.

—, «Las aves migratorias regresan cada vez antes», *El País*, 18 de marzo de 2019.

—, «El campo español se está quedando sin pájaros», *El País*, 29 de septiembre de 2019.

—, «Lo que el cambio climático está haciendo a las aves», *El País*, 18 de noviembre de 2019.

—, «Los peces escapan al fondo del océano por el cambio climático», *El País*, 25 de noviembre de 2019.

—, «Una investigación revela que los pájaros menguan y sus alas crecen», *El País*, 4 de diciembre de 2019.

—, «Los insectos están adelantando su vuelo por el cambio climático», *El País*, 27 de diciembre de 2019.

—, «Los pájaros ponen sus huevos un mes antes que hace 100 años», *El País*, 25 de marzo de 2022.

—, «El mundo se está quedando sin insectos», *El País*, 20 de abril de 2022.

—, «La mitad de las especies de anfibios está en peligro de extinción», *El País*, 4 de octubre de 2023.

Festa. F., «Bat responses to climate change: a systematic review», *Biological Reviews*, DOI: 10.1111/brv.12893.

García-Porta, J., *et al.*, «Environmental temperatures shape thermal physiology as well as diversification and genome-wide substitution rates in lizards», *Nature Communications*, DOI: 10.1038/s41467-019-11943-x.

González-Bernardo, E., «The role of spring temperatures in the den exit of female brown bears with cubs in southwestern Europe», *BioOne Complete*, <doi.org/10.2192/URSUS-D-19-00015.1>.

Jiménez, J., «The Cantabrian capercaillie: A population on the edge», *Science of the Total Environment*, DOI: 10.1016/j.scitotenv.2022.153523.

Ladrón de Guevara, M., «Warming reduces the cover, richness and evenness of lichen dominated biocrusts but promotes moss growth: insights from an 8 yr experiment», *New Phytologist*, DOI: 10.1111/nph.15000.

Naves, J., *et al.*, «El urogallo cantábrico está inmerso en una espiral de extinción y necesita un rescate», *The Conversation*, 3 de octubre de 2023.

Olivares, F. J., *et al.*, *Las mariposas diurnas de Sierra Nevada*, Consejería de Medio Ambiente, Junta de Andalucía.

Reichholf, J. H., *La desaparición de las mariposas y sus consecuencias para el mundo en que vivimos*, Barcelona, Crítica, 2021.

Sánchez, E., «Los linces se multiplican por 10 en 20 años y superan los 1.000 ejemplares, pero siguen en riesgo de extinción», *El País*, 28 de mayo de 2021.

9. La venganza de la naturaleza

Climate change as a threat to health and well-being in Europe: focus on heat and infectious diseases, informe n.º 7, Agencia Europea de Medio Ambiente, 2022.

Informe epidemiológico sobre la situación de la fiebre hemorrágica de Crimea-Congo en España. Años 2016 a 2022, Red Nacional de Vigilancia Epidemiológica.

Informe de situación y evaluación del riesgo de transmisión del virus de fiebre hemorrágica de Crimea-Congo en España, julio 2019, Ministerio de Sanidad.

Plan nacional de prevención, vigilancia y control de enfermedades transmitidas por vectores, abril 2023, Ministerio de Sanidad.

The European Union One Health 2022 Zoonoses Report, Autoridad Europea de Seguridad Alimentaria y Centro Europeo para el Control de Enfermedades, DOI: 10.2903/j.efsa.2023.8442.

Collantes, F., *et al.*, «Updating the known distribution of Aedes albopictus (Skuse, 1894) in Spain 2015», *Acta Tropica*, DOI: 10.1016/j.actatropica.2016.08.023.

Criado, Miguel Ángel, «A bacterias y virus les sienta bien el cambio climático», *El País*, 6 de agosto de 2017.

Estrada-Peña, A., *et al.*, «Crimean-Congo Hemorrhagic Fever Virus in Ticks, Southwestern Europe», *Emerging Infectious Diseases*, DOI: 10.3201/eid1801.111040.

García, I., «El virus de la fiebre hemorrágica de Crimea Congo reaparece en España», *The Conversation*, 6 de agosto de 2020.

García San Miguel, L., *et al.*, «Unprecedented increase of West Nile virus neuroinvasive disease, Spain, summer 2020», *Eurosurveillance*, DOI: 10.2807/1560-7917.ES.2021.26.19.2002010.

Iriso, A., *et al.*, «Cambio climático en España y su influencia en las enfermedades de transmisión vectorial», *Revista de Salud Ambiental*.

López-Vélez, A., *et al.*, «Cambio climático y riesgo de enfermedades infecciosas y parasitarias transmitidas por artrópodos y roedores», *Revista Española de Salud Pública*.

Macías, A., *et al.*, «West Nile virus emergence in humans in Extremadura, Spain 2020», *Frontiers in Cellular and Infection Microbiology*, DOI: 10.3389/fcimb.2023.1155867.

McKenzie, T., *et al.*, «El 58 % de las enfermedades infecciosas humanas puede empeorar con el cambio climático», *The Conversation*, 9 de agosto de 2022.

Medlock, J., «Driving forces for changes in geographical distribution of Ixodes ricinus ticks in Europe», *Parasites and Vectors*, DOI: 10.1186/1756-3305-6-1.

Negredo, A., *et al.*, «Autochthonous Crimean–Congo Hemorrhagic Fever in Spain», *The New England Journal of Medicine*, DOI: 10.1056/NEJMoa1615162.

Ortega del Cerro, P., «La gestión sanitaria de la epidemia de fiebre amarilla de 1800 en Cádiz», *Dynamis*, DOI: 10.30827/dynamis.v42i2.27719.

Palomar, A., *et al.*, «Molecular (ticks) and serological (humans) study of Crimean-Congo hemorrhagic fever virus in the Iberian Peninsula, 2013-2015», *Enfermedades Infecciosas y Microbiología Clínica*, DOI: 10.1016/j.eimc.2017.01.009.

Portillo, A., *et al.*, «Arthropods as vectors of transmissible diseases in Spain», *Medicina Clínica*, DOI: 10.1016/j.medcle.2018.10.008.

Sanz, M. J. y E. Galán, *Impactos y riesgos derivados del cambio climático en España 2021*, Ministerio para la Transición Ecológica y el Reto Demográfico.

Segura, C., «La imparable expansión de un nuevo mosquito invasor», *El País*, 16 de junio de 2020.

Semenza, J. C., *et al.*, «Vector-borne diseases and climate change: a European perspective», *FEMS Microbiology Letters*, DOI: 10.1093/femsle/fnx244.

Vázquez, A., *et al.*, «Usutu virus. Potential risk of human disease in Europe», *Eurosurveillance*, DOI: 10.2807/ese.16.31.19935-en.

Watts, M., *et al.*, «The Tise of West Nile Virus in Southern and Southeastern Europe: A spatial–temporal analysis investigating the combined effects of climate, land use and economic changes», *One Health*, DOI: 10.1016/j.onehlt.2021.100315.

10. Calor en el campo

Análisis de la campaña hortofrutícola 2021-2022, Fundación Cajamar.

Impactos y riesgos derivados del cambio climático en España 2021, Ministerio para la Transición Ecológica y el Reto Demográfico.

La política agrícola común y el clima, informe especial 16/2021, Tribunal de Cuentas Europeo.

Plan nacional de adaptación al cambio climático 2012-2030, Ministerio para la Transición Ecológica y el Reto Demográfico.

Arenas-Castro, S., *et al.*, «Projected climate changes are expected to decrease the suitability and production of olive varieties in southern Spain», *Science of the Total Environment*, DOI: 10.1016/j.scitotenv.2019.136161.

Benlloch-González, M., *et al.*, «Global warming effects on yield and fruit maturation of olive trees growing under field conditions», *Scientia Horticulturae*, DOI: 10.1016/j.scienta.2019.01.046.

Bento, V., *et al.*, «The impact of climate change in wheat and barley yields in the Iberian Peninsula», *Scientific Reports*, DOI:10.1038/s41598-021-95014-6.

Campra, P., *et al.*, «Surface temperature cooling trends and negative radiative forcing due to land use change toward greenhouse farming in southeastern Spain», *Journal of Geophysical Research*, DOI: 10.1029/2008JD009912.

Carroquino, J., *et al.*, «Classification of Spanish wineries according to their adoption of measures against climate change», *Journal of Cleaner Production*, DOI: 10.1016/j.jclepro.2019.118874.

Criado, Miguel Ángel, «Bichos contra bichos», *Público*, 25 de enero de 2008.

—, «La cerveza, amenazada por el cambio climático», *El País*, 16 de octubre de 2018.

—, «El vino emigra empujado por el calentamiento», *El País*, 27 de enero de 2020.

Erena, M., *et al.*, «Influence of Climate Change on Natural Degreening of Lemons», *Journal of Agricultural Science and Technology*.

Espejo, A., «El jerez del cambio climático», *Diario de Jerez*, 1 de junio de 2023.

Fernández-Carrillo, A., *et al.*, «Satellite imagery and climate variables suggest variations in the phenology of olive groves in Southern Spain», conferencia en SPIE Remote Sensing, 2021, DOI: 10.1117/12.2599901.

Fraga, H., *et al.*, «Climate change projections for olive yields in the Mediterranean Basin», *International Journal of Climatology*, DOI: 10.1002/joc.6237.

Jiménez-Donaire, M., *et al.*, «Impact of Climate Change on Agricultural Droughts in Spain», *Water*, DOI: 10.3390/w12113214.

Kyriakoulis, V., «Winter isn't coming: climate change hits Greek olive crop», Agence France-Presse, 27 de noviembre de 2023.

Martínez de Toda, F., *Técnicas vitícolas frente al cambio climático*, Madrid, Mundi-Prensa, 2019.

Navia-Osorio, E., *et al.*, «Impact of climate change on sustainable production of sherry wine in nearly-zero energy buildings», *Journal of Cleaner Production*, DOI: 10.1016/j.jclepro.2022.135260.

Pastor, J., «Viñedos contra el cambio climático», *El País*, 10 de mayo de 2022.

Pérez, Á., «Mangos, papayas y aguacates ganan terreno en Andalucía y Levante a cultivos tradicionales», *Elnacional.cat*, 1 de octubre de 2022.

Ramos, M. C. y F. Martínez de Toda, «La uva de Rioja ante el cambio climático: ¿qué variedades se adaptan mejor?», *The Conversation*, 8 de mayo de 2022.

—, «Projecting changes in phenology and grape composition of 'Tempranillo' and 'Grenache' varieties under climate warming in Rioja DOCa», *Vitis*, DOI: 10.5073/vitis.2020.59.181-190.

Rodríguez, A., *et al.*, «Viability of temperate fruit tree varieties in Spain under climate change according to chilling accumulation», *Agricultural Systems*, DOI: 10.1016/j.agsy.2020.102961.

Santos, J., *et al.*, «A Review of the Potential Climate Change Impacts and Adaptation Options for European Viticulture», *Applied Sciences*, DOI:10.3390/app10093092.

11. Las ciudades, fábricas de calor

«París quiere retirar un 40 % de su asfalto para evitar un clima como el de Sevilla», *El Periódico de España*, 2 de septiembre de 2023.

Adilkhanova, I., *et al.*, «Green roofs save energy in cities and fight regional climate change», *Nature Cities*, DOI: 10.1038/s44284-024-00035-7.

Álvarez, C. y M. A. Medina, «Laboratorios urbanos contra el calor: ocho medidas innovadoras para adaptar las ciudades a las temperaturas extremas», *El País*, 8 de julio de 2023.

Coren, M., «We're building roofs wrong. A different approach can save money and lives», *The Washington Post*, 20 de junio de 2023.

Criado, Miguel Ángel, «La temperatura en las ciudades españolas ha subido el doble que la media mundial en 50 años», *El País*, 10 de marzo de 2019.

—, «La primavera llega antes a las ciudades», *El País*, 11 de noviembre de 2019.

Grasso, D., «El calor va por barrios», *El País*, 1 de septiembre de 2019.

Gutiérrez, J., «Madrid, Barcelona, Valencia y Zaragoza, entre las diez ciudades europeas más afectadas por el cambio climático», RTVE.es, 27 de octubre de 2022.

Hidalgo, D. y J. Arco, «Análisis espacio temporal de la Isla de Calor Urbana mediante imágenes satelitales: capitales de Andalucía», *Architecture, City and Environment*, DOI: 10.5821/ace.17.49.10374.

Liu, Z., *et al.*, «Surface warming in global cities is substantially more rapid than in rural background areas», *Communications Earth and Environment*, DOI: 10.1038/s43247-022-00539-x.

Mackres, E., *et al.*, «The Future of Extreme Heat in Cities: What We Know and What We Don't», *Insights*, World Resources Institute.

Masselot, P., *et al.*, «Excess mortality attributed to heat and cold: a health impact assessment study in 854 cities in Europe», *The Lancet*, DOI: 10.1016/S2542-5196(2300023-2.

Mentaschi, L., *et al.*, «Global long-term mapping of surface temperature shows intensified intra-city urban heat island extremes», *Global Environmental Change*, DOI: 10.1016/j.gloenvcha.2021.102441.

Rodríguez, A., «¿Cómo deben ser las ciudades adaptadas a la crisis climática?», *La Vanguardia*, 10 de octubre de 2022.

Roussel, J. e Y. Françoise, *L'adaptation aux vagues de chaleur à Paris: une action municipale multidimensionnelle*, Institut des Hautes Études du Ministère de l'Intérieur.

12. El calor mata, literalmente

Aclimatarnos. El cambio climático, un problema de salud. Guía didáctica sobre adaptación al calor, Instituto de Salud Carlos III.

Impactos del cambio climático en la salud, informe de 2013, Ministerio de Sanidad.

Informes MoMo, 2016-2023, Instituto de Salud Carlos III.

New Health Data Shows Unabated Climate Change Will Cause 3.4 Million Deaths Per Year by Century End, informe Lancet Countdown y V20 Group.

Ansede, M., «La paradoja del calor extremo: aumentan las temperaturas, pero disminuyen las muertes», *El País*, 25 de julio de 2021.

Ballester, J., *et al.*, «Heat-related mortality in Europe during the summer of 2022», *Nature Medicine*, DOI: 10.1038/s41591-023-02419-z.

Calleja-Agius, J., *et al.*, «The effect of global warming on mortality», *Early Human Development*, DOI: 10.1016/j.earlhumdev.2020.105222.

Carmona, R., *et al.*, «Mortality attributable to extreme temperatures in Spain: A comparative analysis by city», *Environment International*, DOI: 10.1016/j.envint.2016.02.018.

Criado, Miguel Ángel, «Un tercio de las muertes por calor se debe al cambio climático», *El País*, 31 de mayo de 2021.

—, «El cambio climático nos quita cada vez más horas de sueño», *El País*, 10 de mayo de 2022.

Cvijanovic, I., *et al.*, «Importance of humidity for characterization and communication of dangerous heatwave conditions», *Climate Atmospheric Science*, DOI: 10.1038/s41612-023-00346-x.

Díaz, J., *et al.*, «Mortality attributable to high temperatures over the 2021-2050 and 2051-2100 time horizons in Spain: Adaptation and economic estimate», *Environmental Research*, DOI: 10.1016/j.envres.2019.02.041.

Feyen, L., *et al.*, *Climate change impacts and adaptation in Europe*, JRC, Comisión Europea.

Follos, F., *et al.*, «The Evolution of Minimum Mortality Temperatures as an Indicator of Heat Adaptation: The Cases of Madrid and Seville (Spain)», *Science of the Total Environment*, DOI: 10.1016/j.scitotenv.2020.141259.

—, *et al.*, «Evolution of the minimum mortality temperature 983-2018: Is Spain adapting to heat?», *Science of the Total Environment*, DOI: 10.1016/j.scitotenv.2021.147233.

García-Herrero, R., *et al.*, «A Review of the European Summer Heat Wave of 2003», *Critical Reviews in Environmental Science and Technology*, DOI: 10.1080/10643380802238137.

Lelieveld, J., *et al.*, «Air pollution deaths attributable to fossil fuels: observational and modelling study», *British Medical Journal*, DOI: 10.1136/bmj-2023-077784.

Planelles. M., «Víctimas de la crisis climática: 61.672 muertes por calor en Europa en el tórrido verano de 2022», *El País*, 10 de julio de 2023.

Pouzadoux, M., «Canicule de 2003: comment la France s'est-elle adaptée, politiquement et socialement, depuis vingt ans?», *Le Monde*, 2 de agosto de 2023.

Romanello, M., *et al.*, «The 2023 report of the Lancet Countdown on health and climate change: the imperative for a health-centred response in a world facing irreversible harms», *The Lancet*, DOI: 10.1016/S0140-6736(2301859-7.

Simón, F., *et al.*, «Mortality in Spain during the heat waves of summer 2003», *Eurosurveillance*, DOI: 10.2807/esm.10.07.00555-en.

13. Turismo, el alma económica de España

Barómetro de la rentabilidad de los 105 principales destinos turísticos españoles, Exceltur, balance de 2023.

Climate Change and Tourism. Responding to Global Challenges, Organización Mundial del Turismo y Programa de las Naciones Unidas para el Medio Ambiente, informe 2008.

¿Cómo afecta el cambio climático al turismo? Otras consecuencias, BBVA, 2022.

PIB turístico español, Exceltur, 2023.

Plan de adaptación ante el cambio climático de Benidorm, Inteligencia Climática, Ayuntamiento de Benidorm.

Carrillo, J., *et al.*, «Projected impacts of climate change on tourism in the Canary Islands», *Regional Environmental Change*, DOI: 10.1007/s10113-022-01880-9.

Colmenero, R., «El esquí se derrite: la mitad de las estaciones de Europa desaparecerán por el cambio climático», *El Mundo*, 28 de agosto de 2023.

François, H., *et al.*, «Climate change exacerbates snow-water-energy challenges for European ski tourism», *Nature Climate Change*, DOI: 10.1038/s41558-023-01759-5.

García del Amo. D., «Local reports of climate change impacts in Sierra Nevada, Spain: sociodemographic and geographical patterns», *Regional Environmental Change*, DOI: 10.1007/s10113-022-01981-5.

Gómez, M., *Impactos, vulnerabilidad y adaptación al cambio climático en el sector turístico*, Ministerio de Agricultura, Alimentación y Medio Ambiente.

Grillakis, M., *et al.*, «Implications of 2 °C global warming in European summer tourism», *Climate Services*, DOI: 10.1016/j.cliser.2016.01.002.

Heymann, D. C., *El impacto del cambio climático en el turismo en España: análisis y perspectivas*, CaixaBank Research.

Matei, N. A., *et al.*, *Regional impact of climate change on European tourism demand*, Joint Research Centre, Comisión Europea.

Munguía, A., «Había más turistas hace un siglo», *El Diario Vasco*, 4 de septiembre de 2017.

Olcina, J. y F. Vera, «Climate change and tourism policy in Spain: Diagnosis in the Spanish Mediterranean coast», *Cuadernos de Turismo*, 38 (2016).

Planelles, M., «¿A dónde irán los turistas? El mapa europeo de los destinos ganadores y perdedores por la crisis climática», *El País*, 24 de agosto de 2023.

Roselló, J., «España, turismo y cambio climático», *Economistas*.

Sanz, M. y E. Galán, *Impactos del cambio climático en España*, Funcas, 2022.

Tena, A., «La crisis climática acelera el fin del esquí en España», *Público*, 3 de diciembre de 2021.

Torres, C., *et al.*, «Climate change and its impacts in the Balearic Islands: a guide for policy design in Mediterranean regions», *Regional Environmental Change*, DOI: 10.1007/s10113-021-01810-1.

14. No mires arriba

Eurobarómetro sobre cambio climático. Julio de 2023, Comisión Europea.

Bergmann, S., *Weather, Religion and Climate Change*, Londres, Routledge, 2021.

Butter, M., *The Nature of Conspiracy Theories*, Polity Press, 2020.

Cerrillo, Antonio, «Menos del 10 % de la población española niega el cambio climático», *La Vanguardia*, 30 de enero de 2024.

Criado, Miguel Ángel, «Hazte vegetariano, deja el coche y ten menos hijos si quieres luchar contra el cambio climático», *El País*, 12 de julio de 2017.

—, «Hazte vegano si quieres salvar el planeta», *El País*, 31 de mayo de 2018.

Díaz, C. y P. Cabrera, *11.ª encuesta de percepción social de la ciencia y la tecnología (2022)*, Fundación Española para la Ciencia y la Tecnología.

Epstein, A., *La cuestión moral de los combustibles fósiles*, Instituto Juan de Mairena.

Feldstein, S., «Population Decline Will Change the World for the Better», *Scientific American*, 4 de mayo de 2023.

Gounaridis, D. y J. Newell, «The social anatomy of climate change denial in the United States», *Scientific Reports*, DOI: 10.1038/s41598-023-50591-6.

Harald, W., *Guerras climáticas: por qué mataremos (y nos matarán) en el siglo* XXI», Madrid, Katz Barpal, 2010.

Kleinebrahm, M., *et al.*, «Two million European single-family homes could abandon the grid by 2050», *Joule*, DOI: 10.1016/j.joule.2023.09.012.

Lázaro L., *et al.*, *Los españoles ante el cambio climático y la transición energética*, Real Instituto Elcano.

Lucas, E., *et al.*, «Low-carbon diets can reduce global ecological and health costs», *Nature Food*, DOI: 10.1038/s43016-023-00749-2.

Mosquera, J., «Ansiedad, rabia, culpa: así impacta el cambio climático en nuestras emociones», *El País*, 3 de julio de 2023.

Salas, J., «Negar las alarmas, dudar de los datos y los expertos: por qué la derecha recela de la ciencia», *El País*, 12 de septiembre 2023.

Santamarta, J., *et al.*, *Evolución de las emisiones de gases de efecto invernadero en España 1990-2023*, Observatorio de Sostenibilidad.

Santos, E., «El cambio climático es político: disminuye el número de españoles que reconoce la gravedad del problema», *El País*, 28 de marzo de 2023.

Seco, R., «¿Y tú qué haces contra el cambio climático? El dilema entre responsabilidad individual y colectiva», *El País*, 26 de febrero de 2019.

Weismann, A., *El mundo sin nosotros*, Barcelona, Debate, 2022.

Agradecimientos

Este libro no habría sido posible sin Alex Roig. Él fue el que llamó a una vieja amiga suya preguntándole por algún periodista que escribiera sobre cambio climático. Resulta que esa amiga es Patricia Fernández de Lis, mi jefa en *El País*. El primero apostó por mí solo porque ella le dio mi nombre y tras un largo paseo por un frío Madrid de diciembre. La segunda me animó a decir que sí, aun sabiendo que podría perjudicar mi rendimiento en el periódico. También les quiero dar las gracias a mis compañeros de Materia, la sección de ciencia del diario. A Javi, Fuco, Manu, Dani y Nuño, por cubrir los huecos que fui dejando mientras escribía estas páginas. Y a los de Tecnología y Salud y Bienestar, Jess, Raúl, Manu (el otro), Enrique y Jordi, que, como los de Materia tenían que cubrirme, tenían que cubrirlos a ellos.

Para este trabajo he hablado con decenas de científicos. A la mayoría los conocía de hace tiempo. Sé que me van a perdonar que no los mencione uno a uno. Solo diré que la ciencia española, la climática en particular, es… de la buena. Lo bueno que hay en esta obra se lo debo a ellos.

No quería terminar sin dar las gracias a Charo y Antonio, a Maripaz y Jorge, a Eli, a Mari, a Belén, a Inma y al Choco, Maché y Montse. Unos son familia; otros, padres o madres de amigos de mi hijo. De todos me aproveché para dejar aparcado a mi pequeño unos cuantos fines de semana para poder terminar *Calor*. Os debo una.

Índice alfabético